上海水旱灾害
1992—2022

FLOOD AND DROUGHT DISASTERS IN SHANGHAI

刘晓涛 主编

沙治银 张鹏 副主编

同济大学 出版社
TONGJI UNIVERSITY PRESS
·上海·

内 容 提 要

《上海水旱灾害(1992—2022)》是一部全面记录和深入剖析上海近 30 年间水旱灾害特征及应对策略的专著。本书全方位地阐述了台风、暴雨、高潮、洪水和干旱等灾害类型及其在上海的分布状况，并深入分析了这些灾害对城市产生的影响，同时，系统梳理了上海在灾害防御与风险管理方面所采取的措施及取得的成效。本书不仅囊括了丰富的历史数据以及案例分析，还前瞻性地提出了防治对策与建议，旨在增强城市防灾减灾能力，从而为上海的可持续发展筑牢保障体系。本书适合水利、气象、城市规划等领域的管理人员、科研人员及大专院校相关专业的师生阅读参考。

图书在版编目(CIP)数据

上海水旱灾害：1992—2022 / 刘晓涛主编；沙治银，张鹏副主编. --上海：同济大学出版社，2025.4.
ISBN 978-7-5765-1547-3
Ⅰ. P426.616
中国国家版本馆 CIP 数据核字第 20256YH189 号

上海水旱灾害(1992—2022)

刘晓涛　主　编　　沙治银　张　鹏　副主编
责任编辑　陆克丽霞　　责任校对　徐逢乔　　封面设计　完　颖

出版发行	同济大学出版社　www.tongjipress.com.cn
	(地址：上海市四平路 1239 号　邮编：200092　电话：021-65985622)
经　销	全国各地新华书店
排　版	南京文脉图文设计制作有限公司
印　刷	上海安枫印务有限公司
开　本	787mm×1092mm　1/16
印　张	14.5
字　数	335 000
版　次	2025 年 4 月第 1 版
印　次	2025 年 4 月第 1 次印刷
书　号	ISBN 978-7-5765-1547-3
定　价	116.00 元

本书若有印装质量问题，请向本社发行部调换　　版权所有　侵权必究

《上海水旱灾害(1992—2022)》编委会

主　　　　任：史家明
常务副主任：刘晓涛　庄兴岳
副　主　任：沙治银　张　鹏
委　　　员：徐双全　万　晖　陆卫安　王如琦　姚　磊　程徽丰
　　　　　　白　涛　李学峰　戴雷杰　黄海雷　吴旭云　章震宇

主　　　编：刘晓涛
副　主　编：沙治银　张　鹏
编写组成员（按姓氏笔画为序）：
　　　　　　于大海　文　啸　朱雪妍　刘　炎　刘　博　刘曙光
　　　　　　孙　丽　孙晨刚　李　铖　李晓云　李静芳　邱绍伟
　　　　　　张　洪　张郁琢　张晓燕　陈　扬　环菲菲　易文林
　　　　　　季海萍　周正正　郑伟强　赵乾庆　钟桂辉　施晓文
　　　　　　娄　厦　秦　涛　贾卫红　倪　庆　高芳琴　郯健欣
　　　　　　曹煜晨　龚成刚　梁　萍　曾婉仪　蓝　岚　潘崇伦

前　言

党的二十大报告指出，必须坚定不移贯彻总体国家安全观，同时强调了提高防灾减灾救灾和重大突发公共事件处置保障能力的重要性。水安全不仅关系人民生命财产安全，还关系资源安全、生态安全、粮食安全、经济安全和社会安全，是国家安全的重要组成部分，也是生存发展的基础性问题，更是高质量发展和国家现代化建设的重要保证。2023 年 12 月，习近平总书记在上海提出"全面推进韧性安全城市建设"，特别强调了在极端天气条件下城市应具备安全韧性，这为水安全工作的开展指明了新的方向。

上海作为一座超大城市，其人口、建筑、经济要素和重要基础设施高度密集。在此情况下，做好水安全工作，尤其是对风、暴、潮、洪的防御就显得尤为重要。历史是最好的教科书，梳理水旱灾害历史、把握水旱灾害规律是上海提升水旱灾害防御能力、确保城市安全和增进人民福祉的重要基础性工作。1995 年，上海市水利局首次编撰出版了《上海水旱灾害》一书，该书全面回顾总结了 1992 年以前上海的水旱灾害情况。2020 年，上海开展了"第一次水旱和海洋灾害风险普查"。为加强普查成果应用，并承前启后做好近 30 年来上海水旱灾害的规律总结，摸清水旱灾害防治工作的脉络，《上海水旱灾害（1992—2022）》一书应运而生。本书旨在全面梳理和深入分析 1992—2022 年间上海遭遇的水旱灾害，并探讨其成因、特点及防治策略。在编写本书的过程中，我们参考了市、区两级防汛指挥部办公室（以下简称"防汛办"）丰富且翔实的水旱灾害防御历史资料，同时，也汇集了水利、气象等领域专家学者的智慧成果。通过深入研究历史资料、气候数据和灾害案例，我们力求为读者呈现出一幅上海水旱灾害的全景图。全书共 8 章，每章都围绕一个核心主题，系统介绍了上海水旱灾害的各个方面。

第一章　概述　主要介绍上海的基本情况、主要灾害、防御机构和防汛的主要做法，为后续水旱灾害分析奠定基础。

第二章　水旱灾害的类型与分布　详细阐述上海水旱灾害的分类和特点，分析水旱灾害的时间分布规律及空间分布特征。

第三章　台风及风暴潮灾害　深入探讨影响上海的台风特点、台风路径类型以及风暴潮的特征和时空分布。通过分析上海典型风暴潮灾害及多因子叠加灾害案例，揭示台风及风暴潮灾害对上海造成的影响。

第四章　暴雨积水灾害　聚焦上海暴雨特点和积水灾害情况，通过统计历史暴雨数据及分析积水原因，展现影响上海的重大暴雨积水灾害事件。

第五章　流域洪水灾害　从流域角度出发，分析太湖洪水以及影响上海的流域洪水的成因和特点。通过对上海区域防洪工程的概述来揭示流域洪水灾害对上海的影响。

第六章　旱情旱灾　关注干旱对上海的影响,包括干旱性天气、农业干旱和咸潮入侵等问题。总结了上海的供水格局变化及影响上海供水的重大咸潮入侵事件,并分析了长江来水对上海咸潮的影响。

第七章　水旱灾害防御措施及成效　总结上海历年来在防汛减灾方面所采取的工程措施和非工程措施,系统描述了千里海塘、千里江堤、区域除涝和城镇排水这"四道防线"的建设过程,以及在组织和制度保障、查险排险、汛情监测、"四预"(预报、预警、预案、预演)措施、防汛信息系统、宣传引导和抢险与救灾这七个方面的工作措施和成效,从而为各级城市提升水旱灾害防御能力提供参考。

第八章　对策与建议　针对未来上海水旱灾害提出防治对策和建议,旨在提高上海的防灾减灾能力,保障城市可持续发展,并为其他城市提供可借鉴的经验。

本书的编撰参考了大量由市、区两级防汛办提供的水旱灾害防御文档资料。同时,编撰工作得到了上海市、区两级防汛办,上海市水务局相关处室和局属单位,上海市应急局,上海市气象局,水利部太湖流域管理局及同济大学等诸多单位的大力支持。在此,谨向所有参与和支持本书编写工作的单位及个人致以最衷心的感谢。

在编写本书时,我们力求全面、准确地呈现上海近30年的水旱灾害情况。然而,由于资料获取的局限性以及时间的紧迫,书中或许仍存在一些不足之处。真诚地希望广大读者能够提出宝贵的意见和建议,以便我们不断地改进和完善书中的内容。

希望本书的出版,能为上海乃至全国的水旱灾害防治工作提供参考和借鉴,也为构建更加韧性、可持续的城市贡献一份力量。同时,我们也期待与国内外同行展开更深入的交流与合作,共同推动水旱灾害研究的深入发展。

编者

2024年秋于上海

目 录

前言

第一章 概述 …………………………………………………………………………… 001
  第一节 基本情况 ……………………………………………………………… 001
  第二节 主要灾害 ……………………………………………………………… 002
    一、台风（热带气旋） ……………………………………………………… 002
    二、暴雨 ……………………………………………………………………… 002
    三、高潮 ……………………………………………………………………… 002
    四、洪水 ……………………………………………………………………… 003
    五、灾害叠加 ………………………………………………………………… 003
  第三节 防御机构 ……………………………………………………………… 003
    一、防汛指挥体系历史沿革 ………………………………………………… 004
    二、上海市防汛指挥体系 …………………………………………………… 004
  第四节 防汛的主要做法 ……………………………………………………… 005
    一、树立"五大理念" ………………………………………………………… 005
    二、贯彻"五个坚持" ………………………………………………………… 006
    三、形成"五个体系" ………………………………………………………… 006

第二章 水旱灾害的类型与分布 …………………………………………………… 007
  第一节 水旱灾害的分类和特点 ……………………………………………… 007
    一、水旱灾害分类 …………………………………………………………… 007
    二、水旱灾害特点 …………………………………………………………… 009
  第二节 水旱灾害的时间分布 ………………………………………………… 011
    一、水旱灾害年际特点 ……………………………………………………… 011
    二、水旱灾害年内变化 ……………………………………………………… 014
  第三节 水旱灾害的空间分布 ………………………………………………… 014
    一、暴雨易发区域分析 ……………………………………………………… 014
    二、洪涝灾害区域分析 ……………………………………………………… 015

第三章　台风及风暴潮灾害 ………………………………………………………………… 018
第一节　影响上海的台风概况 …………………………………………………………… 018
一、影响上海的台风特点 ……………………………………………………………… 018
二、严重影响上海的台风路径类型 …………………………………………………… 019
第二节　上海台风风暴潮概况及特征 …………………………………………………… 021
一、上海地区台风风暴潮概况 ………………………………………………………… 021
二、风暴潮特征及时空分布 …………………………………………………………… 022
三、人类活动的影响 …………………………………………………………………… 024
第三节　上海典型风暴潮灾害 …………………………………………………………… 025
一、9711号台风"温妮"风暴潮灾 ………………………………………………… 025
二、0012号台风"派比安"风暴潮灾 ……………………………………………… 025
三、0509号台风"麦莎"风暴潮灾 ………………………………………………… 027
四、1323号台风"菲特"风暴潮灾 ………………………………………………… 027
五、2106号台风"烟花"风暴潮灾 ………………………………………………… 027
第四节　风、暴、潮、洪叠加灾害 ……………………………………………………… 029
一、"三碰头"概况 …………………………………………………………………… 029
二、"四碰头"概况 …………………………………………………………………… 040

第四章　暴雨积水灾害 ……………………………………………………………………… 044
第一节　历史暴雨概况 …………………………………………………………………… 044
一、总体特征 …………………………………………………………………………… 045
二、年内变化特征 ……………………………………………………………………… 050
三、年际变化特征 ……………………………………………………………………… 057
四、暴雨成因 …………………………………………………………………………… 066
第二节　积水灾害 ………………………………………………………………………… 070
一、积水的定义 ………………………………………………………………………… 070
二、历年积水情况统计 ………………………………………………………………… 070
三、积水原因 …………………………………………………………………………… 074
第三节　影响上海的重大暴雨积水灾害 ………………………………………………… 076
一、强对流型暴雨积水 ………………………………………………………………… 076
二、梅雨型暴雨积水 …………………………………………………………………… 077
三、台风型暴雨积水 …………………………………………………………………… 078

第五章　流域洪水灾害 ……………………………………………………………………… 081
第一节　太湖洪水 ………………………………………………………………………… 081
一、流域概况 …………………………………………………………………………… 081
二、流域洪水概况 ……………………………………………………………………… 082
第二节　影响上海的流域洪水 …………………………………………………………… 083

一、主要成因 ·· 083
二、典型梅雨型洪水基本情况 ·· 084
三、典型台风雨型洪水基本情况 ·· 097
四、上海区域防洪工程概述 ··· 100

第六章 旱情旱灾 ·· 105

第一节 旱灾概况 ·· 105
一、干旱性天气 ·· 105
二、农业干旱 ·· 109
三、咸潮入侵影响供水保障 ··· 109

第二节 影响上海的重大干旱事件 ·· 112
一、上海原水格局概述 ··· 112
二、影响上海的重大咸潮入侵事件 ·· 114
三、长江来水对上海咸潮的影响分析 ··· 116

第七章 水旱灾害防御措施及成效 ·· 118

第一节 防汛减灾工程措施及成效 ·· 118
一、千里海塘 ·· 118
二、千里江堤 ·· 123
三、区域除涝 ·· 134
四、城镇排水 ·· 143

第二节 防汛减灾非工程措施及成效 ··· 152
一、组织和制度保障 ··· 153
二、查险排险 ·· 156
三、汛情监测 ·· 156
四、"四预"措施 ·· 159
五、防汛信息系统 ·· 166
六、宣传引导 ·· 172
七、抢险与救灾 ··· 172

第三节 旱情监测预报和抗咸供水保障 ·· 177
一、干旱天气监测 ·· 177
二、咸潮入侵监测预报 ·· 177
三、抗咸保供措施及成效 ··· 179

第八章 对策与建议 ·· 183

第一节 认清新风险新挑战 ·· 183
一、极端天气趋频趋强成为新常态 ·· 183
二、城市防汛减灾工作面临新挑战 ·· 184

第二节　落实新思维新举措 ·· 185
　　一、用战略思维谋划防汛工作 ·· 186
　　二、用历史思维研究汛情规律 ·· 187
　　三、用底线思维落实防范措施 ·· 188
　　四、用系统思维化解灾害风险 ·· 189

参考文献 ··· 194

附录 ··· 195

第一章

概 述

第一节 基本情况

上海,简称"沪",别称"申",是中国的直辖市之一,属于国家中心城市、超大城市。当下,上海正着力建设集国际经济、金融、贸易、航运和科技创新中心于一体且具有全球影响力的现代化大都市。

上海位于北纬 31°14′、东经 121°29′,地处太平洋西岸、亚洲大陆东沿,处于中国南北海岸的中心点位置,其北界长江,东濒东海,南临杭州湾,西接江苏和浙江两省。上海的总面积达 6 340.5 km^2,下辖 16 个区、107 个街道、106 个镇、2 个乡。截至 2022 年末,上海常住人口为 2 475.89 万人,地区生产总值达 44 700 亿元。

上海地处亚热带季风气候区,日照充分,雨量充沛,四季分明,春秋较短,冬夏较长。据气象部门统计,1991—2020 年上海常年平均气温为 16.9℃,平均降水量达 1 244.0 mm,全年 53%以上的降水集中在 6—9 月的汛期。上海是长江三角洲冲积平原的一部分,平均地面高程约 4 m(上海吴淞基面,下同)。其西部有天马山、薛山、凤凰山等残丘,其中天马山为上海陆域最高点,海拔高度为 99.80 m。在上海的海域上有大金山岛、小金山岛、浮山岛(乌龟山岛)、佘山岛、小洋山岛等岩岛,上海海域的最高点是位于金山区杭州湾的大金山岛,海拔高度为 103.70 m。在北面长江入海处,有崇明岛、长兴岛和横沙岛这 3 个有居民居住的岛屿,其中崇明岛平均地面高程为 3.89 m,长兴岛平均地面高程为 2.85 m,横沙岛平均地面高程为 2.79 m。上海地势最低的区域集中在青浦区、松江区的大部分地区,以及金山区北部和嘉定区的西南部,地面高程一般在 2.2~3.5 m,最低处不到 2 m,为太湖流域碟形洼地的底部。上海河网密布,是典型的平原感潮河网地区。根据上海市水务局发布的《2022 上海市河道(湖泊)报告》,全市共有河道(湖泊)46 822 条(个),河道(湖泊)面积共 652.94 km^2,河湖水面率为 10.3%。其中,主要河道有黄浦江、吴淞江—苏州河、太浦河、拦路港—泖河—斜塘、红旗塘—大蒸塘—圆泄泾、大泖港、蕴藻浜、淀浦河、大治河、川杨河、金汇港、油墩港等,主要湖泊有淀山湖、元荡等。

经过多年建设,上海已基本构建起由"千里海塘、千里江堤、区域除涝、城镇排水"共同组成的四道坚实防线。这四道防线在保障上海防洪除涝安全方面发挥了重要作用。截至 2022 年,全市主海塘 82.1%的长度达到防御"200 年一遇高潮位+12 级风"标准;黄浦江市区段堤防达到防御"1 000 年一遇高潮位"标准(1984 年批准),黄浦江上游及其主要支流达到 50 年一遇流域防洪标准;区域除涝能力基本达到 15 年一遇标准;城镇雨水排水系统能力全面达到1年一遇标准,其中,中心城19.4%的面积雨水排水系统达到3~5年一遇标准,全市城镇17.9%的面积雨水排水系统达到3~5年一遇标准。

第二节 主 要 灾 害

上海地处长江流域和太湖流域下游,属于亚热带季风气候区,地势低平,经常遭受台风、暴雨、高潮和洪水等自然灾害的威胁。

一、台风(热带气旋)

根据国家标准《热带气旋等级》(GB/T 19201—2006),热带气旋被分为热带低压、热带风暴、强热带风暴、台风、强台风和超强台风这6个等级。平均每年有2~3个热带气旋影响上海。热带气旋给上海带来的主要危害是暴雨造成城市内涝,狂风吹倒树木、房屋、电线杆等物体,海浪冲毁海塘,潮水淹没田地与房屋,进而导致人员伤亡与经济损失。

二、暴雨

上海的暴雨主要有强对流暴雨、梅雨暴雨和台风暴雨。暴雨常常造成道路积水、民房进水、农田淹没。

强对流天气常常导致雷暴雨,这种天气在5—10月较为多发,尤其集中在8—10月,而11月下旬至次年3月中旬一般没有雷暴雨。在一天当中,雷暴雨在下午3—5时出现的频率最高。

当梅雨锋移至长江下游影响上海时,易带来暴雨。上海常年平均[①]入梅日是6月19日,出梅日是7月10日,梅雨期约为21天,不过各年存在一定差异。常年平均梅雨量为240.1 mm[②],市区(徐家汇站)的梅雨量为262.5 mm。

当台风由热带区域进入中高纬度地区,遭遇冷空气或其他天气系统时,容易产生暴雨。台风暴雨大多在7—9月出现。

三、高潮

上海沿海区域及大小河道均受潮汐影响。上海地区的潮汐可分为正规半日潮和非正规半日潮。上海沿海、长江口及黄浦江各站均为非正规半日潮,平均在一个太阴日内有两次高潮、两次低潮,而且两次高潮和两次低潮的潮高不等,涨潮和落潮历时也不等。潮汐变化以一个月为周期,其间会形成两次大潮和两次小潮,农历初三、十八前后为大潮汛,农历

---

① 按照世界气象组织的规范,常年平均取30年长序列,当前统计年份为1991—2020年。
② 上海市气象部门按照国家标准《梅雨监测指标》(GB/T 33671—2017)于2022年对上海市梅雨序列(包括出入梅时间、梅雨期和梅雨量)进行了重新勘定。本书中上海市的梅雨描述均采用气象部门当年度公布的数据,而非勘定后的数据。

初八、廿三前后为小潮汛。

上海地区的风暴潮以台风风暴潮为主。平均每年会有 1~2 个台风引发风暴潮影响。当风暴潮与天文大潮高潮位相遇时，便会产生更高潮位，从而导致潮水漫溢，淹没城镇和农田，造成人员伤亡和财产损失。

四、洪水

上海地处长江三角洲前缘，位于长江和太湖流域下游。长江流域的洪水和太湖流域的洪水可能会对上海造成一定影响。

长江口在徐六泾以下呈"三级分汊、四口入海"的河势格局。然而，鉴于上海所处的长江口水面十分宽阔，长江洪水对这一区域水位的影响有限，该区域的最高水位主要由潮汐控制。

黄浦江及上游河道是太湖流域洪水的主要通道，洪水流经市区后排入长江，下泄东海。黄浦江受长江口潮汐的影响较大，潮流界可达沪浙、沪苏边界以上。当太湖的洪涝水下泄时，容易受到潮水顶托，从而大幅抬高黄浦江的最高水位，形成洪潮风险。倘若此时再遭遇台风带来的暴雨天气，高水位情况将严重影响沿江地区的排涝效果，增加区域涝灾风险。

五、灾害叠加

台风、暴雨、高潮和洪水可能单独出现，但更多的是相伴发生，产生叠加影响。上海地区常说的"二碰头""三碰头""四碰头"就是指台风、暴雨、高潮、洪水中有两种、三种或四种灾害同时影响上海，导致上海地区出现严重的风、暴、潮、洪灾害。因此，"二碰头""三碰头""四碰头"所带来的威胁始终是上海的"心腹大患"，更是防汛工作的重中之重。

上海地区，几乎每年都会遇到"二碰头"的情况，这也是上海防汛日常防御的主要对象。暴雨和天文高潮叠加，容易形成涝灾；台风和暴雨叠加，除了带来风灾，还很容易形成重大涝灾；台风与天文高潮叠加，会使上海的沿海、沿江地区出现高潮位，容易发生严重潮灾，沿杭州湾、长江口地区甚至会出现灾难性的潮灾。

"三碰头"的情况在上海地区并不少见，据资料统计，每隔几年就会出现一次，且每次出现都会给上海带来大规模的灾害和损失。1992—2022 年，上海共发生了 12 次"三碰头"的情况，最近一次发生在 2022 年台风"梅花"来袭期间。

在 2010 年之前，"四碰头"的情况基本未见。但 2010 年之后，上海出现过 2 次"四碰头"的情况，分别是在 2013 年台风"菲特"期间和 2021 年台风"烟花"期间，这两次"四碰头"均给上海造成了较大的灾害和损失。

第三节　防御机构

建立完善的防汛组织机构是做好防汛工作的重要保障。按照国家法律、法规和《上海市防汛条例》的规定，上海市构建了市、区、街道（乡镇）三级防汛指挥机构。这些机构负责本行政区划内防汛工作的组织、协调、监督、指导等事务,日常工作则由各级防汛指挥部办公室具体处理。此外,承担防汛任务的部门或单位应当成立防汛领导小组来负责本部门或单位防汛工作的组织、协调等日常事宜。

一、防汛指挥体系历史沿革

上海市防汛指挥机构成立于1956年,至今已连续运行60余年。1963年,上海市编制委员会通过文件形式明确规定,上海市防汛总指挥部作为常设机构,下设总指挥部办公室。2018年,根据国家应急体制改革新要求,上海市防汛指挥部(包括办公室)被划入新成立的上海市应急局。2019年汛前,经上海市委、市政府研究决定,在保持全市防汛体制机制"三个不变"(全市原有防汛体制机制不变、市防汛办工作运转机制不变、全市防汛信息系统保障不变)的基础上,上海市水务局和上海市应急局组成"双主任制"市防汛指挥部办公室,采取联合防汛工作机制。与此同时,各区防汛指挥部也积极响应,迅速对区级联合防汛机构作出了调整与优化。2020年开始,联合防汛的工作机制得到进一步明确,上海市水务局承担起市防汛办的日常工作。

二、上海市防汛指挥体系

(一) 市防汛指挥部

市防汛指挥部是市政府领导下的市级议事协调机构,负责组织、协调、监督、指导全市的防汛工作,现有40家成员单位。市防汛指挥部的总指挥由市长担任,第一副总指挥由分管应急的副市长担任,常务副总指挥由分管水务的副市长担任,副总指挥由市政府分管水务的副秘书长和分管应急的副秘书长、市水务局局长、市应急局局长、上海警备区副司令、武警上海市总队司令、市公安局副局长、市住建委主任、市交通委主任、市气象局局长共同担任。

市水务局和市应急局组成市防汛指挥部办公室,该办公室设在市水务局,办公室主任由市水务局、市应急局两位主要领导担任,办公室副主任则由两个局分管防汛的副局长担任。在职责分工方面,市水务局承担市防汛办的日常工作,涵盖组织预案修编、预测预报、隐患排查、培训演练、物资保障、舆论宣传、防汛工程建设及排涝除险、抢险技术支撑等工作;市应急局则主要负责指导协调社会宣传动员、人员转移安置、重大灾情抢险救援、灾情统计与救助等工作。

(二) 区防汛指挥部

各区政府参照市防汛指挥部的模式,相应地设立区防汛指挥部来专门负责本地区的防汛防台工作。区防汛指挥部办公室负责处理区防汛指挥部的日常工作。

(三) 街道、乡镇防汛机构

街道办事处和乡镇人民政府设立防汛指挥机构或防汛工作部门来具体负责本行政区域的防汛防台工作。

第四节　防汛的主要做法

考虑到上海汛情的特点，以及全市人口众多、建筑密集、城市化程度较高的实际市情，上海始终把防御堤防溃决、道路积水、低洼受涝、房屋倒塌、地下空间进水、高空坠物伤人等作为防汛防台工作的重点。多年来，在市委、市政府的高度重视和坚强领导下，全市各级党政干部深入防汛一线，各项预案落实到位，基层组织发挥作用，方方面面通力协作。在各方共同努力下，上海的防汛工作总体上经受住了考验，并取得了大汛小灾、平汛少灾、小汛无灾的良好成绩。这些成果的取得，主要得益于五大理念、五个坚持和五个体系的有效实施。

一、树立"五大理念"

一是依法防汛。依法防汛是建设法治政府、实现依法行政的重要内容，也是做好防汛防台工作的基本前提和保障。上海严格按照《中华人民共和国防洪法》《中华人民共和国防汛条例》《上海市防汛条例》等法律法规的规定，秉持有法必依、执法必严、违法必究的原则，切实保证法律法规中明确的各项规定落到实处。

二是科学防汛。自然灾害的不确定性和应对工作的被动性决定了防汛工作必须尊重科学，遵循自然规律。科学防控、优化调度是科学防汛的核心所在。上海不断深化对历史水情、汛情、灾情的研究，从海量的历史数据中分析总结水患、风灾规律，汲取历史上防灾减灾的经验和智慧，探寻应对水旱灾害的科学策略，努力减轻水旱灾害所造成的损失，保障人民群众的生命和财产安全。

三是社会防汛。防汛工作属于全社会共同的公益事业，责任重、风险大，需要广泛动员、全民参与、军民联手、区域联动。只有不断提升全社会的防汛减灾意识，增强防汛抢险及灾后救助的整体合力，防汛工作才能不断取得胜利。当前，上海已初步建立了防汛防台社会动员机制，积极推动防汛防台安全知识、预警信息、安全指引等实现"五上十进"（即上电视、上广播、上报纸、上网络、上手机，进街道、进小区、进乡村、进学校、进工地、进码头、进机场、进车站、进企业、进家庭），并在工作中不断加以落实和完善。

四是智慧防汛。将物联网、大数据、人工智能、云计算等先进技术应用于超大城市的治理工作当中，以全市运行"一网统管"建设为契机，对防汛防台指挥系统进行迭代升级。通过这一举措，气象、水务、建设、交通、房管、公安、热线等多个行业的防汛数据实现了互联互通，从而能够汇聚整合全域防汛信息，有效提升智能预报预警能力，强化防汛指挥的联勤联动机制。此外，借助数字技术赋能基层管理，为防汛指挥决策及调度工作提供强有力的支撑。

五是精准防汛。认真贯彻习近平总书记强调的精准思维要求，牢牢抓住防汛防台工作的核心和关键问题不放，对症下药、分类施策。着力在精细化预测预报、下立交和居民小区积水改造、郊区排水系统建设等重点问题和难点问题上下功夫，努力实现精准预报、精准预警、精准调度和精准处置，切实提高上海市防汛防台工作的整体能力与水平。

二、贯彻"五个坚持"

一是在工作方针上,坚持安全第一、以防为主、常备不懈、全力抢险,努力争取防汛防台的主动权。

二是在工作理念上,坚持以人为本、服务大局,把确保人民群众生命财产安全放在首位,力求不死人、少损失。

三是在工作机制上,坚持以行政首长负责制为核心的各级各类防汛责任制,力求防汛责任横向到边、纵向到底。

四是在工作措施上,坚持建管并举、重在管理,不断夯实防汛防台的物质基础和管理基础。

五是在应急抢险上,坚持军民联手、区域联动,增强防汛抢险、灾后救助的整体合力。

三、形成"五个体系"

一是组织指挥体系。依据国家和上海市有关防汛法规,市、区两级政府均设立防汛指挥部,乡镇、街道设有防汛工作部门,市、区各有关部门也有相应的工作机构。至此,"统一指挥、分级负责、条块结合、以块为主"的防汛指挥体系基本建立。

二是预警预案体系。遵循全市应急管理的规范要求,防汛防台实行"蓝、黄、橙、红"四色预警,以及"四、三、二、一"四级响应机制。近年来,为契合精细化防汛要求,市防汛指挥部对预警响应机制进行了重大调整,赋予有气象部门的郊区发布本辖区防汛防台预警和响应的权限。市、区两级政府以及乡镇、街道和相关部门均制定了防汛防台专项应急预案,针对指挥调度、信息发布、避险引导、人员撤离、应急抢险、物资调配、医疗救护等设定了应急状态下的操作方案。每年对预案进行评估修正,每3~5年开展一次大修编。

三是防汛工程体系。"千里海塘、千里江堤、区域除涝、城镇排水"共同构成了上海防汛工程体系的"四道防线",且基本达到流域和区域防洪标准。上海陆地部分及长兴岛主海塘的防御能力基本达到200年一遇水平,崇明岛和横沙岛基本达到100年一遇水平;黄浦江市区段堤防达到1000年一遇防洪标准。全市形成14个水利分片综合治理的总体格局,除涝能力基本达到15年一遇;雨水排水设施全面达到1年一遇标准,重要地区达到3~5年一遇标准。

四是信息保障体系。市防汛指挥信息系统集成了上海市及流域的气象、水文、海洋、海事等信息,基本实现了水情、雨情、灾情的实时采集与传输,多部门的远程会商,预警信息的即时群发,以及防汛设施和抢险物资的数字化管理。

五是抢险救援体系。抢险救援体系主要由抢险物资和抢险救援队伍两部分构成。抢险物资实行市级、区级和专业三种方式储备;抢险救援队伍由防汛指挥部各成员单位的专业抢险队伍,建工集团、城建集团的机动抢险队伍,以及驻沪部队、武警、消防和公安干警的突击抢险队伍组成。

第二章

水旱灾害的类型与分布

第一节 水旱灾害的分类和特点

一、水旱灾害分类

上海的水旱灾害主要分为潮灾、洪灾、涝灾和旱灾四种类型。

潮灾是指沿海沿江地区受风暴潮袭击时形成的一种水灾。此类灾害多在热带气旋来临之际发生,在强劲的东北风、偏北大风作用下,大量海水朝着东海沿岸、长江口、杭州湾以及黄浦江等区域推进,掀起巨浪,致使潮水漫溢,最终形成潮灾。

洪灾的主要成因是太湖流域洪水下泄,使得西部上游地区河道水位急剧上涨,从而导致堤防漫溢或溃决,最终形成洪灾。

涝灾则是由于降雨过多或过于集中,本地区产生的径流超出了排水除涝的能力,从而导致积水,地面被淹没,最终形成涝灾。

旱灾是指因干旱缺水影响农作物生长而造成农作物歉收或导致人、畜饮水困难的灾害。上海过境水量充沛,灌溉系统发达,地区干旱性气候已不再是造成农业旱灾的决定性因素,基本上处于有旱无灾的状态。自2000年以来,咸潮入侵频繁发生,这已成为上海市生产、生活、生态用水面临的主要威胁。

1992—2022年期间,影响上海并引发水旱灾害的台风、暴雨、洪水等事件共发生611次,其中造成影响的台风共89个,占总灾数的14.6%;暴雨共计发生519场,占总灾数的84.9%;流域性洪水发生3次,占总灾数的0.5%,如图2-1所示。值得一提的是,这期间并

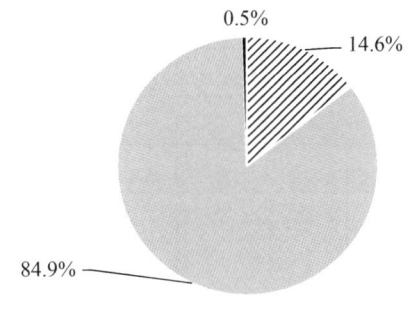

图 2-1　1992—2022年上海遭遇台风、暴雨、洪水频次

未发生农业干旱灾害,但上海长江口水源地遭遇咸潮入侵多达192次。经统计,经济损失合计达到86.85亿元,其中2005年灾害损失最大,达到17.37亿元;1999年的灾害损失为9.60亿元,在历年灾损中排名第二。1992—2022年上海水旱灾害事件调查统计结果见表2-1。上海遭遇台风、暴雨、洪水、咸潮入侵的频次分别如图2-2—图2-5所示。

表2-1　1992—2022年上海水旱灾害事件调查统计

编号	年份	台风/个	暴雨/场	洪水/次	咸潮入侵/次	灾损/亿元
1	1992	2	10	0	—	0.09
2	1993	0	21	0	—	0.20
3	1994	4	14	0	4	0.09
4	1995	1	14	0	4	1.58
5	1996	1	8	0	4	1.04
6	1997	1	11	0	4	6.66
7	1998	3	12	0	4	0.40
8	1999	4	22	1	8	9.60
9	2000	5	14	0	8	2.07
10	2001	5	17	0	7	3.24
11	2002	3	20	0	9	4.25
12	2003	1	11	0	3	0.18
13	2004	4	14	0	9	0.51
14	2005	3	15	0	5	17.37
15	2006	3	16	0	10	0.00
16	2007	2	13	0	9	1.59
17	2008	3	24	0	6	0.04
18	2009	1	25	0	12	3.32
19	2010	6	16	0	4	0.00
20	2011	2	15	0	11	3.02
21	2012	5	16	0	1	6.64
22	2013	1	14	0	13	9.53
23	2014	3	18	0	9	0.00
24	2015	3	14	0	7	2.20
25	2016	5	22	1	3	0.28
26	2017	2	20	0	2	0.00
27	2018	6	18	0	0	0.84

(续表)

编号	年份	台风/个	暴雨/场	洪水/次	咸潮入侵/次	灾损/亿元
28	2019	4	18	0	9	1.26
29	2020	2	26	1	1	0.90
30	2021	2	25	0	2	9.24
31	2022	2	16	0	24	0.71
合计		89	519	3	192	86.85

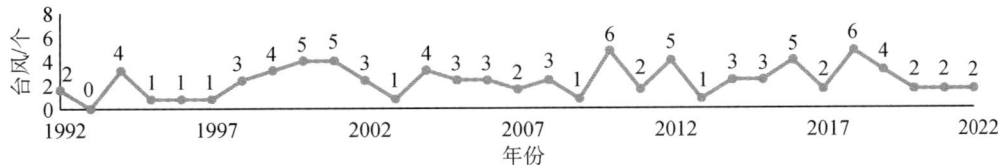

图 2-2　1992—2022 年上海遭遇台风频次

图 2-3　1992—2022 年上海遭遇暴雨频次

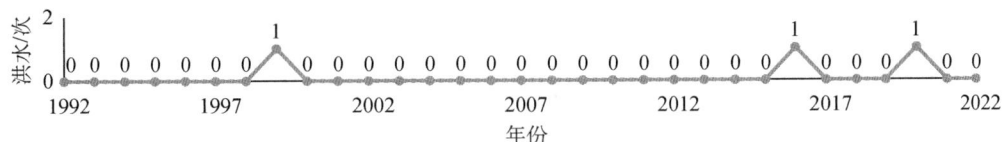

图 2-4　1992—2022 年上海遭遇洪水频次

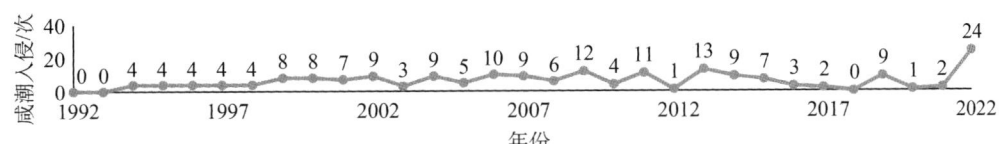

图 2-5　1992—2022 年上海遭遇咸潮入侵频次

二、水旱灾害特点

(一) 台风灾害

1992—2022 年,共有 89 个台风对上海产生影响,平均每年 2～3 个。在这些台风中,对上海造成较为严重影响的路径主要分为四类:正面登陆、西行、近海北上和远距离影响。影响上海的台风大多出现在 5—11 月,其中 7—9 月最为频繁,且常伴有狂风、暴雨,有时还形成高潮。单个台风影响上海的时长平均为 2~3 天,长的可达 5~6 天,短的仅为 1 天。台风侵袭上海时造成的破坏其程度在地域上存在差异,总体上沿海比内陆严重,东南部比西北部严重。自 1992 年以来,平均每 8 年就会有一个台风给上海带来较大影响,其中造成严重灾害损失的台风包括 9711 号台风"温妮"、0509 号台风"麦莎"、1323 号台风"菲特"和 2106 号台风"烟花"等。

(二) 暴雨灾害

我国气象上规定,24 小时降雨量达 50.0 mm 或以上的雨为"暴雨"。按降雨强度又可将"暴雨"细分为三个等级,即降雨量在 50.0~99.9 mm 的雨被称为"暴雨"、降雨量在 100.0~249.9 mm 的雨被称为"大暴雨"、降雨量在 250.0 mm 及以上的雨被称为"特大暴雨"。

在上海防汛工作中,习惯按照《水文基本术语和符号标准》(GB/T 50095—2014)来划分降雨等级。该标准将 24 小时降雨量在 50.0~99.9 mm 的雨称为"暴雨",24 小时降雨量在 100.0~199.9 mm 的雨称为"大暴雨",24 小时降雨量在 200.0 mm 及以上的雨称为"特大暴雨"。所有这些不同级别的暴雨统称为"总暴雨",即暴雨、大暴雨、特大暴雨的总称。

1992—2022 年,上海共发生总暴雨 519 场,平均每年 16~17 场。其中,暴雨 398 场,平均每年 12~13 场;大暴雨 106 场,平均每年 3~4 场;特大暴雨 15 场,平均每两年 1 场。总暴雨在汛期较为多发,而在非汛期内,汛前发生的场次多于汛后。具体来看,总暴雨在汛期发生 428 场,在非汛期发生 91 场。在非汛期内,汛前(1—5 月)有 57 场、汛后(10—12 月)有 34 场。大暴雨和特大暴雨主要集中在汛期。非汛期的大暴雨在汛前和汛后发生的场次基本持平,非汛期的特大暴雨均发生在汛后。在 106 场大暴雨中,97 场发生在汛期;非汛期的大暴雨,汛前、汛后分别为 5 场和 4 场。在 15 场特大暴雨中,13 场发生在汛期,2 场发生在汛后,汛前未发生。

上海地区的暴雨天气类型主要有 7 种:静止锋雨带、副高边缘强对流、台风本体或外围螺旋雨带、台风倒槽、暖式切变线(暖区辐合线)、低槽冷锋和江淮气旋。会给上海造成较为严重积水的暴雨类型主要为局部强对流型暴雨、台风型暴雨和梅雨型暴雨。据统计,1992—2022 年期间上海较为典型的积水共发生 18 次,其中由局部强对流型暴雨造成的积水有 5 次、台风型暴雨造成的积水有 11 次、梅雨型暴雨造成的积水有 2 次。造成较大灾害损失的局部强对流型暴雨发生在 2008 年 8 月 25 日、2013 年 9 月 13 日、2017 年 9 月 24 日等,台风型暴雨包括 0509 号台风"麦莎"、1211 号台风"海葵"、1323 号台风"菲特"和 2106 号台风"烟花"等带来的暴雨,梅雨型暴雨包括 1999 年和 2020 年的梅雨等。

(三) 流域洪水灾害

1992—2022 年,上海共发生 3 次流域性洪水,分别在 1999 年、2016 年和 2020 年。这 3 次均为太湖流域洪水。流域性洪水是由覆盖全流域、历时长、总量大的降水形成的,一般以梅雨为主,而台风雨多形成区域性洪水和内涝。梅雨型降水的特点是持续时间长、笼罩范围广、降水总量大,且由多场降水组成,梅雨型降水的降水量一般占年降水的 20%~30%。梅雨型降水会使平原地区河道水位持续上涨且经久不退,易造成流域性洪涝灾害。台风雨则是由台风活动引起的降水。其特点是降雨强度大、持续时间有限、范围较广,易造成区域性洪涝灾害。从历史数据来看,太湖流域历时1~3天的暴雨极值基本上都是由台风造成的。

这3次流域性大洪水或特大洪水均属于典型的梅雨型洪灾,主要由北方冷空气与南方暖湿空气交汇形成的准静止锋造成。其中,1999年太湖流域梅雨期长达43天,梅雨量为681.0 mm,约为常年梅雨量的2.5倍[①];2016年太湖流域梅雨期为31天,梅雨量为426.8 mm,约为常年梅雨量的1.8倍;2020年太湖流域梅雨期为42天,梅雨量为613.0 mm,约为常年梅雨量的2.3倍,在1954年以来的梅雨量排名中位列第3位。1999年太湖流域洪水给上海带来了较大损失,其后经过多年的太湖流域综合治理水利工程建设,2016年和2020年的洪水虽有大汛但无大灾。

(四) 旱灾

1992—2022年期间,上海虽存在气候干旱少雨的情况,例如最常见的有秋旱,或秋旱接冬旱,伏旱以及较为少见的春旱,但均未对农业及人民的生产、生活产生较大影响,也未造成明显的经济损失。因此,可以认为,上海已消除传统意义上的旱灾。

然而,上海水源地地处长江口,在枯水季节容易受到咸潮上溯的影响。因此,科学合理地调度水源,做好供水保障,已成为防御干旱性天气的主要工作。长江口的原水供水水源地包括陈行、青草沙和东风西沙这三个水库,其供水量约占全市原水供应量的75%,服务人口约1800万人。每年冬、春季节的枯水期,由于上游径流动力不足,高盐水体随涨潮流沿河口向上游推进,致使长江口水源地附近水体中氯化物浓度超标,影响原水水质,从而对居民生活及工农业用水产生一定的负面影响。1992—2022年,长江口水源地共遭遇咸潮入侵192次,平均每年6~7次,特别值得一提的是,2022年出现了罕见的夏季咸潮。2022年9月1日,东风西沙水库遭遇了当年第一次咸潮入侵,至2023年春,长江口三大水库共遭遇咸潮入侵24次。此为有记载以来发生最早、次数最多、历时最长、单次持续时间长且氯化物浓度高的极端严重咸潮。在水利部、长江水利委员会、太湖流域管理局的大力支持下,上海市水务局和全市供水企业及社会各方共同努力,使得咸潮入侵期间上海居民的生活用水基本没有受到不利影响。

第二节 水旱灾害的时间分布

一、水旱灾害年际特点

(一) 水灾害发生频次增高

1992—2022年,上海共发生水旱灾害611次[②],平均每年19~20次,总体灾害发生频率

---

① 太湖流域常年梅雨期和梅雨量均采用水利部太湖流域管理局水文局(信息中心)修订后的1991—2020年的常年值。

② 为了方便表述分析,此处台风、暴雨、洪水影响统一描述为次数。

较高。若按1992—2000年、2001—2010年和2011—2022年这3个年际区间进行统计,水旱灾害发生次数分别为148次、202次、261次,对应的年均发生次数分别为16~17次、20~21次和21~22次,总体呈现出上升趋势。其中,台风灾害共计发生89次,平均每年2~3次,按上述3个年际区间统计,台风发生次数分别为21次、31次和37次,对应的年均发生次数分别为2~3次、3~4次和3~4次,基本处于平稳状态。暴雨灾害共计发生519次,平均每年16~17次,按上述3个年际区间统计,暴雨发生次数分别为126次、171次和222次,对应的年均发生次数分别为14次、17~18次和18~19次,呈上升趋势。洪水灾害合计发生3次,其中1992—2000年发生1次,2011—2022年发生2次,基本处于平稳状态。3个年际水旱灾害事件调查统计结果见表2-2。3个年际水旱灾害次数统计结果如图2-6所示。

表2-2 3个年际水旱灾害事件调查统计

统计时段	台风/次	暴雨/次	洪水/次	合计
1992—2000年	21	126	1	148
2001—2010年	31	171	0	202
2011—2022年	37	222	2	261
合计	89	519	3	611

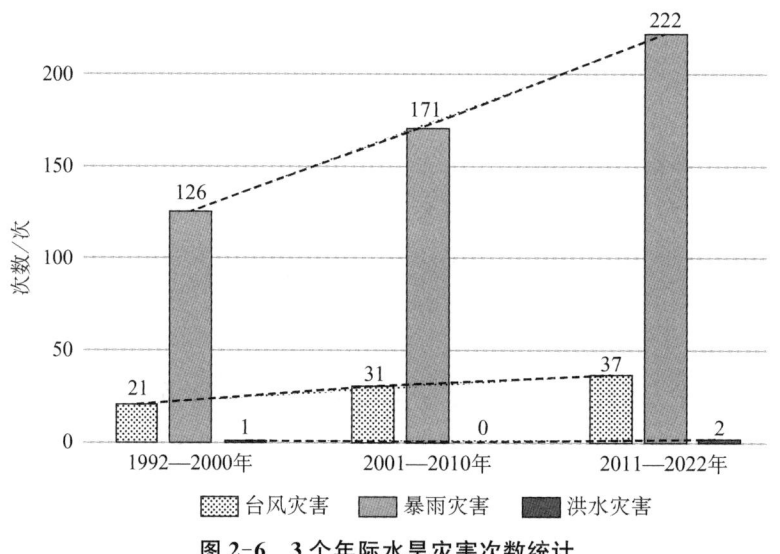

图2-6 3个年际水旱灾害次数统计

(二) 灾害叠加现象增多

在全球气候变化的大背景下,诸如台风、暴雨这类极端灾害性天气出现得愈发频繁,且呈现出复杂、多变、突发的态势。与此同时,海平面上升趋势进一步加剧,城镇化进程不断加快,下垫面性质发生改变,防洪排涝工程建设迅速推进,从而导致黄浦江潮位有逐渐升高趋势。太湖流域综合治理骨干工程已基本完成,太湖流域地区防洪标准也在不断提高,上游洪水束水归槽,洪水下泄速度加快、瞬时流量加大,导致黄浦江中上游地区防洪压力逐渐增大。一旦遇到极端天气,尤其是严重的"多碰头"情况发生,就很有可能给上海带来严重灾害,进而造成人员伤亡或财产损失,影响人民群众的正常生活。

上海地区风、暴、潮、洪以"二碰头""三碰头"为主,尤其"二碰头"现象几乎年年都会碰到,"三碰头"现象则每2~4年会出现一次,自2010年起,上海出现了2次"四碰头"。据统计,1992—2022年上海共发生"三碰头"12次,其中台风、暴雨、高潮"三碰头"有8次,暴雨、高潮、洪水"三碰头"有1次,台风、暴雨、洪水"三碰头"有3次。在这12次"三碰头"中,1992—2000年共发生5次,2001—2010年共发生2次,2011—2022年共发生5次。"四碰头"共发生2次,分别出现在1323号台风"菲特"和2106号台风"烟花"期间,对上海产生了较为严重的影响。"多碰头"事件调查统计结果详见表2-3和表2-4。

表2-3 "多碰头"事件调查统计

序号	台风编号/事件名称	时间	台风	暴雨	高潮	洪水	备注
1	9216号台风"Polly"	8月29—31日	√	√	√		
2	9711号台风"温妮"	8月18—19日	√	√	√		
3	1999年梅雨	6月7日—7月20日		√	√	√	
4	0012号台风"派比安"	8月30—31日	√	√	√		
5	0014号台风"桑美"	9月13—15日	√	√	√		
6	0509号台风"麦莎"	8月5—7日	√	√	√		"三碰头"
7	0716号台风"罗莎"	10月7—9日	√	√		√	
8	1211号台风"海葵"	8月8—9日	√	√	√		
9	1814号台风"摩羯"	8月12—13日	√	√	√		
10	1909号台风"利奇马"	8月9—11日	√	√		√	
11	2004号台风"黑格比"	8月3—5日	√	√	√		
12	2212号台风"梅花"	9月12—15日	√	√	√		
13	1323号台风"菲特"	10月7—11日	√	√	√	√	"四碰头"
14	2106号台风"烟花"	7月23—28日	√	√	√	√	

表2-4 3个年际区间"多碰头"事件统计

统计时段	"三碰头"/次	"四碰头"/次	合计/次
1992—2000年	5	0	5
2001—2010年	2	0	2
2011—2022年	5	2	7
合计	12	2	14

(三) 咸潮入侵次数加剧

1992—2022年,上海长江口水源地遭遇咸潮入侵达192次之多,平均每年遭遇6~7次。按前述3个年际区间统计,咸潮入侵次数分别为36次、74次和82次,相应的年均发生次数分别为4次、7~8次和6~7次。整体来看,咸潮入侵情况呈现出加剧的趋势。

二、水旱灾害年内变化

(一) 台风灾害年内变化

据统计,平均每年有2~3个台风影响上海,但台风发生时间有所变化,一般7—9月是台风灾害影响上海的主要时期,占全年的80%~90%,尤以8月为最,占全年的35%~40%,但部分年份的5月和11月也会有台风发生,例如2006年第1号台风"珍珠"(5月8—19日)是目前历史上影响上海最早的台风。

(二) 暴雨灾害年内变化

暴雨灾害主要是由梅雨、台风以及强对流等天气导致的,大多发生在5—9月。

梅雨一般发生在每年的6月中旬到7月上旬,在多种天气系统、多尺度过程共同作用下形成暴雨。梅雨型暴雨具有降水总量大、历时长、影响范围广的特征,如1999年的梅雨致使上海西部地区涝灾较为严重。

台风期内水汽充足,会产生较大的阵性暴雨,主要发生在7—9月。台风暴雨具有降水强度大、历时长、影响范围广的特征,如2005年第9号台风"麦莎"带来的暴雨导致全市涝灾较为严重。

强对流天气8月最多,具有局地性强、突发性强、降雨强度大的特点,如2008年"8·25"大暴雨导致中心城区多处出现积水,徐家汇等地一度交通严重拥堵。

第三节　水旱灾害的空间分布

一、暴雨易发区域分析

1992—2022年,按区进行统计发现[1],浦东新区暴雨发生的场次最多,共231场,每年7~8场;其次为青浦区,共159场,每年5~6场;闵行区、松江区的暴雨场次相对略少,均为98场,每年3~4场。在大暴雨和特大暴雨方面,浦东新区是多发区域,崇明区次之。就大暴雨而言,浦东新区发生场次最多,共66场,每年2~3场;其次为崇明区,共43场,每年

---

[1] 按区统计会有重复计算,故各区总和会比按全市统计要大。

1～2场；闵行区发生大暴雨的频率相对较低，共22场，每年约1场。就特大暴雨而言，浦东新区的发生场次最多，共8场，平均每年不到1场；崇明区次之，共7场，平均每年也不到1场；嘉定区、宝山区和中心城区发生特大暴雨的频率相对较低，1992—2022年期间，这3个区均发生3～4场；而青浦区、松江区、闵行区、奉贤区和金山区均只有1场。总体而言，浦东新区发生暴雨的频率最高，青浦区和崇明区次之。

二、洪涝灾害区域分析

（一）洪涝灾害分布

1992—2022年，全市范围内共有11 044条段道路出现积水情况，65.04万户住宅小区进水，受灾人口达307.44万人。按前述3个年际区间进行统计，在道路积水方面，这3个统计时段分别为3 506条段、2 710条段和4 828条段，对应的年均值分别约为389条段、271条段和402条段，整体呈现出先降后升的趋势；在住宅小区进水方面，这3个统计时段得到的结果分别为32.42万户、18.24万户和14.38万户，对应的年均值分别约为3.60万户、1.82万户和1.20万户，呈现出较为明显的下降趋势；在受灾人口方面，这3个统计时段得到的结果分别为144.25万人、157.53万人和5.66万人，对应的年均值分别约为16.03万人、15.75万人和0.47万人，同样呈现出明显的下降趋势。3个年际洪涝灾害统计结果见表2-5。

表2-5　3个年际洪涝灾害统计

统计时段	积水路段数/条段	住宅小区进水户数/万户	受灾人口/万人
1992—2000年	3 506	32.42	144.25
2001—2010年	2 710	18.24	157.53
2011—2022年	4 828	14.38	5.66
合计	11 044	65.04	307.44

近几年，随着城市更新改造工作的持续推进，城市积水点处于不断动态变化之中。根据第一次水旱和海洋灾害风险普查结果，2016—2020年期间，全市共监测到767次积水记录、415个积水点，其中郊区（嘉定区、金山区、松江区、青浦区、奉贤区、崇明区、闵行区郊区、宝山区郊区）236次积水记录、83个积水点，中心城区（浦东新区、黄浦区、徐汇区、长宁区、静安区、普陀区、虹口区、杨浦区、闵行区城区、宝山区城区）531次积水记录、332个积水点。另外，全市村宅积水点有19个，主要位于嘉定区；农田积水点有10个，分别位于金山区、青浦区和崇明区；市政道路积水点共330个，其中郊区有22个，中心城区有308个，且主要位于普陀区、长宁区和徐汇区；下立交积水点有20个，主要位于嘉定区；住宅小区积水点有36个，主要位于长宁区和嘉定区。

按16个行政区进行统计，在洪涝灾害方面，长宁区、普陀区、徐汇区的积水点数量位列前三，而青浦区、松江区位列后两位，黄浦区和崇明区并列后三位，详细情况见表2-6。

表 2-6　洪涝积水点分类别按行政区统计情况

行政区	村宅积水点/个	农田积水点/个	市政道路积水点/个	下立交积水点/个	住宅小区积水点/个	合计/个	占比
浦东新区	0	0	32	0	0	32	7.71%
黄浦区	0	0	5	0	0	5	1.20%
徐汇区	0	0	62	0	0	62	14.94%
长宁区	0	0	77	0	17	94	22.65%
静安区	0	0	17	0	0	17	4.10%
普陀区	0	0	83	3	0	86	20.72%
虹口区	0	0	12	0	0	12	2.89%
杨浦区	0	0	4	0	3	7	1.69%
闵行区	5	0	13	1	1	20	4.82%
宝山区	0	0	10	0	0	10	2.41%
嘉定区	13	0	9	11	8	41	9.88%
金山区	1	4	1	2	1	9	2.17%
松江区	0	0	0	3	0	3	0.72%
青浦区	0	1	1	0	0	2	0.48%
奉贤区	0	0	4	0	6	10	2.41%
崇明区	0	5	0	0	0	5	1.20%
合计	19	10	330	20	36	415	100.00%

注：其中宝山区、闵行区包括市区积水点和郊区积水点两部分。

(二) 洪涝风险分布

2020年，上海市水务局(上海市海洋局)组织开展了第一次水旱和海洋灾害风险普查。其中，编制洪(涝)水风险区划是一项关键任务。所谓编制洪(涝)水风险区划就是根据洪(涝)水的风险状况对区域进行划分，将其分为低风险区、中风险区、高风险区和极高风险区这4个类别，并针对不同风险区采取不同的防治措施，由此引导洪(涝)水风险区的土地实现合理利用，从而减轻或避免不必要的损失。

根据洪(涝)水风险区划成果，上海总体处于低风险，低风险地区面积占比达91.8%。中风险地区面积占比为7.8%，主要集中在黄浦江中上游区域、外环内区域及嘉定、奉贤、金山等的低洼地区域。高风险地区面积占比为0.4%，主要集中在青浦区油墩港淀浦河区域、淀山湖西北侧区域、大蒸塘北侧区域，嘉定区练祁河盐铁塘区域，浦东新区川杨河区域、张家浜区域，普陀区苏州河桃浦河区域，金山区山塘河区域，宝山区蕰藻浜区域，长宁区北夏家浜区域，奉贤区巨潮港区域和杨浦区走马塘区域。极高风险地区面积占比极小，主要集中在青浦区油墩港淀浦河区域及淀山湖西北侧区域。

在中心城的289个排水系统中(其中强排系统有250个)，总体以低风险为主，仅有

19个排水系统服务范围内的内涝风险较高。按照排水系统内高风险区和极高风险区面积之和占比计算,风险较高且排名前10的排水系统依次为:杨盛东、泾西、曲阳、康桥镇自排区域、汉阳、北蔡安建、前程、大柏树、浦兴和大名。其他9个风险较高的排水系统分别为沪东新村、华泾西、蒲汇塘、长岛、龙柏、真光、芙蓉江、福建北和武进。

第三章

台风及风暴潮灾害

上海地处西北太平洋沿岸，常受台风侵袭，台风每次来袭便会给上海带来狂风、暴雨，有时还会引发高潮位等灾害，容易导致人员伤亡和经济损失。

风暴潮是指由强风和气压骤变等强烈的天气系统对海面作用导致水位急剧升降的现象。若风暴潮恰逢天文大潮，往往会叠加产生异常高潮位，进而引发严重的风暴潮灾害。风暴潮一般可分为两类：一类是由热带气旋引起的台风风暴潮，主要发生在夏秋季节；另一类是由温带气旋引起的温带风暴潮，主要发生在秋冬季节。上海地区的风暴潮灾害以台风风暴潮危害为主。

第一节 影响上海的台风概况

据防汛档案、气象资料和水文资料的统计结果显示，1949—2022年期间，影响上海的台风共有190个，包括汛期（6月1日—9月30日）174个、汛前2个、汛后14个；在一年当中，受台风影响数量最多的年份是2010年和2018年，这两年均有6个台风影响上海，而在1950年、1967年、1968年和1993年，上海并未受到台风影响。从时间分布上来看，影响上海的台风最早的是2006年第1号台风"珍珠"（5月8—19日），最晚的则是1972年第20号台风（11月2—10日）。1992—2022年，影响上海的台风共有89个，平均每年2～3个。

据不完全统计，几乎每8年就会有一个台风给上海带来较大影响。例如，1997年第11号台风"温妮"，造成7人死亡，15.3万人受灾；2005年第9号台风"麦莎"，造成7人死亡，94.6万人受灾；2013年第23号台风"菲特"，造成2人死亡，12.4万人受灾；2021年第6号台风"烟花"，尽管没有造成人员伤亡，但使40万人受灾。这些台风在其影响期间均给上海带来了不同程度的影响和损失。

一、影响上海的台风特点

据统计分析，影响上海的台风呈现出以下五个特点。

（一）季节性

影响上海的台风主要发生在5—11月，其中以7—9月最为频繁，约占全年的90%；而8月又是这3个月中最突出的，约占全年的40%。

(二) 多样性

台风侵袭上海时，常伴有狂风、暴雨，有时还会形成高潮，表现出多种灾害同时出现的特点。

(三) 差异性

台风侵袭上海时造成的破坏程度在地域上存在差异。总体上，沿海比内陆严重，东南部地区比西北部地区严重。

(四) 时效性

单个台风影响上海的时间不长，平均2～3天，长的可达5～6天，短的仅为1天，且超过50%的台风其影响时间为1～2天。

(五) 严重性

上海常遭受台风影响，台风每次侵袭都可能导致不同程度的经济损失与人员伤亡，因此台风成为上海面临的自然灾害中最为严重的灾害之一。例如，2005年第9号台风"麦莎"造成7人死亡、94.6万人受灾，直接经济损失达13.58亿元。

二、严重影响上海的台风路径类型

对上海有严重影响的台风路径主要分为以下四类。

(一) 正面登陆上海（分为直接登陆和再次登陆）

直接登陆上海的台风大多从西北太平洋上西行进入东海北部，然后在上海沿海登陆，数量较少。1949—2022年，直接登陆上海的台风共有6个，分别是5411号台风、7708号台风"Babe"、8913号台风"Ken"、1810号台风"安比"、1812号台风"云雀"和1818号台风"温比亚"。直接登陆上海的台风路径如图3-1所示。

再次登陆上海的台风多数先在浙江中北部登陆，随后北上，经由杭州湾二次登陆上海。1949—2022年，再次登陆上海的台风共有9个，分别为4906号台风、5122号台风、5901号台风、5905号台风、6116号台风、9507号台风"Janis"、0004号台风"启德"、1416号台风"凤凰"和2212号台风"梅花"。其中，2212号台风"梅花"为1949—2022年间登陆上海的最强台风。再次登陆上海的台风路径如图3-2所示。

(二) 西行北上

台风登陆福建、浙江后西行或者北上经过上海同纬度。这类台风的路径较多，且大多会给上海造成较大影响，常出现大风和暴雨，例如9711号台风"温妮"、0509号台风"麦莎"和2106号台风"烟花"等。

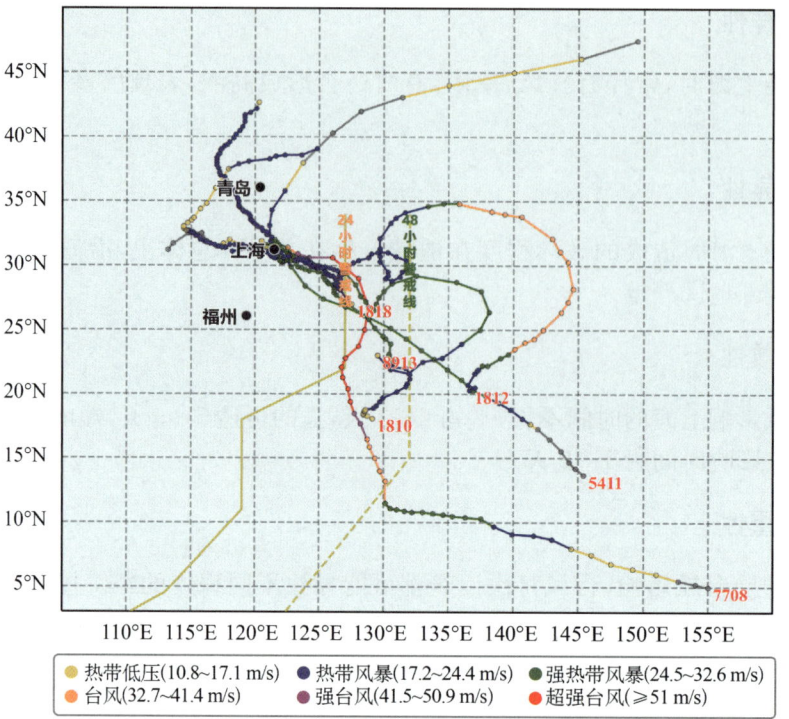

图 3-1 1949—2022 年直接登陆上海的台风路径示意

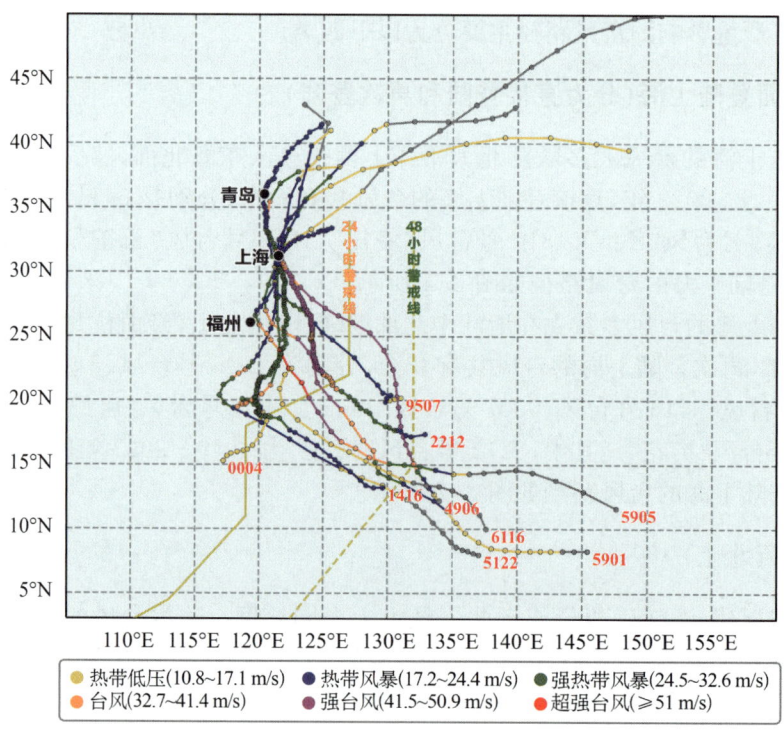

图 3-2 1949—2022 年再次登陆上海的台风路径示意

(三) 近海北上

台风沿东经125°附近北上,当越过北纬30°后,存在两种走向:一种是转向东北方向,入日本海;另一种是在黄海西折,侵袭山东或辽宁。尤其台风在东经125°以西向北移动时,对上海的影响更为显著。在台风北上的过程中,与上海的最近距离约为200 km。由于台风没有登陆,中心风力减弱较慢,若与天文大潮相遇,沿江沿海会出现异常高潮位。这类台风的路径较多,其中具有代表性的如8114号台风"Agnes"、0012号台风"派比安"。

(四) 远距离影响

这类台风在福建省甚至广东省登陆,虽不会对上海产生直接影响,但因台风倒槽,有时还会叠加冷空气的影响,从而给上海带来强降雨,甚至可能引发极端降雨天气,例如1323号台风"菲特"、1822号台风"山竹"等。

第二节　上海台风风暴潮概况及特征

上海地处西北太平洋沿岸,受台风风暴潮灾害侵扰的情况较为频繁。自20世纪90年代起,一系列水利防灾工程相继建成,包括海塘达标工程、黄浦江干流防汛墙加高加固工程以及苏州河口挡潮闸工程等。这些工程在不同程度上减轻了潮灾的危害。然而,台风风暴潮对上海的安全依旧存在潜在威胁。

一、上海地区台风风暴潮概况

平均每年有2~3个台风影响上海,其中就会有1~2个台风引发风暴潮。一旦遇上天文大潮,风暴高潮便会造成不同程度的危害。据统计,1949—2022年,造成黄浦江苏州河口黄浦公园站高潮位增水超过1.00 m的台风风暴潮达22潮次,最大高潮位增水达1.66 m (2212号台风"梅花")。由于受到全球气候变暖、海平面上升以及工情变化等的综合影响,黄浦江高潮位出现了明显的抬升趋势。黄浦公园站超过5.00 m的高潮位达17潮次,且均出现在20世纪80年代以后,其中80年代有2潮次,90年代有3潮次,到2022年为止有12潮次,详见表3-1。

表3-1　1949—2022年黄浦江黄浦公园站超过5.00 m高潮位统计

序号	黄浦公园站				吴淞站高潮位/m	米市渡站高潮位/m	影响台风
	高潮位/m	天文潮位/m	增水/m	时间			
1	5.72	4.23	1.49	1997-08-19 00:20	5.99	4.27	9711号"温妮"
2	5.70	4.23	1.47	2000-08-31 01:13	5.87	4.15	0012号"派比安"
3	5.49	4.04	1.45	2021-07-26 01:50	5.55	4.79	2106号"烟花"

(续表)

序号	黄浦公园站				吴淞站高潮位/m	米市渡站高潮位/m	影响台风
	高潮位/m	天文潮位/m	增水/m	时间			
4	5.44	3.78	1.66	2022-09-15 02:50	5.53	4.63	2212号"梅花"
5	5.33	4.27	1.06	2002-09-08 01:01	5.53	4.17	0216号"森拉克"
6	5.22	4.01	1.21	1981-09-01 01:30	5.74	3.70	8114号"Agnes"
7	5.22	3.85	1.37	2000-09-14 01:14	5.40	4.00	0014号"桑美"
8	5.19	4.29	0.90	1996-08-01 01:20	5.47	4.03	9608号"赫拔"
9	5.17	4.07	1.10	2013-10-08 14:42	5.15	4.61	1323号"菲特"
10	5.10	4.16	0.94	2000-09-01 02:07	5.26	3.88	0012号"派比安"
11	5.07	4.04	1.03	2021-07-25 01:22	5.21	4.34	2106号"烟花"
12	5.05	3.89	1.16	2000-09-15 01:22	5.17	4.01	0014号"桑美"
13	5.04	3.98	1.06	1989-08-04 02:05	5.35	3.86	8913号"Ken"
14	5.04	4.15	0.89	1992-08-31 02:10	5.26	3.92	9216号"Polly"
15	5.02	3.40	1.62	2021-07-25 14:00	5.03	4.50	2106号"烟花"
16	5.01	4.00	1.01	2021-07-27 02:45	4.93	4.67	2106号"烟花"
17	5.01	4.29	0.72	2002-09-09 01:55	5.20	3.96	0216号"森拉克"

注：1. 表中潮位数据以吴淞站零点为基准面，按遥测数据统计。
2. 以黄浦公园站超过5.00 m为统计原则，同时统计相对应的吴淞和米市渡这两站的高潮位。

1992年以来，上海遭遇多次典型台风风暴潮灾害影响。

1997年8月19日，受第11号台风"温妮"影响，黄浦公园站最高潮位达到5.72 m，为历史第一高潮位。

2013年10月8日，受第23号台风"菲特"影响，上海首次遭遇风、暴、潮、洪"四碰头"，黄浦公园站最高潮位达到5.17 m，上游米市渡站的最高潮位创当时历史新高，达到4.61 m。

2021年7月25—27日，受第6号台风"烟花"影响，上海第二次遭遇风、暴、潮、洪"四碰头"，其间黄浦公园站的最高潮位为5.49 m，位列历史第三位，连续3天共4个潮次出现5.00 m以上高潮位，为有记录以来第一次。上游米市渡站最高潮位为4.79 m，再创当时历史新高，连续4天共5个潮次超出保证潮位（4.30 m）。

二、风暴潮特征及时空分布

（一）潮汐特征

长江口是一个中等强度的感潮河口，黄浦江水系属于非正规半日潮，潮汐日不等现象明显。在一个太阴日（24小时50分钟）内有两次高潮和两次低潮，且各不相等。在一个太阴月内有两次大潮汛（农历初三和农历十八左右）和两次小潮汛（农历初八和农历二十三左右),全年最大的天文潮汛在农历八月。长江口涨落潮历时一般涨潮为4个多小时,落潮为7个多小时。潮波进入黄浦江后,由于河道水深及径流泄量变化,涨潮历时缩短,落潮历时延长。上海地区主要潮位站点的高低潮位、涨落潮历时统计见表3-2。

表3-2 上海地区主要潮位站点的高低潮位、涨落潮历时统计

站名	平均高潮位/m	平均低潮位/m	平均涨潮历时	平均落潮历时
高桥	3.30	0.96	4小时48分钟	7小时37分钟
吴淞	3.26	1.03	4小时33分钟	7小时52分钟
黄浦公园	3.14	1.29	4小时17分钟	8小时8分钟
米市渡	2.78	1.72	4小时15分钟	8小时10分钟

(二)风暴潮特征

1. 年际变化

1949—2022年,黄浦江干流吴淞站、黄浦公园站、米市渡站的历年最高潮位过程线如图3-3所示。可以看出,自1992年以来,这三个站点的历年最高潮位呈现出明显的抬升趋势,平均每8~10年会出现一个峰值,且这些峰值均由台风风暴潮叠加天文大潮造成。表3-3所列为吴淞站、黄浦公园站和米市渡站的最高潮位在不同年际区间的年平均值。同样可以看出,黄浦江潮位尤其是上游潮位自1992年以来呈现出明显的上升趋势。

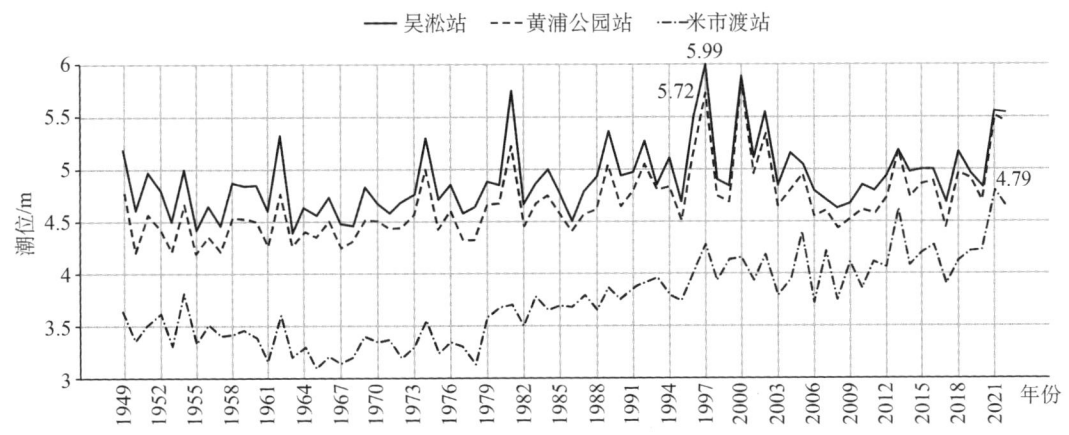

图3-3 吴淞站、黄浦公园站、米市渡站历年最高潮位过程线

表3-3 黄浦江干流三个站点最高潮位年平均值   单位:m

统计年份	吴淞站	黄浦公园站	米市渡站
1949—1962	4.78	4.43	3.46
1963—1972	4.60	4.40	3.24
1973—1982	4.89	4.61	3.43
1983—1992	4.93	4.70	3.76
1993—2002	5.23	5.04	4.01

(续表)

统计年份	吴淞站	黄浦公园站	米市渡站
2003—2012	4.83	4.63	3.98
2013—2022	5.08	4.95	4.30

2. 年内分布

上海地区风暴潮在年内的分布情况主要取决于台风影响时间，以7—9月这三个月最多。根据表3-1的统计结果，黄浦公园站大于5.00 m的高潮位发生在7—10月，其中9月出现次数最多。具体来看，7月有4次、8月有5次、9月有7次、10月有1次。风暴潮对上海产生影响的平均持续时间为2~3天，较长的持续时间可达5~6天。

3. 地区分布

上海地区的风暴潮灾大多发生在长江口、杭州湾以及黄浦江、苏州河两侧。20世纪90年代以前，由于海塘以及黄浦江、苏州河的堤防设防标准偏低，海塘、防汛墙决口，潮水漫溢的情况时有发生。随着90年代后海塘达标工程、黄浦江干流防汛墙加高加固工程以及苏州河口挡潮闸等一系列工程的建成，风暴潮灾害显著减轻。但与此同时，沿江潮位也出现了趋势性变化，黄浦江上游潮位出现了明显抬升。2000年以后，米市渡站潮位屡创新高，风暴潮灾害更多地出现在黄浦江上游局部岸段。

三、人类活动的影响

黄浦江风暴潮位的趋势性增高变化，除了受到气候变化、海平面上升等自然因素的影响外，人类活动在一定程度上也助推了潮位的持续抬升。风暴潮在海面上形成的过程中并未受到人类活动的影响，但当其进入河口段和感潮河段后，就会不同程度地受到人类活动的影响。例如，"由水网型向渠道型改造的工程"改变了河道的边界条件，这种改变使得台风、暴雨、天文高潮、上游洪水叠加时，水位更容易激增，最终导致黄浦江水位发生很大变化。

黄浦江潮位变化大致经历了两个阶段：

第一阶段，8114号台风"Agnes"侵袭上海期间，黄浦公园站出现了超纪录的5.22 m高潮位，致使市区沿江、沿河地段有10余处防汛墙发生溃决。之后，上海市政府和水利部先后批准上海市区按"千年一遇"防洪标准设防（即"84"标准，相应吴淞站防御水位为6.27 m，黄浦公园站防御水位为5.86 m），并实施了诸如黄浦江沿岸防汛墙加高加固等一系列整治工程。虽然，这些工程在后续多次抗御台风高潮过程中发挥了巨大作用，但同时沿江潮位也出现了明显的抬高趋势。

第二阶段，1991年太湖发生超大洪水，之后太湖流域实施了综合治理建设，相继完成望虞河、太浦河等十项治理骨干工程。这些工程在1999年抵御太湖特大洪水中发挥了作用，大大减少了洪灾损失。然而，与此同时黄浦江上游米市渡站水位也呈现出明显的抬高趋势。2013年，受第23号台风"菲特"影响，米市渡站水位达到4.61 m，创下当时的历史新高，超出原历史纪录0.23 m。2021年，受第6号台风"烟花"影响，米市渡站再次突破历史纪录，出现4.79 m的高潮位。

第三节　上海典型风暴潮灾害

上海地区发生的严重风暴潮都是由台风侵袭影响且恰逢天文大潮所造成的。每次风暴高潮都会给上海市带来不同程度的灾害影响。1949—2022年,影响上海的典型风暴潮灾害有9711号台风"温妮"风暴潮灾、0012号台风"派比安"风暴潮灾、0509号台风"麦莎"风暴潮灾、1323号台风"菲特"风暴潮灾以及2106号台风"烟花"风暴潮灾等。

一、9711号台风"温妮"风暴潮灾

1997年8月19日凌晨,在第11号台风"温妮"和天文大潮的共同影响下,上海地区杭州湾、长江口、黄浦江干流各水文站均出现了有记录以来的最高潮位。杭州湾沿岸潮位比原历史纪录最高潮位抬高了0.42～0.64 m,金山嘴站最高潮位达到6.57 m。沿长江口各站潮位抬高了0.13～0.36 m,外高桥站最高潮位为5.99 m。沿黄浦江各站潮位抬高了0.24～0.50 m,其中吴淞站最高潮位为5.99 m;黄浦公园站最高潮位为5.72 m,超出原历史纪录(1981年最高潮位5.22 m)0.50 m,高潮位增水1.49 m;上游米市渡站最高潮位为4.27 m,超出原历史纪录(1996年最高潮位4.03 m)0.24 m。

9711号台风"温妮"引发的风暴潮给防潮水利工程造成了较为严重的损坏,仅水利设施直接经济损失就达到2.23亿元。沿杭州湾、长江口一线海塘多处溃决,受损严重,共计损坏511处,总损坏长度达69.0 km。市区防汛墙有3处决口,近20处发生漫溢倒灌现象,主要集中在宝山区、徐汇区、闵行区、浦东新区的新划市区范围。市区内河杨树浦港赵家桥附近内河防汛墙溃决长度达94 m,其他地段的内河防汛墙也存在不少险情。松江、金山有10余千米的江沭堤防出现漫溢情况。此外,还有3处水文设施、2处管理设施受损。

二、0012号台风"派比安"风暴潮灾

2000年8月31日凌晨,受第12号台风"派比安"和天文大潮的共同影响,杭州湾、长江口、黄浦江干流的多数水文站出现了有记录以来的次高潮位。黄浦公园站实测潮位达到5.70 m,高潮位增水1.47 m,并且连续2天出现5.00 m以上高潮位。

0012号台风"派比安"引发的风暴潮导致防汛墙、海塘等防汛水利设施出现了不同程度的损坏以及渗漏、漫溢等险情,造成防汛水利设施损失达0.26亿元。市中心黄浦江防汛墙中有1处长约10 m的溃决,另有40多处出现不同程度的渗漏、漫溢等问题,总长度约3.3 km,分布在宝山、徐汇、闵行、浦东和杨浦这5个区。市区扩大后新增的黄浦江防汛墙中,有6处发生溃决,总长度约50 m,出现在闵行、浦东地区;还有59处出现了不同程度的渗漏、漫溢等情况,总长度约16.8 km。黄浦江上游的奉贤江堤也发生了不同程度的险情,西渡镇有60 m的土堤发生坍塌。海塘中,水毁工程有4处,长度约140 m,其中横沙岛3处、长兴岛1处;另外,局部冲刷损坏30多处,长度约30.0 km。全市一线挡潮闸中有

19座水闸的闸门发生漫顶现象,其中崇明界河水闸漫顶高度最高,达到0.50 m。台风"派比安"影响上海期间黄浦江防汛墙险情示意如图3-4所示。

图3-4 台风"派比安"影响上海期间黄浦江险情示意

三、0509 号台风"麦莎"风暴潮灾

2005 年 8 月 5—7 日,受第 9 号台风"麦莎"影响,上海遭遇台风、暴雨、高潮"三碰头"的严峻情况。台风致使黄浦江,尤其是上游风暴潮增水明显,其中,吴淞站增水 0.69 m,黄浦公园站增水 0.75 m,上游米市渡站增水 1.32 m。米市渡站最高潮位达 4.38 m,刷新历史纪录,比原历史纪录高出 0.11 m。吴淞站最高潮位达 5.04 m,黄浦公园站最高潮位达 4.94 m。市区内河的最高水位普遍超过历史纪录且逼近防汛墙设计水位。

0509 号台风"麦莎"引发的风暴潮造成水毁工程损失达 0.08 亿元。黄浦江防汛墙出现管涌、渗漏、漫溢等情况,这些问题主要集中在宝山区。部分水闸由于外河水位高,闸区出现进水情况。部分内河防汛墙发生坍塌、倾斜。一线海塘堤外用于抵御风浪的保滩工程部分受损,横沙岛海塘出现局部越浪冲刷;黄浦江上游大泖港因水位超过设防标准而发生局部漫堤,朱泾镇和泖港镇严重受涝。

四、1323 号台风"菲特"风暴潮灾

2013 年 10 月 7—11 日,在第 23 号台风"菲特"残留云系和冷空气的共同作用下,上海防汛史上首次出现风、暴、潮、洪"四碰头"的严峻局面。黄浦江干流吴淞站最高潮位为 5.15 m,增水 0.87 m;黄浦公园站最高潮位为 5.17 m,增水 1.10 m;上游米市渡站最高潮位为 4.61 m,增水 1.26 m,超出警戒线 1.11 m,且超过当时的历史最高潮位(4.38 m),创下新的纪录。与此同时,松江、青浦、金山等 11 个站点的内河水位也同步创下当时历史新高。

1323 号台风"菲特"引发的风暴潮致使黄浦江上游地区堤防出现漫溢、垮塌、决口等严重险情。由于潮位超出当地堤防的设防能力,青浦的油墩港、柘泽塘、西大盈港、淀浦河,金山的掘石港、斜塘、六里塘,松江的北泖泾、大涨泾,奉贤黄浦江粮油仓储公司,闵行的黄浦江江川街道和马桥镇沿线等地均发生河水漫溢现象;另外,金山区枫泾白牛塘 30 m 堤防、松江千步泾 15 m 防汛墙出现垮塌。此次灾害共造成 337 处堤防损坏,累计长度达 22.5 km;9 处堤防决口,长度共计约 1.1 km;30 座水闸泵站损坏。

五、2106 号台风"烟花"风暴潮灾

2021 年 7 月 23—28 日,受第 6 号台风"烟花"影响,上海迎来第二次风、暴、潮、洪"四碰头"的严峻局面,全市潮(水)位显著抬升。黄浦江中游干流、上游干支流、上游省际边界及苏州河上游,最高水位普遍突破历史极值。黄浦公园站连续 5 天出现超警戒潮位,且连续 3 天共 4 个潮次出现 5.00 m 以上高潮位,这在有记录以来尚属首次。黄浦公园站最高潮位 5.49 m,增水 1.45 m,过程最大高潮位增水 1.62 m。米市渡站连续 4 天共 5 个潮次超出保证水位(4.30 m),其中,在 26 日、27 日两次出现超历史纪录的高潮位,26 日最高潮位攀升至 4.79 m,创下当时历史新高,比 2013 年第 21 号台风"菲特"期间的历史纪录抬高了 0.18 m。浦南东片、青松片也出现了片内历史最高水位。浦南东片张堰站最高水位达到

3.92 m,刷新了历史纪录。

2106号台风"烟花"引发的风暴潮导致黄浦江防汛墙出现堤顶过水5处(涉及岸线约1.3 km)、堤防越浪6处(涉及岸线约3.9 km)、江河倒灌7处、墙身渗水94处等,沿线支流部分水闸出现潮水漫溢现象。奉贤、金山、松江、闵行、青浦等区域41座水闸的闸区出现不同程度积水。浦南东片出现大面积内涝。台风"烟花"期间防汛墙险情示意如图3-5所示。

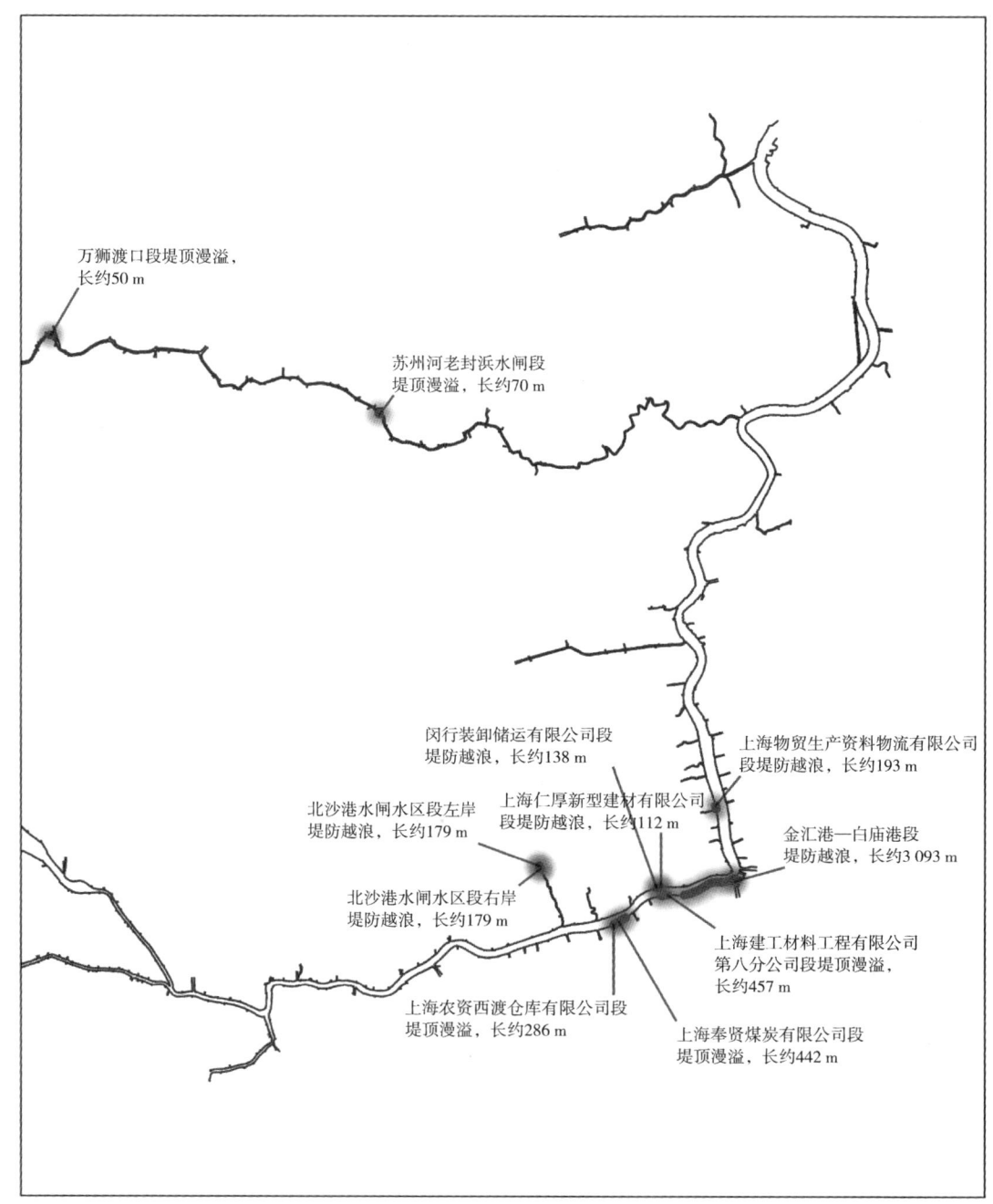

图3-5 台风"烟花"期间防汛墙险情示意

第四节　风、暴、潮、洪叠加灾害

台风、暴雨、天文高潮和上游洪水是上海在防汛工作中面临的最主要风险。当这些灾害中的两种、三种或四种同时影响上海时，便会出现所谓的"二碰头""三碰头""四碰头"现象，这极有可能导致上海地区出现严重的风、暴、潮、洪灾害。因此，"二碰头""三碰头""四碰头"带来的威胁始终是上海防汛工作的"心腹之患"，更是重中之重。

据统计分析，上海市"二碰头"的发生频次相对较高，几乎每年都会受其影响。暴雨与天文高潮同时出现会加剧城市的内涝灾害；台风和暴雨一同来袭不仅会加重涝灾，还会加重风灾；台风与天文高潮相遇会使上海的沿海、沿江、沿河地区出现高潮位，易引发严重潮灾，在杭州湾、长江口等区域甚至可能出现灾难性的潮灾。

"三碰头"发生的概率较"二碰头"要小，通常每隔几年才会出现一次，然而每次出现都会给上海带来一定程度的灾害与损失。当台风侵袭上海时，常伴有强风暴雨，如果风暴潮增水恰与天文大潮相遇，便会形成台风、暴雨、高潮"三碰头"的局面。在这种情况下，沿海沿江潮位会异常升高，风大、浪高、雨疾，易造成人员伤亡和经济损失。梅雨季节，上海上游地区因持续暴雨而发生洪灾，河网水位会随之抬高，此时如果再叠加大潮顶托以及连续降雨的影响，便会出现暴雨、高潮、洪水"三碰头"的情况，从而造成较大的经济损失。

"三碰头"和"四碰头"的情况在上海时有发生。经统计，1992—2022 年期间，上海共出现 12 次"三碰头"，如 9711 号台风"温妮"、0012 号台风"派比安"、0509 号台风"麦莎"、1211 号台风"海葵"等引发的情况；共出现 2 次"四碰头"，分别为 1323 号台风"菲特"和 2106 号台风"烟花"来袭时导致的。

一、"三碰头"概况

（一）9216 号台风"Polly"

1992 年 8 月 29—31 日，受第 16 号台风影响，上海遭遇台风、暴雨、高潮"三碰头"的严峻形势。

台风：9216 号台风"Polly"于 8 月 30 日在台湾花莲沿海登陆，登陆时中心气压 975 hPa，中心最大风力 12 级，8 月 31 日在福建长乐县再次登陆，登陆时中心最大风力 8 级，登陆后深入内陆，途经江西、安徽，在其中心北侧 450 km 处（安徽芜湖附近）产生了一个新的气旋环流中心，并很快替代了原来的台风中心，使台风路径发生突然跳跃。9 月 1 日途经江苏后，在苏鲁两省交界处重返海面，然后沿山东半岛南部的海岸线北上。8 月 30 日—9 月 1 日，受台风影响，上海出现 8~12 级大风，宝山站最大风力 12 级。该台风的主要特点：势力不强但影响范围大，外围风力比中心附近风力更大；登陆后强度减弱慢，在登陆后的 18 个小时内，台风中心的气压只上升了 5 hPa；带来的降雨量大，沿海出现高潮位。

暴雨：由于台风位于 200 hPa 高空急流入口区左侧的强辐散区下方，加之台风东部的东南风低空急流特别强，故台风登陆后其强度得以维持并产生大范围暴雨。上海市普降暴雨和大暴雨，局部地区出现特大暴雨。全市 21 个区、县的 24 小时降雨量大多超过 50 mm，其中宝山区和川沙县的 24 小时降雨量分别高达 103.0 mm、102.0 mm。

高潮：恰逢天文大潮（农历八月初四、初五），导致沿江沿海出现高潮位。8 月 30 日凌晨，金山海塘实测最高潮位达到 5.97 m，为中华人民共和国成立以来第二高潮位。31 日凌晨，黄浦江吴淞站最高潮位达到 5.26 m；黄浦公园站最高潮位达到 5.04 m，为当时有记录 70 年以来的第二高潮位，连续 7 次超过 4.40 m 的警戒线；上游米市渡站最高潮位为 3.92 m，比 1989 年的历史最高潮位 3.86 m 还高出 0.06 m。

灾情：市区安远路、重庆南路、西宝兴路等少数路段出现短时积水，杨浦、徐汇、宝山、普陀、闸北等区有 1 300 多户居民家中进水；行道树倒伏 81 株，断电故障 30 余起；房屋倒塌 3 间，受轻伤 3 人。高潮位时市区个别地段的防汛墙出现渗水现象。宝山区以及奉贤、金山、松江等县的江堤、海塘损坏共计 5.1 km，护岸损坏 46 处。

（二）9711 号台风"温妮"

1997 年 8 月 18—19 日，受第 11 号台风"温妮"影响，适逢天文大潮，上海遭遇了台风、暴雨、高潮"三碰头"的严峻局面。

台风：9711 号台风"温妮"于 8 月 10 日在关岛以东洋面生成，后向西北偏西方向移动，强度逐渐增强，中心气压 920 hPa，最大风力 17 级（60 m/s），之后继续朝西北偏西方向移动，于 18 日夜在浙江省温岭市登陆，登陆时中心气压 955 hPa，近中心最大风力 13 级（40 m/s），登陆后经天目山区北上，进入安徽省南陵县，强度逐渐减弱。该台风于 8 月 18—19 日严重影响上海，上海地区普遍出现阵风 8~10 级，风向东北或偏东，龙华站实测阵风 10 级（26 m/s），芦潮港站实测阵风 12 级（38 m/s）。该台风的主要特点为：风力强，从形成到登陆 7 天时间内，中心风力始终维持在 12 级以上；影响范围广，登陆时 10 级风圈半径仍达 180 km，螺旋云系范围超 1 000 km^2；强风持续时间长；降雨强度大；潮位高，增水明显。吴淞站增水 1.45 m，黄浦公园站增水 1.49 m，米市渡站增水 0.96 m。

暴雨：8 月 18 日 8 时—19 日 8 时，上海地区普遍出现暴雨到大暴雨，其中龙华站日雨量达 81.1 mm，崇明、宝山、浦东、南汇四区（县）达到大暴雨程度，最大日雨量为崇明站的 134.8 mm；暴雨时段分布较均匀，最大 1 小时降雨量为 10.0~25.0 mm。

高潮：台风影响上海期间，适逢农历七月天文大潮（一年中天文潮最高时段），上海地区沿杭州湾、长江口、黄浦江干流各站均出现了有记录以来的最高潮位。杭州湾沿岸比原最高潮位历史纪录抬高了 0.42~0.64 m，其中金山嘴站最高潮位为 6.57 m；沿长江口各站的潮位抬高了 0.13~0.36 m，其中外高桥站最高潮位为 5.99 m；沿黄浦江各站的潮位抬高了 0.24~0.50 m，其中吴淞站最高潮位为 5.99 m，超过警戒潮位 1.19 m，增水 1.45；黄浦公园站最高潮位为 5.72 m，超过警戒潮位 1.17 m，增水 1.49 m；米市渡站最高潮位为 4.27 m，超过警戒潮位 0.77 m，增水 0.96 m。

灾情：台风带来的灾害最主要的是潮灾，沿海沿江的防潮水利工程受损严重，全市受灾农田近 4.96 万 hm^2，其中成灾面积为 1.98 万 hm^2；受灾人口约 15.3 万人，死亡 7 人；540 间房屋倒塌；经济损失约 6.35 亿元，其中水利工程水毁损失达 2.23 亿元。一线海塘损坏 511 处，总损坏长度达 69.0 km，其中主海塘损坏 329 处，总损坏长度达 30.1 km。市区防汛墙有3处溃决,另有20多处漫溢,主要集中在宝山区、徐汇区、闵行区和浦东新区。黄浦江上游地区不少地段出现漫溢情况,个别地段甚至出现溃决,奉贤县沿黄浦江约13.0 km全线漫溢,沿江近1.0 km范围不同程度被淹;松江县沿江有35处漫溢。此外,还有3处水文设施、2处管理设施受损。

(三) 1999 年梅雨

1999年梅雨期间,由于雨量大,太湖流域暴发了20世纪以来的特大洪水。连续的暴雨,加上上游洪水的冲击,又恰逢天文大潮,上海遭遇了暴雨、洪水和高潮"三碰头"的情况。

暴雨:1999年,上海于6月7日入梅,直至7月20日出梅,整个梅雨期长达43天,比常年梅雨期多了23天;梅雨量为815.4 mm,在徐家汇站有记录的126年里,这一数值位居第一,为常年梅雨量的4倍。在梅雨期内,徐家汇站共出现8次暴雨,其中2次大暴雨。暴雨次数之多追平了徐家汇设站观测126年以来的最多暴雨纪录。

洪水:太湖流域同样是6月7日入梅,梅雨期历时43天,平均梅雨量为681.0 mm,是常年梅雨量的2.5倍。流域面平均连续最大7天、15天、30天、45天、60天、90天的雨量均超过历史暴雨实测最大值,接近或超过了百年一遇的水平。由于梅雨量大,太湖水位和流域内河网水位迅速抬高,7月8日太湖平均水位达到了梅雨期内的最高水位4.97 m,超出历史纪录0.18 m,且连续13天水位超过历史水位。太湖流域连续通过太浦河、红旗塘向黄浦江泄洪,杭嘉湖平原大量农田、村庄被洪水淹没成为一片汪洋。西部低洼地区遭受严重洪灾。

高潮:梅雨期内上游洪水、连续暴雨与天文大潮多次叠加,致使黄浦江潮位普遍抬高,黄浦江沿线17个水文站的水位均突破历史纪录,超历史纪录幅度为0.01~0.43 m。其中,金泽站实测最高水位达4.09 m,超出当时的历史纪录0.43 m,且超当时历史水位的天数多达20天;米市渡站超警戒潮位31次,实测最高潮位为4.12 m,是1916年设站有记录以来排名第二高水位;黄浦公园站超警戒潮位7次。水利控制片排水困难,青松片内青浦南门站最高水位为3.77 m,比原历史纪录抬高了0.21 m,且连续5天突破历史纪录,引发青松大控制片自1954年以来最为严重的内涝灾害,尤其是青浦大盈、重固等地区受灾最为严重。市区的杨树浦港、虹口港、彭越浦、北新泾港等内河也出现了较高水位,部分内河两岸堤防出现漫溢,沿河地区受淹。

灾情:上海市区累计积水路段达220条段,居民住宅进水4.7万户,遭淹农田8.45万hm^2,受灾人口16.17万人,郊区倒房690间,全市经济损失约8.71亿元。

(四) 0012 号台风"派比安"

2000年8月30—31日,第12号台风"派比安"裹挟着暴雨侵袭上海,恰与天文大潮相遇,形成了台风、暴雨、高潮"三碰头"的严峻局面。

台风:0012号台风"派比安"于8月27日2时在台湾以东太平洋洋面上生成,随后以20 m/s的速度向西北移动,30日到达东海海面,强度不断加强,风速持续加大,31日凌晨台风中心经过上海以东约120 km的海面后继续北上,早晨进入黄海,之后转向北偏东方向移动,半夜前穿过朝鲜半岛,9月1日半夜前后在日本海减弱为低气压。8月30日20时至31日2时,台风"派比安"经过上海附近海面时,为台风最强时期,中心气压965 hPa,近中心最大风力12级(35 m/s),离台风中心300 km处风力达到8级。市区风力普遍为7~9级,尤其是东部崇明、宝山、浦东、南汇等地,风力达9~11级,浦东国际机场风力达11级,长江口区风力更是高达13级(40 m/s)。该台风的主要特点:移动速度较快,引起的台风增水明显,吴淞站增水1.38 m,黄浦公园站增水1.47 m。

暴雨:8月30日上海市普降暴雨,市区中雨量最大的区是卢湾区,达到86.0 mm,其次是黄浦区南片,雨量为85.0 mm,徐家汇雨量为63.4 mm;郊区雨量最大的是奉贤县青村,雨量为79.4 mm;其次是原南汇县大团,雨量为64.5 mm。降雨主要集中在31日凌晨。最大1小时雨量出现在黄浦区南片,雨量为37.0 mm,其次是原卢湾区,雨量为36.0 mm。

高潮:台风影响上海期间,适逢农历八月初三、初四的天文大潮,沿杭州湾、长江口、黄浦江干流的多数水文站出现了有记录以来的次高潮位,黄浦江中游部分水文站更是出现了有记录以来的最高潮位,其中,黄浦公园站连续2天出现5.00 m以上高潮位。8月31日凌晨,吴淞站最高潮位5.87 m,黄浦公园站最高潮位5.70 m,米市渡站最高潮位4.15 m,均比9711号台风"温妮"期间的历史纪录低了0.12 m。9月1日凌晨,吴淞站潮位达到5.26 m,黄浦公园站潮位为5.10 m,米市渡站潮位为3.88 m。

灾情:此次灾害致使上海遭受洪涝灾害面积达1.79万 hm²,成灾面积为1.22万 hm²;受灾人口共计4.11万人,死亡1人;倒塌房屋200间;市区有100多条段道路积水,3 000多户居民家中进水。市中心黄浦江防汛墙有1处溃决,另有40多处发生不同程度的漫溢、渗水、漏水、冒水等险情,总长约3.3 km。市区新建的黄浦江防汛墙中有6处发生溃决,合计长度为50 m。奉贤22.6 km的黄浦江堤防出现不同程度的险情,西渡镇有60 m土堤坍塌。全市经济损失约1.22亿元。

(五) 0014号台风"桑美"

2000年9月13—15日,第14号台风"桑美"影响上海,其影响程度仅次于0012号台风"派比安"。此次台风来袭时恰逢天文大潮,导致上海出现了台风、暴雨、高潮"三碰头"的情况。

台风:0014号台风"桑美"于9月3日14时在关岛以东约1 000 km的洋面上生成,生成时中心气压995 hPa,近中心风力8级(20 m/s)。随后,它朝着西北偏西方向移动,并逐渐加强成台风。台风最强时中心气压920 hPa,近中心风力17级。台风到达北纬28.0°、东经125.0°附近后,开始停滞少动并减弱,而后转向东北偏北方向移动,渐渐远离上海,穿过朝鲜半岛,于9月16日在日本海减弱为低压。该台风的主要特点:台风强度强、气压低、风速大;北上转向型台风,移动速度多变;风暴潮增水较大,影响时间较长。尽管台风距离上海最近时大于400 km,但市区及郊县仍出现了风力8~9级的偏北大风,高桥站13日9时—14日23时连续约40个小时出现了7~8级偏北大风,过程最大风速为20.6 m/s。

暴雨:台风"桑美"影响期间,9月14日,上海地区普降大到暴雨,局部地区出现大暴雨。此次降雨虽强度不大,但降雨历时较长,降雨量较大。最大日雨量为浦东机场泵闸站122.0 mm,金山、奉贤、南汇、浦东新区、宝山和中心城区普降暴雨,中心城区日雨量为60.0~90.0 mm。

高潮:9月14日凌晨,台风"桑美"远在北纬28.0°、东经124.9°,但因台风强度强,上海沿江沿海仍出现较大增水。黄浦江吴淞站高潮位达 5.40 m,增水 1.29 m;黄浦公园站高潮位达 5.22 m,增水 1.37 m;米市渡站高潮位达 4.00 m,增水 0.72 m。黄浦江三条支流,9月15日出现当年汛期最高水位,掘石港洙泾站最高水位为 3.95 m,超出警戒水位 0.45 m;其次是大蒸塘三和站,最高水位为 3.45 m,超出警戒水位 0.15 m;拦路港泖甸站最高水位为 3.41 m,超出警戒水位 0.01 m。

灾情:受台风"桑美"影响,上海遭受洪涝面积达 747 hm²,全市经济损失为 0.15 亿元。市区暴雨积水路段达 40 多条段,720 多户居民家中进水,全市倒伏树木 1 700 多株。海塘局部冲刷损坏 30 多处,长度约 10.0 km。黄浦江及支流防汛墙有 50 多处发生不同程度渗漏、倒灌、管涌等现象,长度约 5.7 km。黄浦江上游堤防出现渗漏,长度约 150 m,奉贤白庙水闸闸顶过水,漫顶高度达 0.22 m。

(六) 0509 号台风"麦莎"

2005 年 8 月 5—7 日,受第 9 号台风"麦莎"影响,上海普降大暴雨到特大暴雨,又恰逢天文大潮,出现了台风、暴雨、高潮"三碰头"的严峻形势。

台风:台风"麦莎"7 月 31 日在菲律宾以东、关岛西南面的洋面上生成,8 月 6 日凌晨 3 时 40 分在浙江玉环干江镇登陆,登陆时中心气压 950 hPa,近中心最大风力 14 级(45 m/s),10 级风圈半径为 200 km,7 级风圈半径为 600 km。台风"麦莎"登陆后沿西北方向移动,穿过浙江省境内进入安徽,继续向西北偏北方向移动,强度逐渐减弱。台风"麦莎"是自 9711 号台风"温妮"之后,对上海影响最为严重的一次台风。大风影响时间长,风力强。长江口 6 级大风持续了 42 小时,8~10 级大风持续 25 小时。长江口区和沿江沿海最大风力达 10~12 级,东海大桥、洋山港海域最大风力在 12 级以上,小洋山最大阵风达 13 级(40.7 m/s),市区最大风力为 8~10 级。该台风的主要特点:台风强度强,持续时间长,移动速度慢,影响范围广,平均移动速度最小仅 7 km/h,降雨量大,下游高潮位相对不高,但上游水位创下当时历史新高。

暴雨:全市普降大暴雨,局部地区甚至出现特大暴雨。8 月 5 日,崇明堡镇的雨量最大,日雨量达到 100.4 mm。8 月 6 日,南汇区的周浦、芦潮港,奉贤区的青村,以及市区的普陀、徐汇、长宁、虹口等地,日雨量都超过 200.0 mm。其中,周浦雨量最大,日雨量达 292.0 mm,超 200 年一遇;市区徐家汇站最大 1 小时雨量为 42.0 mm。

高潮:台风"麦莎"致使黄浦江干流增水明显,吴淞站高潮位最大增水 0.69 m,黄浦公园站高潮位最大增水 0.75 m,米市渡站高潮位最大增水 1.32 m。恰逢天文大潮,黄浦江最高潮位全线超警戒线,米市渡站最高潮位达 4.38 m,比原历史纪录高出 0.11 m。吴淞站最高潮位达 5.04 m,黄浦公园站最高潮位达 4.94 m。不仅如此,苏州河、杨树浦港、虹口港、彭越浦、新泾港等市区内的河水水位也纷纷创下当时历史新高,且逼近防汛墙设计水位。相关部门紧急采取停泵等应急措施,才确保水位不再上涨。虹口港闸内水位最高为 4.36 m,北新泾闸内水位最高为 4.31 m,虬江闸内水位最高为 4.39 m,杨树浦港闸内水位最高为 4.25 m,均刷新了历史纪录。

灾情:全市受灾人口 94.6 万人,死亡 7 人,其中因工棚、房屋倒塌等原因造成 3 人死亡,另有 4 人因电线被风刮断触电死亡,树木倒伏 52 万株,10 kV 以上高压线受损 753 条,房屋倒塌 1.56 万间,农田受灾 5.58 万 hm²。市区内,200 余条段道路积水,5 万余户居民家中进水。浦东、虹桥两机场取消起降航班约1 000架次，约10万名旅客受阻。经统计，此次台风造成的直接经济损失共计13.58亿元。

(七) 0716号台风"罗莎"

2007年10月7—9日，第16号台风"罗莎"与南下的较强冷空气相遇，使得太湖流域出现强降雨，杭嘉湖水位超过保证水位。与此同时，上海普降大到暴雨，并出现了台风、暴雨、洪水"三碰头"的情况。

台风：台风"罗莎"于10月2日8时在菲律宾以东洋面生成，之后稳定地向西北方向移动，且强度不断加强。在靠近台湾时，受多个天气系统相互牵制，其路径变得复杂，并在台湾两次登陆。7日15时，"罗莎"在浙闽交界处(苍南至福鼎之间)再次登陆，登陆时中心气压975 hPa，近中心最大风力12级(33 m/s)，10级风圈半径为100 km，7级风圈半径为430 km。再次登陆后，台风"罗莎"移动缓慢，走走停停，于10月8日17时从浙江三门湾入海。10月7—9日，台风影响上海，上海地区出现大风天气，市区最大风力7~8级，长江口区和沿江沿海地区风力为8~9级，长江口高桥站实测最大风力10级(24.5 m/s)，洋山港区和上海市沿海海面风力为10~12级。长江口、黄浦江及杭州湾出现明显的风暴潮增水，增水幅度为0.60~1.42 m，黄浦公园站最高潮位达4.57 m。该台风的主要特点为：强度大，风力大，范围广，移动缓慢，含水量大；影响季节晚，"罗莎"为中华人民共和国成立以来第5次在10月出现并影响上海的台风；台风与南下的较强冷空气相遇，不仅造成大风大雨，还带来了明显的风暴潮增水。

暴雨：台风"罗莎"在浙闽交界处登陆后，一路向北移动，在此过程中与北方南下的冷空气相遇。10月7日晚至10月9日晨，上海地区普降大到暴雨，局部地区甚至出现大暴雨，全市48小时平均面雨量达118.2 mm，各站累计雨量在44.0~333.5 mm。其中，雨量最大的是南汇芦潮港站，雨量为333.5 mm；中心城区雨量最大的是普陀站，雨量为153.0 mm。西部郊区和南部郊区的降雨量相对较大。最大日雨量出现在10月8日的南汇芦潮港站，达到192.5 mm。

洪水：10月8—9日，太湖流域迎来强降雨，杭嘉湖平原水位大幅上涨，日涨幅在0.20~0.90 m，8日太湖出现最高水位3.81 km，9日杭嘉湖区水位普遍超过保证水位。10月9日，嘉兴站最高水位达3.92 m。受风暴潮和上游洪水影响，干流米市渡站、支流掘石港洙泾站、拦路港泖甸站和青松控制片青浦南门站的水位均超过警戒水位。米市渡站最高潮位4.21 m，超过警戒潮位0.71 m；洙泾站最高水位3.99 m，超过警戒水位0.49 m；泖甸站最高潮位3.64 m，超过警戒水位0.24 m；青浦南门站最高水位3.41 m，超过警戒水位0.21 m。

灾情：全市受灾人口3.68万人，受灾农田2.05万hm^2，38间房屋倒塌，2.45万株树木倒伏，226条段道路积水，1 636户居民家中进水，经济损失达1.57亿元。

(八) 1211号台风"海葵"

2012年8月8—9日，受第11号台风"海葵"影响，太湖流域出现强降雨，杭嘉湖水位超警戒水位，上海地区普降大到暴雨，形成了台风、暴雨、洪水"三碰头"的严峻形势。

台风：台风"海葵"于8月3日8时在西北太平洋硫黄岛东南部洋面上生成，8日在浙江省象山县鹤浦镇沿海登陆,登陆时中心附近最大风力14级(42 m/s),中心气压965 hPa,7级风圈半径为400 km,登陆后向内陆移动,进入安徽省境内。8日,台风影响上海,上海地区普遍出现8~10级大风,长江口区风力更是达到10~12级。长江口高桥站实测最大阵风11级(29.0 m/s),杭州湾金山嘴站实测最大阵风12级(32.9 m/s)。杭州湾、长江口及黄浦江分别出现了不同程度的风暴增水,增水幅度为0.50~1.60 m,杭州湾金山嘴站实测高潮位5.71 m,超警戒潮位0.31 m。该台风的主要特点:台风强度强,移速前期快后期慢,风力大,影响范围广,时间长;雨量大、雨强大;明显的风雨和风暴潮多重影响。

暴雨:受台风"海葵"环流影响,8月8日,上海普降暴雨到大暴雨,局部区域甚至出现特大暴雨,全市平均降雨量达124.6 mm,最大日雨量为嘉定南门站的229.0 mm。累计雨量最大的是真南北站,达260.9 mm,而且最大1小时雨量同样为真南北站,达61.8 mm;全市范围内,共有22个测站的雨量超过200.0 mm,有233个测站的雨量超过100.0 mm。市中心城区、奉贤区、嘉定区和闵行区的雨量最大,而崇明县、长江口和杭州湾沿海的雨量较小。

洪水:受台风"海葵"影响,太湖流域普降大雨到暴雨。8月9日,太湖水位达3.59 m,杭嘉湖区代表站水位普遍超警戒水位,超警幅度为0.10~0.69 m,各站水位日涨幅为0.51~1.03 m。黄浦江上游及支流水位明显上升,米市渡站连续37小时处于增水状态,增水幅度为0.93~1.20 m,最高潮位达4.05 m,超出警戒潮位0.55 m;拦路港泖甸站最高水位3.60 m,超出警戒水位0.20 m;掘石港洙泾站最高水位3.88 m,超出警戒水位0.38 m。

灾情:全市受灾人口40.8万人,紧急转移安置人口37.4万人,因意外死亡5人(高空坠落玻璃、墙体倒塌、疑似触电);农作物受灾面积达1.15万 hm^2,倒伏及折断树木近42万株,59间房屋和600余间各类棚舍倒塌,5处堤防受损,受损长度共计380 m,400多条段道路积水,2万余户居民家中进水,直接经济损失高达6.64亿元。

(九) 1814号台风"摩羯"

2018年8月12—13日,受第14号台风"摩羯"影响,又恰逢天文大潮,上海遭遇了台风、暴雨、高潮"三碰头"的情况。

台风:台风"摩羯"于8月8日14时在西太平洋海面生成,11日19时进入东海海区,12日17时增强为强热带风暴,并于12日23时35分前后在浙江温岭登陆,登陆时为强热带风暴级,中心气压985 hPa,中心风速10级(25 m/s)。登陆后,台风"摩羯"向西北方向移动,先后穿过浙江、江苏、安徽,最终在河南减弱为热带低压。台风登陆时,长江口地区出现6~7级大风,杭州湾地区风力为7~10级,实测最大风速出现在金山嘴站,风力达到10级(24.8 m/s)。

暴雨:受台风"摩羯"外围影响,上海普降暴雨,局部地区出现大暴雨。12日8时—13日8时,全市平均面雨量为59.3 mm,暴雨中心位于崇明陈家镇和浦东大团,最大单站雨量出现在中兴永南站,达119.5 mm,崇明区、浦东新区共有7个站点的降雨量超过100.0 mm。此次降雨分布不均,由东向西呈带状分布,降雨时段集中,且降雨强度较大。

高潮:受天文大潮及风暴潮增水影响,8月13日凌晨,全市潮位站的潮位普遍超警戒线。杭州湾潮位超警戒线幅度最大,金山嘴站最高潮位5.94 m,超出警戒潮位0.74 m;芦潮港站最高潮位5.25 m,超出警戒潮位0.65 m。长江口堡镇站最高潮位5.15 m,超出警戒潮位 0.45 m。黄浦江上游米市渡站最高潮位 4.12 m,超出警戒潮位 0.32 m。

灾情:全市紧急撤离转移并妥善安置 1.72 万人,2 813 艘船只进港避风,38 条段道路出现短时积水,157 株树木倒伏,6 条电力线路受损。8 月 12 日 21 时 45 分左右,黄浦区南京东路一商店的店招在无风无雨状态下意外坠落,砸到过路群众,造成 3 人死亡、6 人受伤。

(十) 1909 号台风"利奇马"

2019 年 8 月 9—11 日,受第 9 号台风"利奇马"影响,上海遭遇台风、暴雨、洪水"三碰头"的严峻形势。

台风:8 月 4 日台风"利奇马"在菲律宾以东洋面生成,其最强盛时中心气压 915 hPa,中心附近最大风力达 17 级以上(62 m/s),是当年西北太平洋上最强台风。8 月 10 日凌晨,台风"利奇马"在浙江温岭登陆,登陆时强度仍维持在超强台风级别,中心气压 930 hPa,近中心风力 16 级(52 m/s),10 级风圈半径为 100 km,7 级风圈半径为 350 km。上海长时间处于该台风 7 级风圈半径范围内,自 10 日下午起,全市普遍刮起 7~8 级大风,长江口区及沿海地区风力更是达 9~11 级,其中最大阵风出现在宝山吴淞站,风力为 11 级(30.7 m/s)。

暴雨:受台风影响,8 月 9 日傍晚起,上海普降暴雨到大暴雨,截至 11 日 10 时,全市平均累计降雨量达到 167.0 mm。过程雨量大部分在 150.0~250.0 mm,主要集中在奉贤、闵行、嘉定和浦东新区。其中,过程雨量最大的是奉贤区中港闸(内),为 272.0 mm;其次,是闵行区莘庄工业区,雨量为 271.0 mm。此次降雨雨强较大,最大 1 小时雨量出现在闵行区七宝站,达 102.0 mm。全市共有 7 个测站的小时雨量超过 100.0 mm。

洪水:受强降雨影响,太湖河网地区水位涨幅明显,共有 30 个测站超出保证水位。8 月 11 日,杭嘉湖区嘉兴站最高水位达 4.29 m,超出保证水位 0.59 m。阳澄淀泖区平望站最高水位达 4.25 m,超出保证水位 0.25 m。受洪水影响,黄浦江上游、苏州河和嘉定、青浦、松江、金山等西部地区的内河水位全面超警,部分测站水位创下新高。8 月 10—11 日,黄浦江上游、省市边界及苏州河代表站全部超警,超警幅度为 0.15~0.55 m。黄浦江上游米市渡站最高潮位 3.95 m,超出警戒潮位 0.15 m,增水情况尤其显著,一直保持在 0.80~1.40 m,尤其是低潮增水,8 月 12 日,低潮最高增水仍达 1.16 m。苏州河上游黄渡站最高水位 4.18 m,超出 1928 年历史最高水位 0.04 m;苏州河赵屯站最高水位 4.01 m,超出警戒水位 0.51 m,超出 1999 年梅雨期间历史纪录 0.08 m,与黄渡站一同创下当时历史新高;苏州河北新泾站最高水位 4.25 m,超出警戒水位 0.55 m,仅比 2013 年台风"菲特"期间最高水位低了 0.01 m。边界枫围站最高水位 3.99 m,超出警戒水位 0.49 m,仅低于历史最高水位 0.01 m。水利控制片中青松片、嘉宝北片、淀北片、淀南片、太北片、太南片、浦东片和浦南东片共 10 个代表站超出警戒水位,超警幅度为 0.08~0.53 m。

灾情:受台风"利奇马"影响,上海出现下立交积水 43 处,道路积水 389 处,409 个居民小区进水,0.24 万 hm² 农田受淹,3.2 万株树木倒伏,194 条电力线路中断,70 个店招店牌坠落,直接经济损失约 1.26 亿元。

(十一) 2004 号台风"黑格比"

2020 年 8 月 3—5 日,受第 4 号台风"黑格比"影响,上海普降暴雨到大暴雨,出现了台风、暴雨、高潮"三碰头"的情况。

台风：台风"黑格比"8月1日在菲律宾以东洋面生成，8月3日14时加强为台风，并向浙江沿海靠近。台风最强时，中心气压965 hPa，中心附近最大风力13级(38 m/s)。8月4日凌晨，"黑格比"以台风级强度在浙江省乐清市沿海登陆。登陆后，台风"黑格比"持续向偏北方向移动，4日20—22时经过上海同纬度。在台风"黑格比"影响期间，上海市陆地最大阵风达到10级(松江佘山站的记录为25.7 m/s)，沿江沿海地区最大阵风同样为10级(闵行吴泾站的记录为27.0 m/s)，沿海海面最大阵风达到11级(西马鞍站的记录为30.8 m/s)。该台风的主要特点：台风强度强，移动速度前期快后期慢，风力大，影响范围广，持续时间长，雨量大，雨强大。

暴雨：受台风"黑格比"影响，上海普降暴雨到大暴雨，局部地区还出现了特大暴雨。8月3日18时—5日11时，全市平均累计降雨量为101.1 mm。大暴雨和特大暴雨主要集中在金山区、奉贤区、松江区。过程雨量最大的是金山区廊下站(气象)，达到334.1 mm。最大1小时雨量为金山区兴塔站的67.5 mm，出现在8月5日6—7时。降雨总体呈现从西南向东北递减的趋势。

高潮：台风影响期间，虽然正值天文大潮，但沿江沿海风暴潮增水不大，仅杭州湾潮位略超警戒潮位，黄浦江中下游及长江口的高潮位均未超警戒潮位。受上游来水及强降雨的共同影响，黄浦江上游、苏州河和水利控制片代表站的水位大多超警戒水位。其中，金山区张堰站水位创下当时历史新高，最高水位为3.78 m，超出警戒水位0.48 m，超出1999年梅雨期间的历史纪录0.01 m。青浦区朱枫闸站最高水位为3.41 m，超出警戒水位0.21 m。奉贤区南桥站最高水位为3.46 m，超出警戒水位0.06 m。黄浦江上游米市渡站连续37小时增水幅度在0.93～1.20 m，最高潮位4.05 m，超出警戒潮位0.55 m；拦路港泖甸站最高水位为3.60 m，超出警戒水位0.20 m；掘石港洙泾站最高水位为3.88 m，超出警戒水位0.38 m。

灾情：此次台风灾害致使下立交积水点有22个，主要分布在金山区、松江区、青浦区等6个区；58个小区出现积水情况，527株树木倒伏，1 414株树木断枝，店招掉落1块，农田菜地受灾面积0.57万 hm^2。

(十二) 2212号台风"梅花"

2022年9月12—15日，受第12号台风"梅花"影响，上海出现了台风、暴雨、高潮"三碰头"的情况。

台风：9月8日台风"梅花"在西太平洋上生成，之后逐渐北上并不断加强。14日20时30分，它在浙江省舟山普陀沿海登陆，登陆时为强台风级别，中心附近最大风力14级(42 m/s)，中心最低气压960 hPa；9月15日凌晨0时30分前后，台风"梅花"在上海奉贤沿海二次登陆，登陆时强度为台风，中心附近最大风力12级(35 m/s)，中心最低气压975 hPa，是1949年以来登陆上海的最强台风。台风"梅花"二次登陆后，穿过上海城区，于9月15日5时，以强热带风暴级(30 m/s)进入江苏境内。9月14日起，台风风圈开始影响上海，随着台风"梅花"持续北移，风速逐渐增大，至15日凌晨，风速达最大。在26个测站中，高桥站的最大风速达12级(36.5 m/s)。

暴雨：受台风"梅花"影响，全市普降暴雨到大暴雨。9月12日12时开始局部降雨，15日8时降雨结束，降雨持续了68小时，累计雨量大，全市平均累计降雨量139.2 mm，其中14日雨量最大，全市平均日雨量为99.1 mm，单站最大日雨量为金山卫站的145.5 mm。时段雨强也较大，最大1小时雨量为金山区廊下站的47.5 mm。降雨的空间分布呈现东多西少的特点。

高潮：台风影响期间，风暴潮增水大。黄浦江干流水位均居历史前五，长江口、黄浦江及上游支流（包括苏州河）全线超警戒水位且幅度较大。淀浦河东闸（闸外）站的最高水位为5.38 m，超历史纪录。9月14日20时黄浦江干流水位开始快速抬升，至15日凌晨达到最高值。米市渡站最高潮位4.63 m（仅次于台风"烟花"期间的潮位），为历史第三高潮位；黄浦公园站最高潮位5.44 m，为历史第四高潮位；吴淞站最高潮位5.53 m，为历史第五高潮位。

灾情：受"梅花"影响，全市出现道路积水160处，下立交积水10处，小区积水14个，11户居民家中进水；5 300余株树木倒伏或折断，50块广告牌损坏或坠落，23块店招店牌损坏或坠落，2块玻璃幕墙坠落；65处供电中断，34 504户居民受影响；全市农作物受灾面积约0.42万 hm²，全市直接经济损失0.69亿元，所幸无人员因灾伤亡。

1992—2022年上海水旱灾害"三碰头"统计结果详见表3-4。

表3-4 1992—2022年上海水旱灾害"三碰头"统计

序号	台风名称	时间	风力	暴雨	高潮/洪水	灾情
1	9216号台风"Polly"	8月29—31日	宝山站12级	全市普降暴雨到大暴雨，宝山区24小时降雨量103.0 mm	黄浦公园站最高潮位5.04 m，米市渡站最高潮位3.92 m	宝山区以及奉贤、金山、松江等县的江堤、海塘损坏共计5.1 km，护岸损坏46处
2	9711号台风"温妮"	8月18—19日	龙华站10级、芦潮港站12级	最大日雨量为崇明站134.8 mm，龙华站日雨量81.1 mm	沿杭州湾、长江口、黄浦江干流各站均出现了有记录以来最高潮位，金山嘴站最高潮位6.57 m，黄浦公园站最高潮位5.72 m，米市渡站最高潮位4.27 m	受灾人口约15.3万人，死亡7人；经济损失约6.35亿元，其中水利工程水毁损失达2.23亿元
3	1999年梅雨	6月7日—7月20日	—	梅雨量815.4 mm，为常年梅雨量的4倍	黄浦江潮位普遍抬高，17个水文站的水位均突破历史纪录，金泽站最高水位4.09 m，米市渡站最高潮位4.12 m。太湖水位4.97 m，超出历史纪录0.18 m	积水路段220条段，居民住宅进水4.7万户，遭淹农田8.45万 hm²，受灾人口16.17万人，郊区倒房690间，全市经济损失约8.71亿元

(续表)

序号	台风名称	时间	风力	暴雨	高潮/洪水	灾情
4	0012号台风"派比安"	8月30—31日	市区7~9级,长江口13级	全市普降暴雨,卢湾区日雨量达86.0 mm	黄浦江中游部分水文站出现有记录以来的最高潮位,黄浦公园站连续2天出现5.00 m以上高潮位,米市渡站最高潮位4.15 m	受灾人口4.11万人,死亡1人。市中心黄浦江防汛墙有1处溃决,全市经济损失约1.22亿元
5	0014号台风"桑美"	9月13—15日	市区8~9级	全市普降大到暴雨,局部大暴雨;最大日雨量为浦东机场泵闸站122.0 mm	杭州湾、长江口、黄浦江干流多数水文站出现有记录以来少有的高潮位,黄浦公园站最高潮位5.22 m,吴淞站最高潮位5.40 m	洪涝面积747 hm^2,全市经济损失0.15亿元
6	0509号台风"麦莎"	8月5—7日	8~12级	全市普降大暴雨,周浦日雨量292.0 mm	黄浦江最高潮位全线超警戒线,米市渡站最高潮位4.38 m,超出历史纪录0.11 m	全市受灾人口94.6万人,共7人死亡,树木倒伏52万株,房屋倒塌1.56万间,市区道路积水200余条段,5万余户居民家中进水等,直接经济损失13.58亿元
7	0716号台风"罗莎"	10月7—9日	7~12级	全市普降大到暴雨,最大日雨量为芦潮港站192.5 mm	太湖水位3.81 m,杭嘉湖水位普遍超过保证水位	全市受灾人口3.68万人,受灾农田2.05万hm^2,经济损失1.57亿元
8	1211号台风"海葵"	8月8—9日	金山嘴站12级	全市普降大暴雨,最大日雨量为嘉定南门站229.0 mm	杭嘉湖水位普遍超警戒水位,8月9日太湖水位3.59 m	全市受灾人口40.8万人,死亡5人,道路积水400多条段,直接经济损失6.64亿元
9	1814号台风"摩羯"	8月12—13日	金山嘴站10级	全市24小时平均面雨量为59.3 mm,最大单站降雨为崇明区中兴永南站119.5 mm	全市潮位站普遍超警戒线,金山嘴站最高潮位5.94 m,堡镇站最高潮位5.15 m,米市渡站最高潮位4.12 m	38条段道路短时积水,157株树木倒伏,6条电力线路受损,店招坠落致3人死亡

(续表)

序号	台风名称	时间	风力	暴雨	高潮/洪水	灾情
10	1909号台风"利奇马"	8月9—11日	长江口及沿海地区9～11级	全市平均累计降雨量167.0 mm,最大1小时雨量为闵行区七宝站的102.0 mm	黄浦江上游、苏州河和嘉定、青浦、松江、金山等西部地区的内河水位全面超警,黄渡站最高水位4.18 m	下立交积水43处,道路积水389处,居民小区进水409个,树木倒伏3.2万株,农田受淹0.24万hm²,直接经济损失约1.26亿元
11	2004号台风"黑格比"	8月3—5日	沿江沿海地区10～11级	全市平均累计降雨量101.1 mm,最大1小时雨量为金山区兴塔站的67.5 mm	黄浦江上游、苏州河和水利控制片代表站超警水位多,张堰站最高水位3.78 m,超出历史纪录0.01 m	全市22个下立交及58个小区积水;树木倒伏527株;农田菜地受灾面积0.57万hm²
12	2212号台风"梅花"	9月12—15日	高桥站12级	全市平均累计降雨量139.2 mm,单站最大日雨量为金山卫站的145.5 mm	吴淞站最高潮位5.53 m,黄浦公园站最高潮位5.44 m,米市渡站最高潮位4.63 m。淀浦河东闸(闸外)站最高水位5.38 m,超出历史纪录0.12 m	全市160处道路积水,10处下立交积水,14个小区积水,11户居民家中进水;5 300余株树木倒伏或折断。直接经济损失0.69亿元

二、"四碰头"概况

(一) 1323号台风"菲特"

2013年10月7—11日,受第23号台风"菲特"残留云系和南下冷空气的共同影响,上海首次遭遇了台风、暴雨、高潮和洪水"四碰头"的严峻局面。台风"菲特"是1949年以来10月登陆我国大陆的最强台风。

台风: 台风"菲特"于9月30日在菲律宾以东的西北太平洋上生成,10月7日凌晨以强台风级别在福建沿海登陆,其近中心附近最大风力14级(42 m/s),中心最低气压955 hPa,登陆后其强度迅速减弱。受台风"菲特"残留云系及北方冷空气南下的共同影响,上海自10月6日起持续出现6～7级阵风,长江口区和沿江沿海地区出现7～8级阵风,洋山港区出现8～9级偏北大风,直至10月8日15时,风力才开始明显减弱,整个大风影响过程历时63小时。该台风的主要特点:登陆强度在历史上极为罕见;台风影响历时极长,强降雨覆盖范围广,24小时面雨量大;黄浦江上游地区水位创下历史最高纪录;上游洪水对黄浦江干流上游水位的抬升影响十分明显;是历史同期台风影响中致灾最严重的一次。

暴雨: 在台风"菲特"残留云系和南下冷空气的共同作用下,再加上东海东南部"丹娜丝"台风输送的大量水汽,全市普降大暴雨到特大暴雨,最大日雨量为332.0 mm。据统计,在10月7日0时—8日12时期间,过程雨量最大的是松江工业区站,达到372.8 mm,共有24个测站的雨量超过300.0 mm,274个测站的雨量超过200.0 mm。另外,共有32个站点的最大1小时雨量超过50.0 mm,其中崇明县横沙民星站最大1小时雨量为141.0 mm,其次是横沙岛,最大1小时雨量为76.9 mm。降雨受灾较为严重的水利控制片有嘉宝北片(最大24小时雨量为215.2 mm)、青松片(最大24小时雨量为200.7 mm)和浦南片(包括浦南西片和浦南东片,最大24小时雨量为177.0 mm)。

高潮:台风"菲特"影响期间,黄浦江、长江口、杭州湾出现了0.60~1.26 m的风暴潮增水,又恰逢天文大潮,导致黄浦江干流、长江口及杭州湾潮位较高,出现了超警戒潮位或超历史高潮位的情况。10月8日14时,吴淞站实测高潮位5.15 m,超出警戒潮位0.35 m;14时45分,黄浦公园站实测高潮位5.17 m,超出警戒潮位0.62 m;15时55分,米市渡站实测高潮位4.61 m,超出警戒潮位1.11 m,超过了0509号台风"麦莎"影响期间的历史纪录(4.38 m),创造了新的纪录;13时21分,芦潮港站实测高潮位4.99 m,超出警戒潮位0.09 m;14时14分,金山嘴站实测高潮位5.57 m,超出警戒潮位0.17 m。松江、青浦、金山等11个站点的内河水位也在同一时期创下当时的历史新高。

洪水:受台风"菲特"影响,上游杭嘉湖地区也出现了强降雨,最大1日平均降雨量达194.5 mm,河网水位迅速上涨,代表站嘉兴站在10月8日出现最高水位4.43 m,超出警戒水位1.44 m,超出历史最高水位0.06 m,创下当时历史新高;平湖站最高水位4.59 m,超出警戒水位1.10 m。太湖水位最高达3.79 m。杭嘉湖地区及阳澄淀泖地区河道来水急剧增加,致使黄浦江上游水位低潮潮位被抬高,高潮潮位超高,最低潮位10月8—10日连续3天超过3.0 m,这导致内河水位持续高涨,黄浦江上游及支流、青松控制片出现了较为严重的洪水,并且发生了局部漫堤甚至垮塌的险情。

灾情:受台风"菲特"影响,上海中心城区有97条段道路积水,市郊有1 080条段道路积水;下立交积水109处,居民小区积水900余处,10万余户居民家中和商铺进水,129处地下车库进水;337处堤防损坏,损坏长度共计22.5 km,堤防决口9处,长度共计1.1 km,水闸泵站损坏30座;农田受灾2.73万 hm²;房屋倒塌27间;全市受灾人口12.4万人,溺水死亡2人,紧急转移安置近7 549人,直接经济损失约9.53亿元。

(二) 2106号台风"烟花"

2021年7月23—28日,受第6号台风"烟花"影响,上海经历了有气象记录以来的第二次台风、暴雨、高潮和洪水"四碰头"考验。

台风:台风"烟花"于7月18日在西北太平洋洋面生成,之后向西北偏北方向移动,25日12时30分前后,"烟花"以台风级强度在浙江省舟山普陀登陆;26日9时50分前后又在浙江省嘉兴平湖再次登陆,它是我国有气象记录以来唯一一个两次登陆浙江的台风。自7月18日生成起,至7月31日停止编号,台风"烟花"的生命周期是台风平均寿命的2倍多。受台风"烟花"影响,7月25日,上海大部地区出现9~12级大风,最大阵风出现在宝山吴淞街道,风力达12级(35.6 m/s),洋山港区和沿海海面最大阵风14级。长江口高桥站实测7级以上东北风持续了39小时。

暴雨:台风"烟花"自浙江登陆后一路北上,风雨影响范围广泛,是对上海影响时间最长、累计雨量最大的台风。在其影响下,上海普降大暴雨到特大暴雨。7月23—28日,全市平均累计雨量达286.1 mm,大暴雨主要集中在金山区、奉贤区、松江区、青浦区和闵行区。降雨覆盖范围广、强度均匀,最大1小时雨量为37.5 mm。降雨量由南向北递减,西南部雨量最大,崇明区雨量最小。按行政区进行划分,雨量最大的是金山区,为384.6 mm;按水利片进行划分,雨量最大的是浦南东片,为396.0 mm。单站雨量最大的是金山区金山站(气象站),达506.7 mm。

高潮:受风暴潮、天文大潮、持续降雨及上游来水的共同影响,全市潮(水)位显著抬升。黄浦江中游干流、上游干支流、上游边界及苏州河上游,最高水位普遍突破历史极值,潮位超警戒水位的次数多、幅度大,低潮位偏高,退水过程缓慢。水利片内水位经历了前期水位低、中期快速上涨、后期持续高水位、退水缓慢的涨落过程。高水位持续时间较长,全市代表站中共有28个站点超警戒水位,其中15个站点超历史纪录。黄浦江河口吴淞站7月26日1时15分实测最高潮位5.55 m,超出警戒潮位0.75 m,位居历史第四高。黄浦公园站连续5天出现超警戒潮位,连续3天共4个潮次出现5.00 m以上高潮位,这是有记录以来尚属首次。7月26日1时45分实测最高潮位5.49 m,超出警戒潮位0.94 m,位居历史第三高。上游米市渡站连续4天共5个潮次超出保证潮位(4.30 m),其中26日、27日两次出现超历史纪录的高潮位,26日3时30分实测最高潮位4.79 m,创当时历史新高,比2013年台风"菲特"期间的历史纪录抬高了0.18 m。杭州湾芦潮港站实测最高潮位5.57 m,居历史第二高。苏州河上游赵屯站实测最高水位4.14 m,同样刷新了历史纪录。

洪水:台风影响前期,受强降雨和天文大潮顶托的影响,黄浦江上游、苏州河上游、省市边界净泄水量为负值。后期在降雨和上游来水的共同影响下,净泄水量显著增大,且影响时间较长。7月27—31日,松浦大桥下泄总水量为5.34亿 m³,苏州河上游黄渡站总净泄水量为0.05亿 m³,沪浙、沪苏边界来水分别为1.61亿 m³和1.82亿 m³。7月27日太湖水位达到警戒水位3.80 m,正式被编为太湖2021年第1号洪水。28日,太湖最高水位达到3.99 m,超出警戒水位0.19 m。

灾情:台风"烟花"致使全市多处道路、下立交、小区出现积水现象,农田也被淹。此次台风共造成全市40万人受灾,其中前期避险转移安置的人员共计36万余人,所幸无人员因灾死亡;农作物受灾面积达1.57万 hm²,水产养殖受灾面积为333.17 hm²。直接经济损失7.77亿元,其中农林牧渔业损失7.19亿元,占比约为92.5%。

1992—2022年上海水旱灾害"四碰头"统计结果见表3-5。

表3-5 1992—2022年上海水旱灾害"四碰头"统计

台风名称	时间	风力	暴雨	高潮	洪水	灾害
1323号台风"菲特"	10月7—11日	长江口区和沿江沿海地区7~8级阵风,洋山港区8~9级偏北大风	普降大暴雨,最大日雨量为332.0 mm,最大1小时雨量为141.0 mm	吴淞站最高潮位5.15 m,黄浦公园站最高潮位5.17 m,米市渡站最高潮位4.61 m,芦潮港站最高潮位4.99 m,金山嘴站最高潮位5.57 m	杭嘉湖来水量大,黄浦江最低潮位连续3天超3.00 m	倒塌房屋27间,全市受灾人口12.4万人,死亡2人;直接经济损失约9.53亿元

(续表)

台风名称	时间	风力	暴雨	高潮	洪水	灾害
2106号台风"烟花"	7月23—28日	9～12级大风,高桥站实测7级以上大风持续了39小时	全市平均累计雨量286.1 mm,单站雨量最大为金山区金山站(气象站)506.7 mm	吴淞站最高潮位5.55 m,黄浦公园站最高潮位5.49 m,米市渡站最高潮位4.79 m,芦潮港站最高潮位5.57 m,赵屯站最高水位4.14 m	沪浙、沪苏边界水量大,27日太湖第1号洪水形成	农作物受灾面积1.57万 hm^2,水产养殖受灾面积333.17 hm^2;直接经济损失7.77亿元

第四章

暴雨积水灾害

随着全球气候变化和城市化进程的不断加快,极端天气事件发生的频率越来越高,强度也越来越大,这使得城市内涝风险不断增大。由暴雨积水引发的灾害已然成为上海的主要灾害之一。

第一节 历史暴雨概况

依据上海全市水文雨量代表站历年的降雨量数据,从年暴雨场次、暴雨总量、暴雨强度、暴雨历时、暴雨范围等多个方面,对历史暴雨的时空分布、特征变化及成因展开分析,从而得出历年暴雨的总体特征。

水文雨量代表站是以国家基本水文测站为基础,从市、区两级防汛代表站点中进行选取,覆盖了郊区的 9 个行政区以及中心城区,共计 32 个,见表 4-1。雨量代表站点的选取遵循以下原则:具备较好的防汛代表性、社会关注度较高、在区域空间上分布均匀、站点资料序列时间长,对水利片、行政区因暴雨导致水位上涨情况较为敏感,能够直接反映重点地区的暴雨状况。

表 4-1　上海各区雨量代表站分布情况

行政区	雨量代表站点	水利片	测站数量
崇明	堡镇	崇明片	4
	崇明南门	崇明片	
	崇西闸	崇明片	
	堡镇北闸	崇明片	
宝山	罗店	嘉宝北片	2
	吴淞(蕴)	嘉宝北片/蕴南片	
嘉定	嘉定南门	嘉宝北片	4
	望新	嘉宝北片	
	南翔	嘉宝北片	
	黄渡	嘉宝北片/青松片	
青浦	青浦	青松片	5
	赵屯	青松片	

（续表）

行政区	雨量代表站点	水利片	测站数量
青浦	泖甸	青松片/太浦河北片	5
	东团	浦南西片/太浦河南片	
	商榻	商塌片	
松江	陈坊桥	青松片	2
	夏字圩	青松片/太浦河南片	
奉贤	沙港	淀南片/浦东片	3
	金汇港南闸	浦东片	
	青村	浦东片	
金山	张堰	浦南东片	2
	洙泾	浦南东片/浦南西片	
浦东新区	高桥	浦东片	7
	洋泾	浦东片	
	杨思闸	浦东片	
	祝桥	浦东片	
	五号沟闸	浦东片	
	大治河东闸	浦东片	
	大团闸	浦东片	
闵行	北桥	淀南片	1
中心城区	江湾	蕴南片	2
	北新泾	嘉宝北片/蕴南片/淀北片	

一、总体特征

（一）暴雨场次

1992—2022年，上海全市共发生总暴雨519场，平均每年约17场。其中，场次最多的年份是2020年，达到26场；其次是2009年和2021年，这两年均为25场。在各行政区中，浦东新区发生总暴雨场次最多，有305场，平均每年近10场；崇明区次之，有192场，平均每年约6场；中心城区有153场，年均近5场。1992—2022年上海市暴雨总场次年度及各行政区分布情况分别如图4-1和图4-2所示。

在历年总暴雨中，暴雨场次占比为76.7%，平均每年约发生12.8场；大暴雨场次占比20.4%，平均每年约3.4场；特大暴雨场次占比2.9%，平均约2年出现1场。其中，暴雨场次在2021年最多，达到21场，大暴雨场次在1993年和2019年最多，这两年各有7场，特大

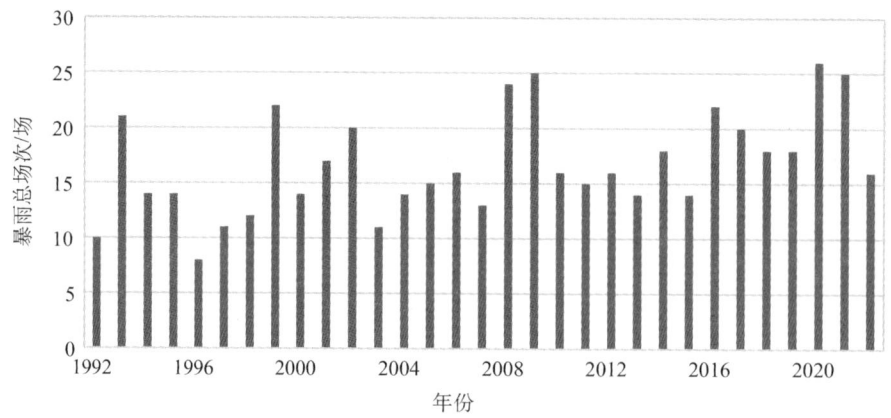

图 4-1　1992—2022 年上海市暴雨总场次年度分布情况

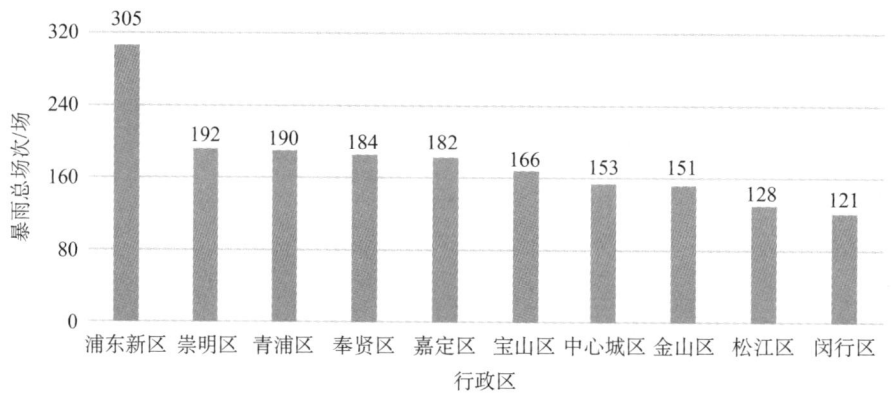

图 4-2　1992—2022 年上海市暴雨总场次各行政区分布

暴雨场次在 2001 年最多,有 3 场。1992—2022 年上海市不同暴雨级别总场次及占比的具体情况如图 4-3 所示。

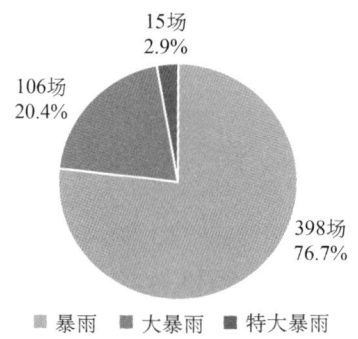

图 4-3　1992—2022 年上海市不同暴雨级别总场次及占比

(二)暴雨总量

为分析上海全市暴雨总量的变化情况,各区域选取一个代表站点(其中浦东新区北部和南部区域各选取一个站点)。结果表明,全市年暴雨量分布不均,多年平均暴雨总量约占年平均降雨量的 28%。各代表站点中,年暴雨量最大的是中心城区江湾站,达到 1 108.0 mm,占该站年降雨总量的 85.3%。1992—2022 年,各行政区多年平均暴雨量最大为 409.2 mm,最小为 276.2 mm,在年降雨总量中占比分别为 30.7% 和 24.2%。暴雨总量较大的年份主要集中在 1999 年,其次为 2015 年。1992—2022 年上海各行政区暴雨总量特征见表 4-2。

表 4-2 1992—2022 年上海各行政区暴雨总量特征

区域	代表站点	平均		年最大		
		暴雨量/mm	占年降雨量比例	暴雨量/mm	占年降雨量比例	总量最大年份
浦东	洋泾	409.2	30.7%	914.3	68.7%	1999
	大团闸	343.4	28.7%	888.5	74.2%	2021
中心城区	江湾	397.4	30.6%	1 108.0	85.3%	1999
奉贤	青村	376.3	29.7%	670.9	53.0%	2015
宝山	罗店	369.4	30.7%	751.5	62.4%	2015
闵行	北桥	360.6	29.4%	847.5	69.1%	1999
崇明	堡镇	356.9	30.1%	607.5	51.3%	2016
金山	张堰	306.3	25.0%	775.0	63.4%	2015
嘉定	望新	288.2	25.8%	813.3	72.9%	
松江	陈坊桥	287.3	24.6%	845.6	72.3%	1999
青浦	青浦	276.2	24.2%	735.0	64.5%	
最大		409.2	30.7%	1 108.0	85.3%	1999

(三) 暴雨强度

为了更好地体现降雨的极端性,分别利用水文雨量代表站(以国家基本水文测站为基础,从市、区两级防汛代表站中选取,共 32 个)、水文防汛专用站(上海水文部门的全部市级雨量测站,共 389 个雨量站)、气象雨量代表站(上海市的国家基本气象站,共 11 个)对全市最大 1 小时和最大 24 小时的暴雨强度展开统计。

根据水文部门雨量代表站的统计数据,全市最大 1 小时、最大 24 小时降雨分别出现在崇明区和浦东新区。最大 1 小时降雨量为 108.5 mm(2007 年 8 月 5 日),发生在崇明区堡镇站;其次为 94.0 mm(2013 年 9 月 13 日),发生在浦东新区洋泾站;而闵行、青浦区和金山区的最大 1 小时降雨量相对较小,均在 70.0 mm 左右。最大 24 小时降雨量为 332.0 mm(2016 年 9 月 15 日,第 14 号台风"莫兰蒂"期间),发生在浦东新区大治河东闸站;其次为 306.0 mm(2013 年 10 月 7 日,第 23 号台风"菲特"期间),发生在崇明区堡镇站;中心城区和青浦区的最大 24 小时降雨量相对略小,均在 220.0 mm 左右。1992—2022 年各行政区最大 1 小时及最大 24 小时降雨量统计(水文代表站)结果见表 4-3。

根据水文防汛专用站的统计结果,单站最大 1 小时降雨量为 172.5 mm(2018 年 9 月

16日,第22号台风"山竹"期间),发生在崇明区草棚镇站,超过1977年8月21日晚至22日晨的罕见特大暴雨塘桥站1小时雨强(151.4 mm),成为上海实测历史最大雨强。自1992年以来,单站最大24小时降雨量为394.0 mm,发生在浦东新区万亩良田站(2016年9月15日12时—16日12时,第14号台风"莫兰蒂"期间)。

表4-3 1992—2022年上海各行政区最大1小时及最大24小时降雨量统计(水文代表站)

区域	1992—2022年最大1小时降雨量			1992—2022年最大24小时降雨量		
	降雨量/mm	发生站点	起始时间	降雨量/mm	发生站点	起始时间
崇明区	108.5	堡镇	2007-8-5 15:00	306.0	堡镇	2013-10-7 12:00
浦东新区	94.0	洋泾	2013-9-13 16:00	332.0	大治河东闸	2016-9-15 14:00
宝山区	88.5	罗店	1993-8-4 15:00	234.5	吴淞(蕰)	2013-10-7 12:00
嘉定区	87.5	嘉定南门	2002-8-24 21:00	267.2	黄渡	2015-8-23 16:00
松江区	82.2	夏字圩	1993-9-18 2:00	235.1	陈坊桥	2013-10-7 10:00
奉贤区	82.0	沙港	2009-7-30 13:00	305.0	沙港	2013-10-7 12:00
中心城区	81.0	北新泾	2013-9-13 16:00	225.9	江湾	2005-8-6 3:00
闵行区	73.0	北桥	2011-8-11 17:00	231.0	北桥	2013-10-7 16:00
青浦区	71.5	商榻	2018-7-4 16:00	221.5	赵屯	2013-10-7 9:00
金山区	67.5	张堰	2016-6-15 18:00	271.0	洙泾	2020-8-4 17:00

根据气象雨量代表站的统计数据,单站最大24小时降雨量为278.0 mm,发生在中心城区徐家汇站(2001年8月5日20时—6日20时)。1992—2022年上海各行政区最大24小时降雨量统计(气象雨量代表站)结果见表4-4。

表4-4 1992—2022年上海各行政区最大24小时降雨量统计(气象雨量代表站)

区域	24小时雨量极值	
	雨量/mm	日期
中心城区	278.0	2001-8-6
金山	263.5	2020-8-5
松江	224.6	2013-10-8
嘉定	211.4	2015-8-24
浦东	209.4	2001-8-6
闵行	200.6	2019-8-10
宝山	195.3	2013-10-8
奉贤	176.9	2020-8-5
崇明	172.3	2020-7-6
青浦	162.7	2007-10-8

注:24小时统计时间为20时至次日20时。

（四）暴雨历时

暴雨历时是指暴雨所在场次降雨从开始至终止的时间。暴雨、大暴雨和特大暴雨的平均历时依次增大。1992—2022年，上海全市历年暴雨、大暴雨、特大暴雨的平均历时分别为16.3小时、23.1小时和31.5小时，最短历时分别为1小时、3小时和16小时，最长历时分别为116小时、96小时和66小时。

暴雨历时12小时以内的场次占比超过五成。在1992—2022年的历年暴雨中，历时12小时以内的场次比12小时以上的场次占比略多，二者分别占54.8%和45.2%。其中，历时1~3小时以内的场次占14.8%，平均每年近2场；历时3~6小时的场次占17.6%，平均每年约2.3场；历时6~12小时的场次占22.1%，平均每年约2.8场；历时12~24小时的场次占21.8%，平均每年约2.8场；历时24小时以上的场次占23.4%，平均每年3场；历时1小时以内暴雨只有1场，发生在2005年4月9日（嘉定南门局部暴雨）。

大暴雨历时12小时以上的场次约占七成。在1992—2022年的历年大暴雨中，历时12小时以上的场次共有75场，占70.8%；其中，历时24小时以上和12~24小时的场次占比较为接近（均为35%左右），年均约1.2场。

特大暴雨历时24小时以上的场次占比超七成。在1992—2022年的历年特大暴雨中，暴雨历时均超过12小时，其中历时超过24小时的共有11场，占比最多（73.3%），平均约2.8年出现1场。历时12~24小时的共有4场（26.7%），平均约7.8年出现1场。

1992—2022年暴雨、大暴雨、特大暴雨不同历时场次占比情况如图4-4所示。

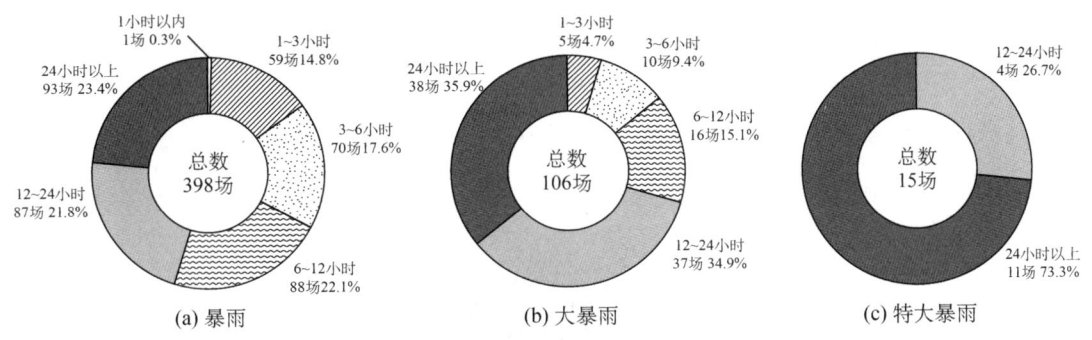

图4-4　1992—2022年暴雨、大暴雨、特大暴雨不同历时场次占比

（五）暴雨范围

根据不同级别暴雨期间全市出现50.0 mm以上降雨的笼罩面积，并结合全市行政区域面积，将降雨范围分为三类：局部、小范围和大范围。其中，笼罩面积小于或等于1 000 km²为局部暴雨，笼罩面积大于1 000 km²且小于3 500 km²为小范围暴雨，笼罩面积大于或等于3 500 km²的为大范围暴雨。

暴雨的平均笼罩面积较小，大暴雨、特大暴雨的笼罩面积依次增大。在历年暴雨、大暴雨、特大暴雨期间，全市发生暴雨的平均笼罩面积分别约占全市总面积的16.6%、41.8%和71.0%。

总暴雨中，局部暴雨发生较为频繁，小范围暴雨和大范围暴雨发生次数较少。1992—

2022年,雨量小于100.0 mm的暴雨中,不同暴雨范围的发生概率差异明显。历年暴雨中,局部暴雨场次最多(290场),占暴雨总场次的72.9%,平均每年约9.4场;小范围暴雨次之(72场),占暴雨总场次的18.1%,平均每年约2.3场;大范围暴雨场次较少(36场),占暴雨总场次的9.0%,平均每年约1.2场。1992—2022年,全市暴雨降雨范围场次占比情况如图4-5(a)所示。

大暴雨中,大范围大暴雨相对多发。历年大暴雨中,全市同步出现大范围大暴雨的场次相对略多(43场),占大暴雨总场次的40.6%,平均每年约1.4场;其次为小范围大暴雨(37场),占大暴雨总场次的34.9%,平均每年约1.2场;局部大暴雨相对较少(26场),占大暴雨总场次的24.5%,平均每年约0.8场。1992—2022年,全市大暴雨降雨范围场次占比情况如图4-5(b)所示。

特大暴雨中,以大范围特大暴雨为主。历年特大暴雨中,全市同步发生大范围特大暴雨的情况较多(12场),占特大暴雨总场次的80.0%,平均近3年出现1场。小范围特大暴雨有2场,分别发生在2001年7月5日(暴雨中心在崇明南门)和2018年9月16日(暴雨中心在崇西闸)。局部特大暴雨只有1场,发生在1999年9月2日(暴雨中心在浦东新区祝桥)。1992—2022年,全市特大暴雨降雨范围场次占比情况如图4-5(c)所示。

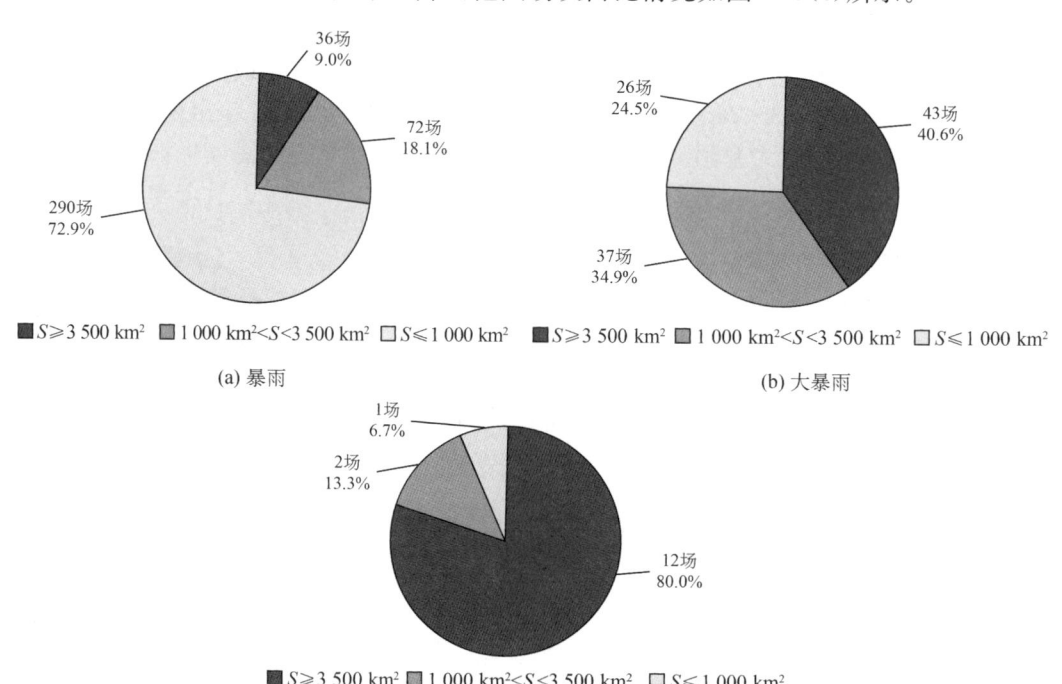

图4-5 1992—2022年上海全市暴雨、大暴雨、特大暴雨降雨范围场次占比情况
(注:S表示笼罩面积)

二、年内变化特征

(一)汛期和非汛期场次分布

总暴雨在汛期发生较为频繁,在非汛期则是汛前多于汛后。1992—2022年的总暴雨

中,汛期出现的场次为428场,约占总暴雨场次的82.5%,平均每年近13场;非汛期出现的场次为91场,占比约为17.5%,平均每年近3场。在非汛期内,汛前(1—5月)和汛后(10—12月)分别共有57场和34场,分别约占总暴雨场次的11.0%和6.5%,如图4-6所示。汛前平均每年约1.8场,汛后平均每年约1.1场。汛期、非汛期暴雨的占比分布情况与总暴雨分布情况接近。

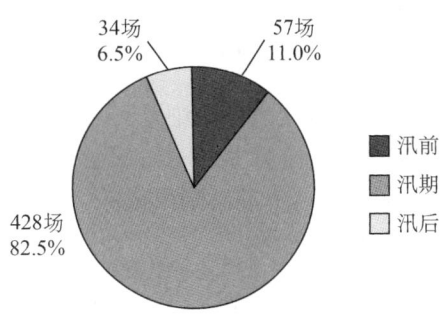

图4-6　1992—2022年不同时段总暴雨场次占比

398场暴雨中,汛期有318场,平均每年约10.3场;汛前有52场,平均每年约1.7场;汛后有28场,平均约1.1年出现1场。

大暴雨和特大暴雨主要集中在汛期发生;在非汛期,大暴雨在汛前和汛后出现的场次基本相当,而特大暴雨均出现在汛后。在106场大暴雨中,汛期出现97场,占比约91.5%,平均每年约3.1场;在非汛期,汛前和汛后出现的大暴雨总数基本相当,汛前5场(平均约6年1场),汛后4场(平均约7.8年1场)。在15场特大暴雨中,汛期有13场,占比约86.7%,平均约2.4年出现1场;汛后有2场,平均约15.5年出现1场;汛前未发生过特大暴雨。1992—2022年不同时段暴雨、大暴雨、特大暴雨场次占比情况如图4-7所示。

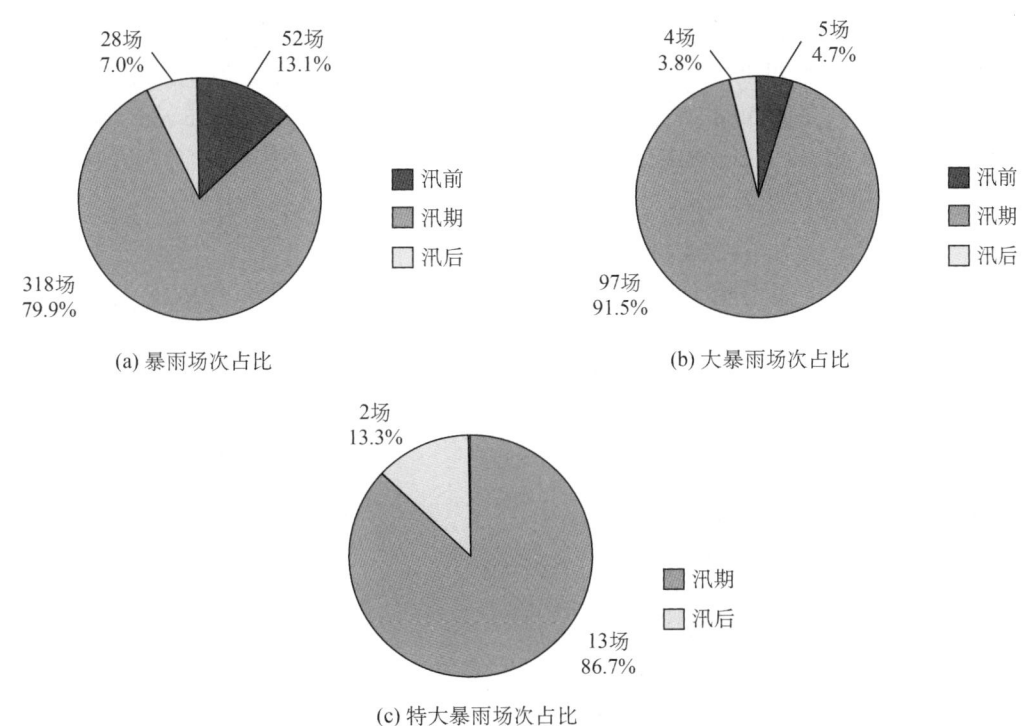

图4-7　1992—2022年不同时段暴雨、大暴雨、特大暴雨场次占比

(二) 总量分布

在各区代表站点中,历年汛期平均暴雨量为 286.1 mm,占年平均暴雨量的 83.4%,占汛期平均总降雨量的 44.9%。历年非汛期平均暴雨量为 56.8 mm,占年平均暴雨量的 16.6%,占非汛期总降雨量的 9.9%。1992—2022 年代表站汛期、非汛期平均暴雨量占比情况如图 4-8 所示。

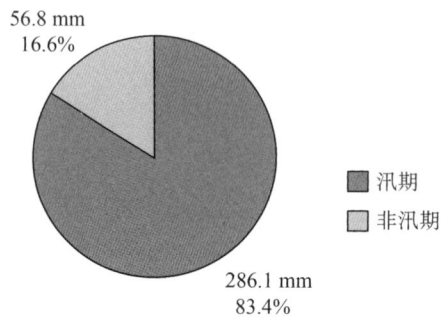

图 4-8 1992—2022 年各区代表站中汛期、非汛期平均暴雨量占比

(三) 强度分布

根据雨量代表站(32 个雨量站)的统计数据,就短历时雨强而言,各区年最大 1 小时降雨量在汛期普遍大于非汛期。汛期最大 1 小时降雨量为 108.5 mm,发生在崇明区堡镇站(2007 年 8 月 5 日),具体如图 4-9 所示;非汛期最大 1 小时降雨量为 73.5 mm,发生在奉贤区沙港站(2013 年 10 月 8 日,第 23 号台风"菲特"期间)。1992—2022 年各行政区汛期、非汛期最大 1 小时降雨量见表 4-5。

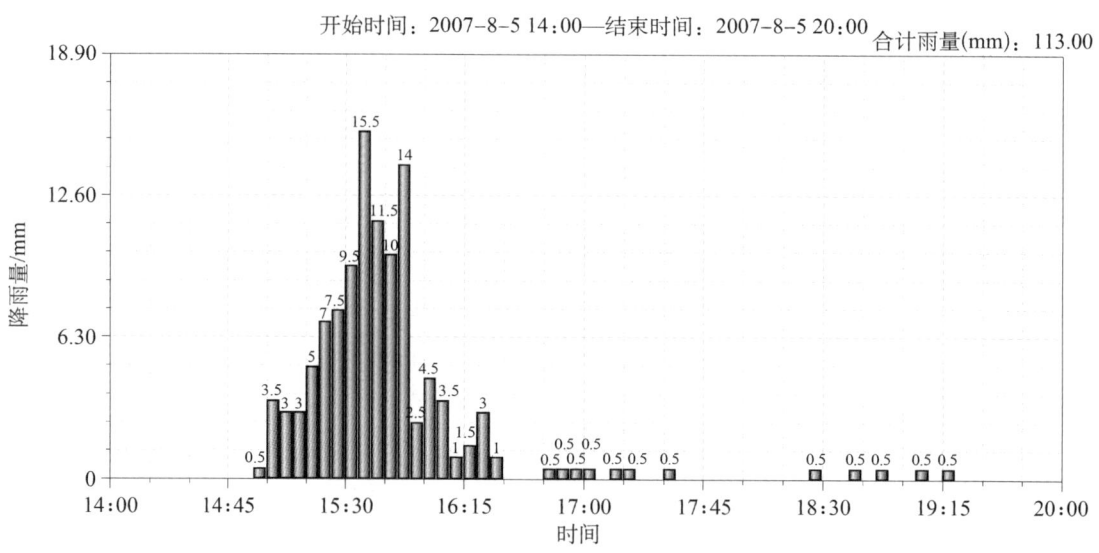

图 4-9 2007 年 8 月 5 日崇明区堡镇站暴雨过程

表 4-5　1992—2022 年各行政区汛期、非汛期最大 1 小时降雨量

区域	汛期			非汛期		
	降雨量/mm	起始时间	发生站点	降雨量/mm	起始时间	发生站点
崇明区	108.5	2007-8-5 15:00	堡镇	55.0	2013-10-8 6:00	堡镇
浦东新区	94.0	2013-9-13 16:00	洋泾	61.0	2013-10-8 9:00	大治河东闸
宝山区	88.5	1993-8-4 15:00	罗店	38.5	2017-10-10 23:00	罗店
嘉定区	87.5	2002-8-24 21:00	嘉定南门	72.0	2005-4-9 19:00	嘉定南门
松江区	82.2	1993-9-18 2:00	夏字圩	46.0	2019-4-23 0:00	陈坊桥
奉贤区	82.0	2009-7-30 13:00	沙港	73.5	2013-10-8 7:00	沙港
中心城区	81.0	2013-9-13 16:00	北新泾	40.0	2018-4-23 13:10	北新泾
闵行区	73.0	2011-8-11 17:00	北桥	45.5	2013-10-8 5:00	北桥
青浦区	71.5	2018-7-4 16:00	商榻	36.8	1997-5-15 9:00	青浦
金山区	67.5	2016-6-15 18:00	张堰	46.5	2013-10-8 7:00	张堰

根据 32 个雨量代表站的统计数据,在年最大 24 小时降雨方面,部分区域呈现出非汛期大于汛期的情况。汛期最大 24 小时降雨量为 332.0 mm,发生在浦东新区大治河东闸站(2016 年 9 月 15 日,第 14 号台风"莫兰蒂"期间),具体如图 4-10 所示。非汛期最大 24 小时降雨量为 306.0 mm,发生在崇明区堡镇站(2013 年 10 月 7 日,第 23 号台风"菲特"期间)。1992—2022 年各行政区汛期、非汛期最大 24 小时降雨量见表 4-6。

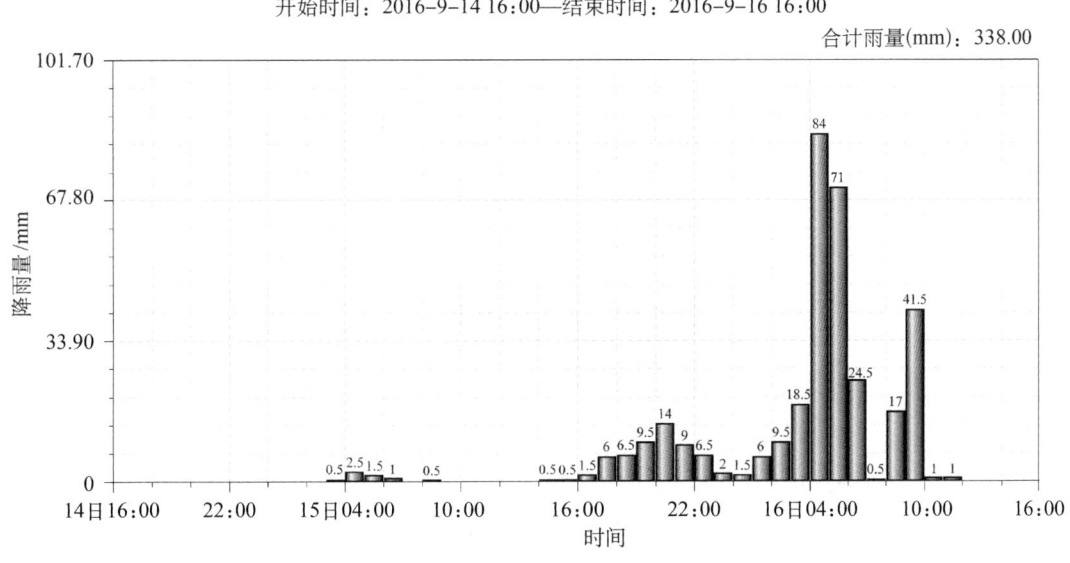

图 4-10　2016 年 9 月 15 日大治河东闸站暴雨过程

表 4-6　1992—2022 年各行政区汛期、非汛期最大 24 小时降雨量

区域	汛期			非汛期		
	降雨量/mm	起始时间	发生站点	降雨量/mm	起始时间	发生站点
浦东新区	332.0	2016-9-15 14:00	大治河东闸	239.2	2013-10-7 12:00	高桥
金山区	271.0	2020-8-4 17:00	洙泾	180.3	2013-10-7 11:00	洙泾
嘉定区	267.2	2015-8-23 16:00	黄渡	251.0	2013-10-7 9:00	南翔
崇明区	255.0	2018-9-16 17:00	崇西闸	306.0	2013-10-7 12:00	堡镇
中心城区	225.9	2005-8-6 3:00	江湾	215.0	2013-10-7 9:00	北新泾
宝山区	211.4	2005-8-6 4:00	罗店	234.5	2013-10-7 12:00	吴淞（蕴）
闵行区	196.3	2009-8-2 1:00	北桥	231.0	2013-10-7 16:00	北桥
青浦区	190.0	1999-6-29 21:00	赵屯	221.5	2013-10-7 9:00	赵屯
奉贤区	188.7	2005-8-6 2:00	金汇港南闸	305.0	2013-10-7 12:00	沙港
松江区	154.5	2019-8-10 1:00	夏字圩	235.1	2013-10-7 10:00	陈坊桥

根据水文防汛专用站（全市 389 个雨量站）的统计结果，汛期单站最大 24 小时降雨量为 394.0 mm，发生在浦东新区万亩良田站（2016 年 9 月 15 日 12 时—16 日 12 时，第 14 号台风"莫兰蒂"期间）；非汛期单站最大 24 小时降雨量为 332.0 mm，发生在松江区洞泾工业区站（2013 年 10 月 7 日 12 时—8 日 12 时，第 23 号台风"菲特"期间）。

（四）易发时段

汛期的总暴雨场次和暴雨场次均呈现出 8 月最多、9 月最少的特征。汛期的 428 场总暴雨中，8 月的场次约占汛期总暴雨的 39.3%，平均每年约 5.4 场；9 月的场次占比仅为 15.4%，平均每年约 2.1 场；6 月和 7 月的情况基本相当，约占 23%，平均每年约 3.1 场。1992—2022 年汛期不同时段总暴雨场次占比情况如图 4-11 所示。

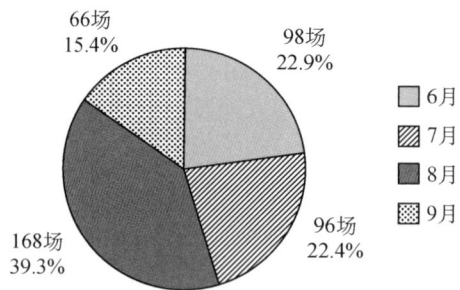

图 4-11　1992—2022 年汛期不同时段总暴雨场次占比

在汛期的 318 场暴雨中，各月场次占比情况与总暴雨的各月占比接近。其中，8 月场次最多，占汛期暴雨总数的 39.0%，平均每年 4 场；9 月暴雨场次最少，约占 16.6%，平均每年约 1.7 场。1992—2022 年汛期不同时段暴雨、大暴雨、特大暴雨场次占比情况如图 4-12 所示。

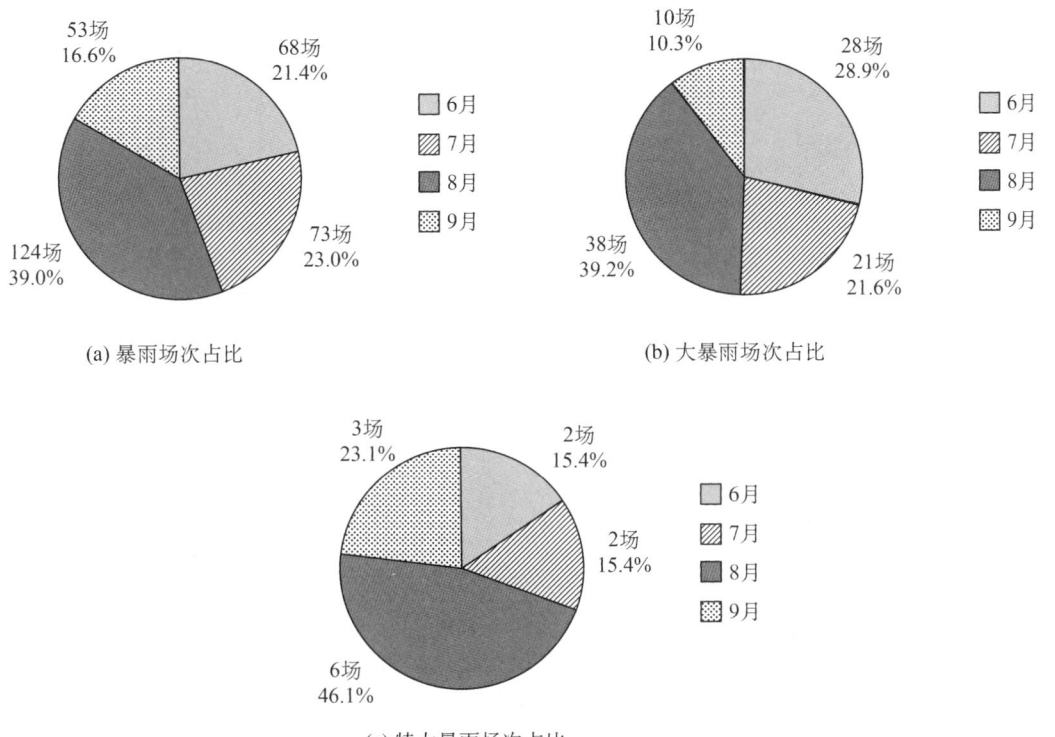

图 4-12　1992—2022 年汛期不同时段暴雨、大暴雨、特大暴雨场次占比

汛期大暴雨场次各月占比情况与暴雨的各月占比接近。在汛期的 97 场大暴雨中,8 月的场次最多,占大暴雨总数的 39.2%,平均每年 1.2 场;6 月其次,占 28.9%,平均 1.1 年出现 1 场;9 月最少,占 10.3%,平均 3.1 年出现 1 场。

在汛期的 13 场特大暴雨中,8 月场次最多,占汛期特大暴雨总数的 46.1%,平均约 5.2 年 1 场;9 月次之,占 23.1%,平均 10.3 年出现 1 场;6 月、7 月较少,均约为 15.5 年出现 1 场。

1992—2022 年非汛期暴雨(小于 100.0 mm)、大暴雨不同时段场次占比情况如图 4-13 所示。在非汛期的 91 场总暴雨中,5 月的发生概率最高(占比 35.2%),其次为 10 月(占比 26.1%)。在 80 场暴雨中,5 月发生的场次占非汛期暴雨总数的 35.1%,平均 1.1 年出现 1 场;其次为 10 月和 4 月,分别占 23.4%和 20.8%,平均约 2 年出现 1 场;3 月、11 月发生概率较低,平均 3~6 年出现 1 场;其他月份均为偶发。

非汛期的大暴雨主要集中在 5 月和 10 月,而特大暴雨发生在 10 月台风影响期间。在非汛期 9 场大暴雨中,有 4 场发生在 5 月,占比 44.5%;3 场发生在 10 月,占比 33.3%;4 月和 11 月各 1 场。5 月发生概率相对最高,平均约 8 年出现 1 场;其次是 10 月,平均约 10 年出现 1 场。1992—2022 年非汛期有 2 场特大暴雨,均发生在 2000 年后的 10 月台风影响期间,分别在 2007 年 10 月 7 日(第 16 号台风"罗莎"期间)和 2013 年 10 月 6 日(第 23 号台风"菲特"期间),单站最大暴雨量分别达到 249.0 mm(闵行区大治河东闸站)、351.0 mm(奉贤区沙港站)。

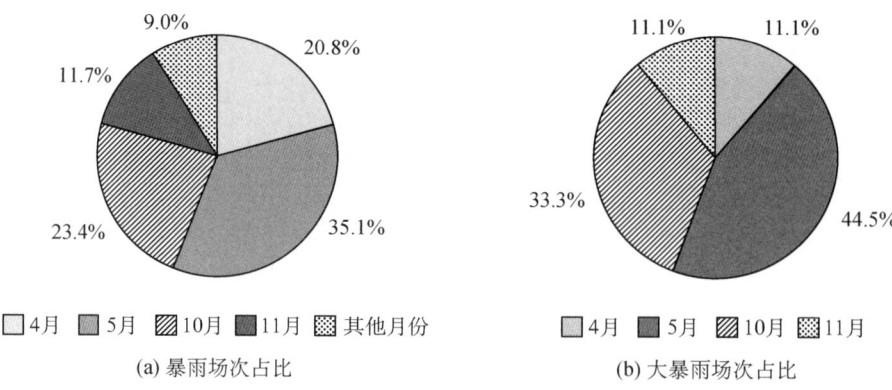

图 4-13　1992—2022 年非汛期暴雨、大暴雨不同时段场次占比

（五）历时分布

汛期不同级别暴雨的平均历时普遍短于非汛期。历年汛期暴雨、大暴雨、特大暴雨的平均历时分别为 14.4 小时、22.9 小时和 30.1 小时，而非汛期对应的平均历时分别为 23.7 小时、25.1 小时和 41.0 小时。汛期相比非汛期，暴雨、大暴雨、特大暴雨的平均历时分别缩短了 9.3 小时、2.2 小时和 10.9 小时，其中特大暴雨在汛期历时缩短的程度最为明显。1992—2022 年汛期、非汛期不同级别暴雨历时对比情况如图 4-14 所示。

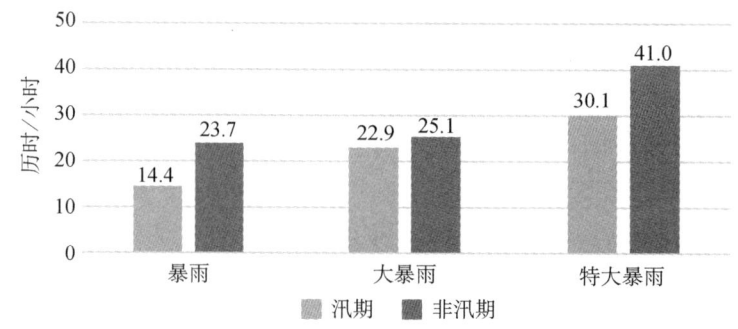

图 4-14　1992—2022 年汛期、非汛期不同级别暴雨历时对比

（六）范围分布

汛期不同级别暴雨的平均笼罩面积普遍小于非汛期。历年汛期暴雨、大暴雨、特大暴雨的平均笼罩面积分别约占全市总面积的 14.9%、40.4% 和 68.9%。非汛期的笼罩面积相比汛期，分别增大了 28.1%、68.7% 和 38.7%，其中大暴雨面积增大情况最为明显。1992—2022 年汛期、非汛期不同级别暴雨平均笼罩面积对比情况如图 4-15 所示。

在汛期，局部暴雨占汛期暴雨总场次的 74.8%，平均每年约 7.7 场；大范围暴雨的场次较少，占比为 8.5%，平均约 1.1 年出现 1 场。在非汛期，局部暴雨的占比小于汛期，占非汛期暴雨总场次的 65%，平均每年约 1.7 场；小范围暴雨的占比为 23.8%，高于汛期的占比，平均约 1.6 年出现 1 场。

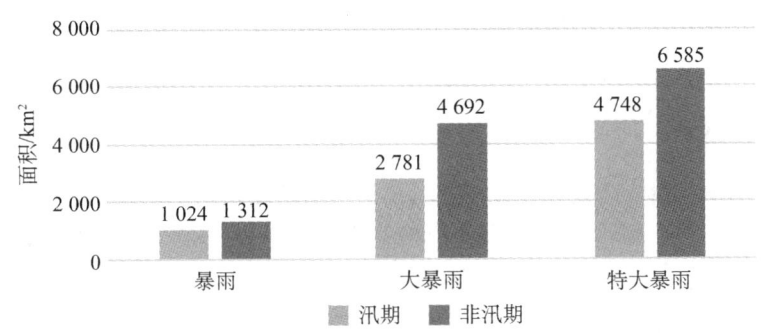

图 4-15　1992—2022 年汛期、非汛期不同级别暴雨平均笼罩面积对比

在汛期的大暴雨中,小范围大暴雨和大范围大暴雨分别占汛期大暴雨的 35.1% 和 38.1%,平均每年均约 1 场;局部大暴雨的场次相对略少,占比 26.8%,平均约 1.2 年出现 1 场。在非汛期,大范围大暴雨占比较多,占非汛期大暴雨总场次的 66.7%,平均约 5 年出现 1 场;小范围大暴雨占比 33.3%,平均约 10 年出现 1 场。

在汛期的特大暴雨中,大范围特大暴雨占汛期特大暴雨总场次的 76.9%,平均约 3 年出现 1 场;小范围特大暴雨(2 场)占比较少,局部特大暴雨仅有 1 场。在非汛期,特大暴雨共 2 场,均为大范围特大暴雨。

1992—2022 年汛期和非汛期不同笼罩范围的各级暴雨统计情况分别见表 4-7 和表 4-8。

表 4-7　1992—2022 年汛期不同笼罩范围的各级暴雨统计

暴雨级别	局部 ($S \leq 1\,000\ km^2$)		小范围 ($1\,000\ km^2 < S < 3\,500\ km^2$)		大范围 ($S \geq 3\,500\ km^2$)	
	场次/场	占比	场次/场	占比	场次/场	占比
暴雨	238	74.8%	53	16.7%	27	8.5%
大暴雨	26	26.8%	34	35.1%	37	38.1%
特大暴雨	1	7.7%	2	15.4%	10	76.9%

表 4-8　1992—2022 年非汛期不同笼罩范围的各级暴雨统计

暴雨级别	局部 ($S \leq 1\,000\ km^2$)		小范围 ($1\,000\ km^2 < S < 3\,500\ km^2$)		大范围 ($S \geq 3\,500\ km^2$)	
	场次/场	占比	场次/次	占比	场次/场	占比
暴雨	52	65.0%	19	23.8%	9	11.2%
大暴雨	0	0.0%	3	33.3%	6	66.7%
特大暴雨	0	0.0%	0	0.0%	2	100.0%

三、年际变化特征

根据 1978—2020 年水旱灾害普查结果,结合上海城市化进程,以 2000 年为分界点,将

1992—2022年划分为1992—2000年和2001—2022年两个阶段(以下分别简称2000年前和2000年后),以此对暴雨特征时段变化进行分析。

(一)场次变化

通过对2000年前和2000年后的情况进行对比可以发现,全市发生暴雨、大暴雨、特大暴雨的场次均有所增多,其中暴雨场次的增加尤为显著。在2000年前,共发生总暴雨126场,其中暴雨94场,大暴雨29场,特大暴雨3场;到了2000年后,各级别暴雨的年平均场次都有所增加,年平均总暴雨场次由2000年前的14场增至18场;其中,暴雨年均场次由10.4场增至13.8场;大暴雨年均场次由3.2场增至3.5场;特大暴雨的发生频率由3年1场提升至1.8年1场。1992—2022年上海全市暴雨、大暴雨、特大暴雨的场次情况如图4-16所示。

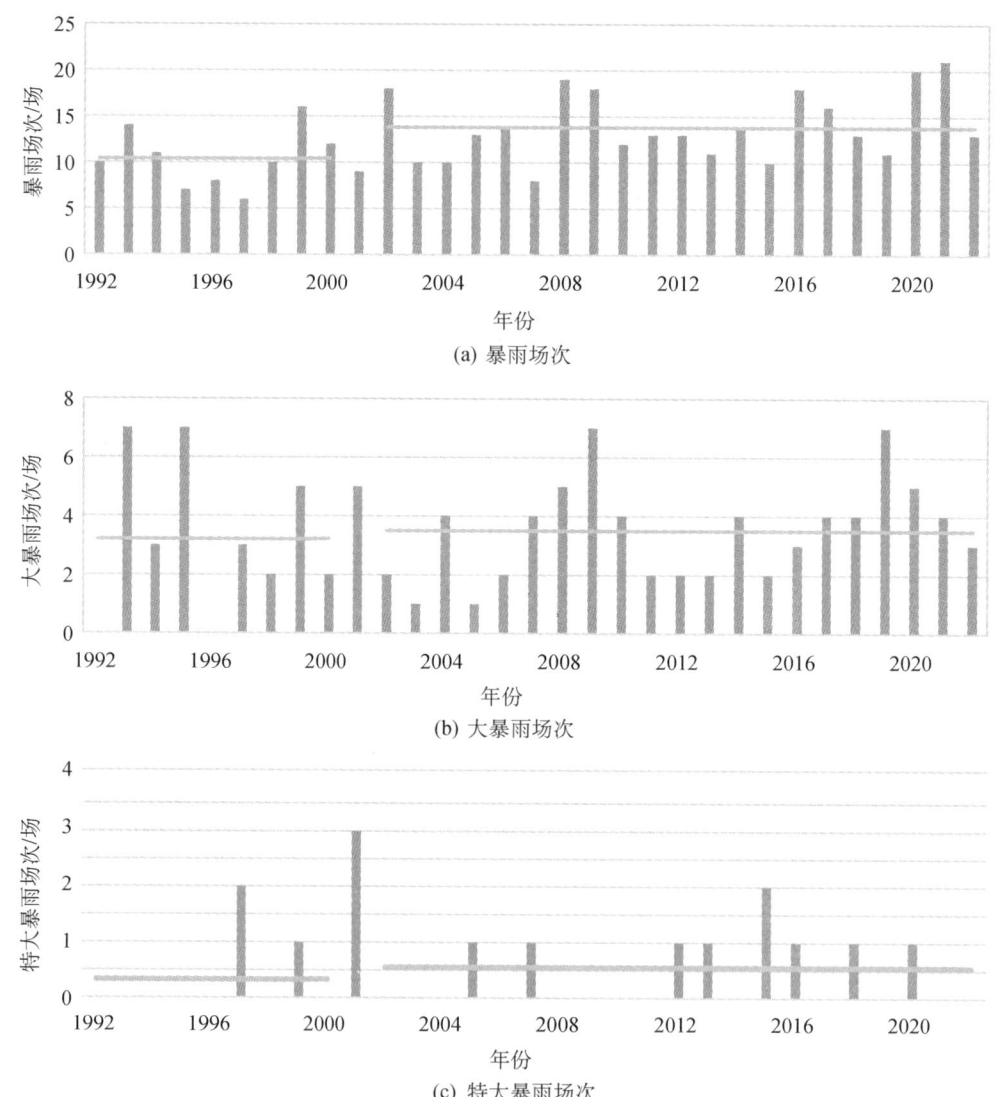

图4-16 1992—2022年上海全市暴雨、大暴雨、特大暴雨场次

(二) 总量变化

除中心城区和青浦区年平均暴雨量2000年后略低于2000年前外,其他各区的年平均暴雨量2000年后较2000年前均有不同幅度的增加。2000年前,中心城区年平均暴雨量最大(382.1 mm),其次为宝山区(365.1 mm),青浦区最小(276.6 mm)。2000年后,奉贤区、嘉定区和金山区年平均暴雨量增幅较大,分别较2000年前增加了22.8 mm、19.0 mm和8.7 mm。

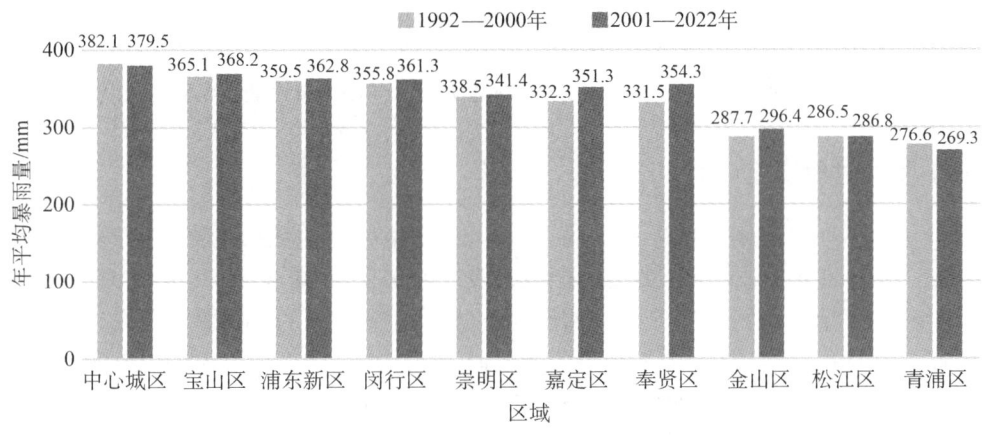

图4-17　2000年前和2000年后平均暴雨量分布

(三) 强度变化

采用全市国家基本站的记录数据,统计分析了1992—2022年的年最大24小时降雨量和年最大1小时降雨量的变化情况,结果如图4-18所示。最大24小时暴雨增强趋势显著,平均每10年增大40.3 mm;而最大1小时暴雨增强趋势并不明显,平均每10年仅增加1.6 mm。

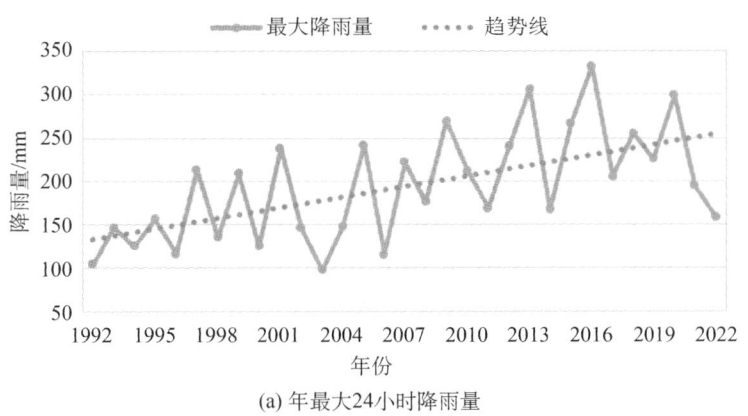

(a) 年最大24小时降雨量

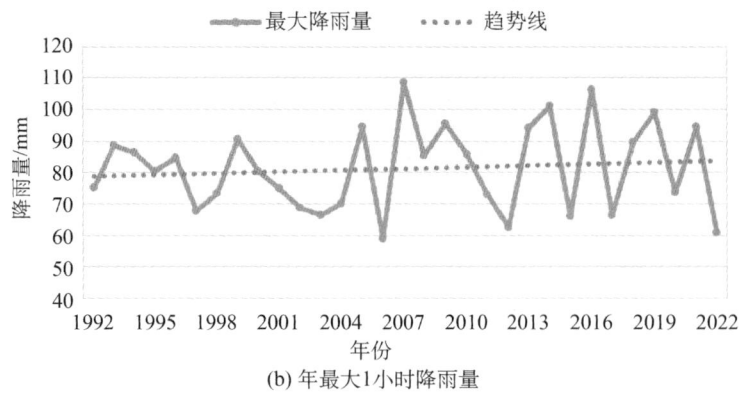

(b) 年最大1小时降雨量

图 4-18　1992—2022 年的年最大 24 小时降雨量及最大 1 小时降雨量的年际变化及其趋势

(四) 易发时段变化

2000 年前汛期总暴雨场次年平均约 12 场，2000 年后这一数值增至 14.9 场，即年均增多近 3 场。2000 年前和 2000 年后总暴雨的月变化也各有不同，其中 6 月、7 月增多较为显著，2000 年前平均约 2 场，2000 年后增至近 4 场；其次为 9 月，由平均每年 1.6 场增至 2.4 场；而 8 月场次略有减少，由平均每年 6 场减至 5.2 场。1992—2022 年汛期总暴雨场次年际变化、汛期各月总暴雨场次变化如图 4-19 所示。

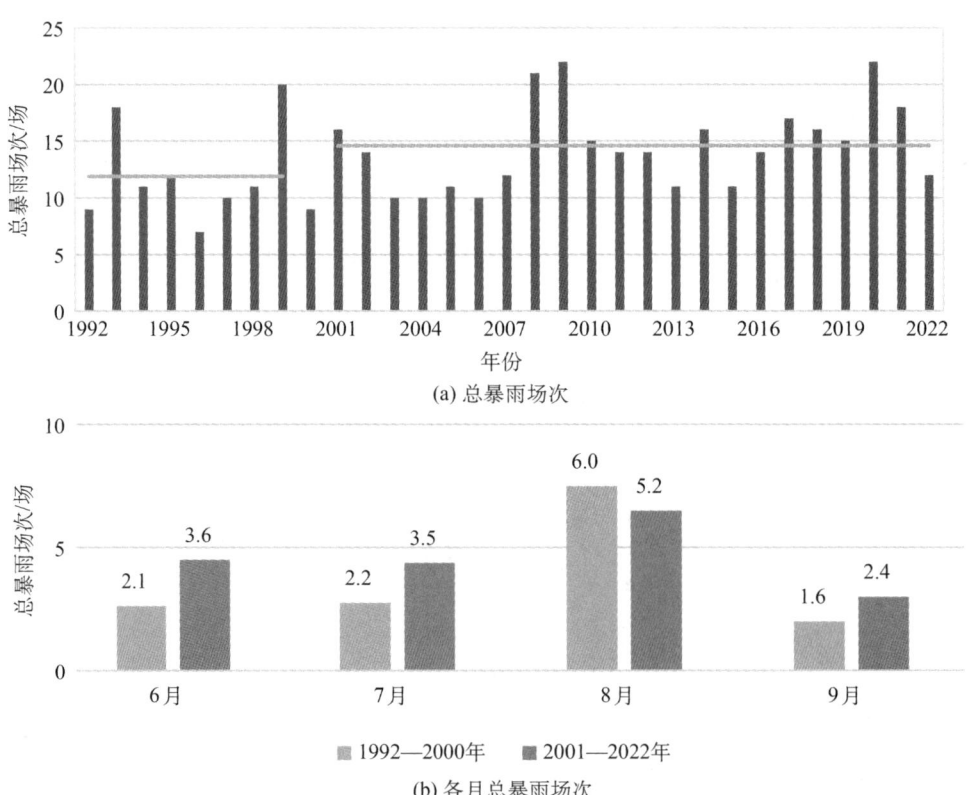

图 4-19　1992—2022 年汛期总暴雨场次年际变化、汛期各月总暴雨场次变化

汛期暴雨由2000年前平均每年8.6场增至2000年后平均每年10.8场,年平均增多2.2场。其中,6月年平均场次由2000年前的1.3场增至2000年后的2.5场;7月年平均场次由2000年前的1.4场增至2000年后的2.7场;9月年平均场次由2000年前的1.2场增至2000年后的1.9场;而8月年平均场次2000年后有所减少,年平均场次由2000年前的4.7场减至2000年后的3.7场。1992—2022年汛期各月暴雨场次如图4-20所示。

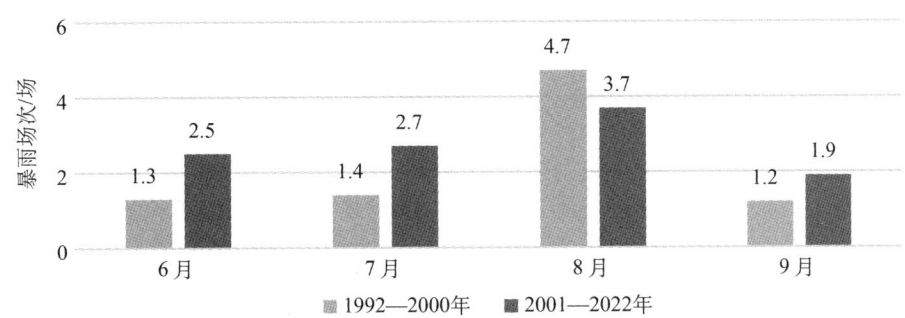

图4-20　1992—2022年汛期各月暴雨(小于100.0 mm)场次

汛期大暴雨由2000年前平均每年2.9场增至2000年后平均每年3.3场,年平均增多0.4场。其中,6月、9月发生概率略有增多,7月、8月则基本稳定。6月年平均场次由2000年前的1.3年1场增至年均1场,9月年平均场次由4.5年1场增至2.8年1场。1992—2022年汛期各月大暴雨场次如图4-21所示。

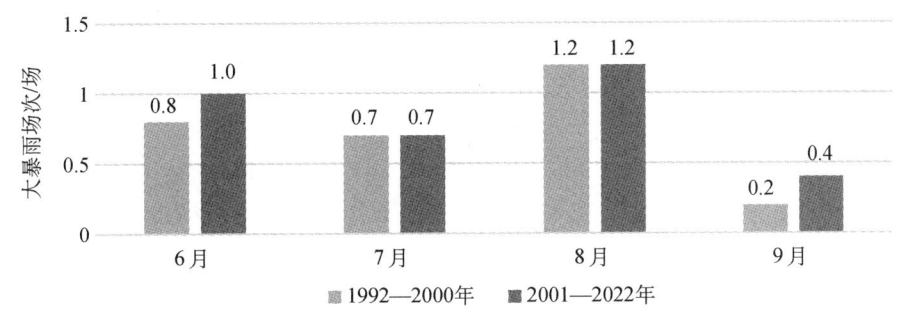

图4-21　1992—2022年汛期各月大暴雨场次

1992—2022年汛期特大暴雨发生概率略有增大,尤其8月最为显著。2000年前,汛期特大暴雨共3场,平均3年1场;2000年后,汛期特大暴雨共10场,平均2.2年1场。其中,6月、8月发生概率增大,7月、9月发生概率减小。2000年前,6月未发生特大暴雨,8月仅1场;2000年后,6月发生2场,8月后发生5场。1992—2022年汛期特大暴雨年均逐月场次变化情况如图4-22所示。

1992—2022年非汛期总暴雨场次增多,但增幅略小于汛期,其中10月增幅最大。2000年前,非汛期总暴雨年平均约2场,2000年后年平均增至3.3场。1月、4月、5月、10月、11月和12月发生概率均有所增大,其中10月发生概率增大最为显著,平均约由2.3年1场增至1.2年1场;其次为4月,平均约由3年1场增至1.6年1场。1992—2022年非汛期总暴雨场次和各月总暴雨场次如图4-23所示。

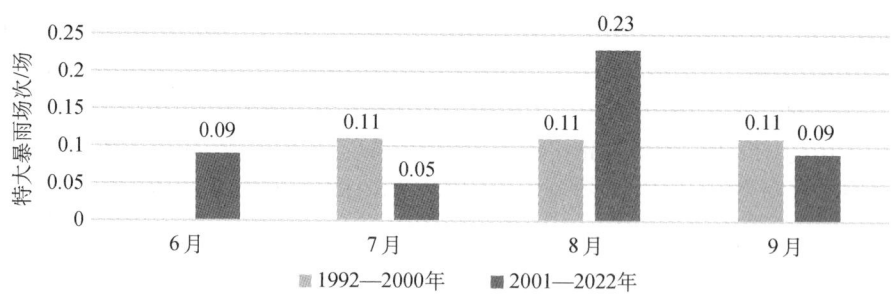

图 4-22　1992—2022 年汛期特大暴雨年均逐月场次

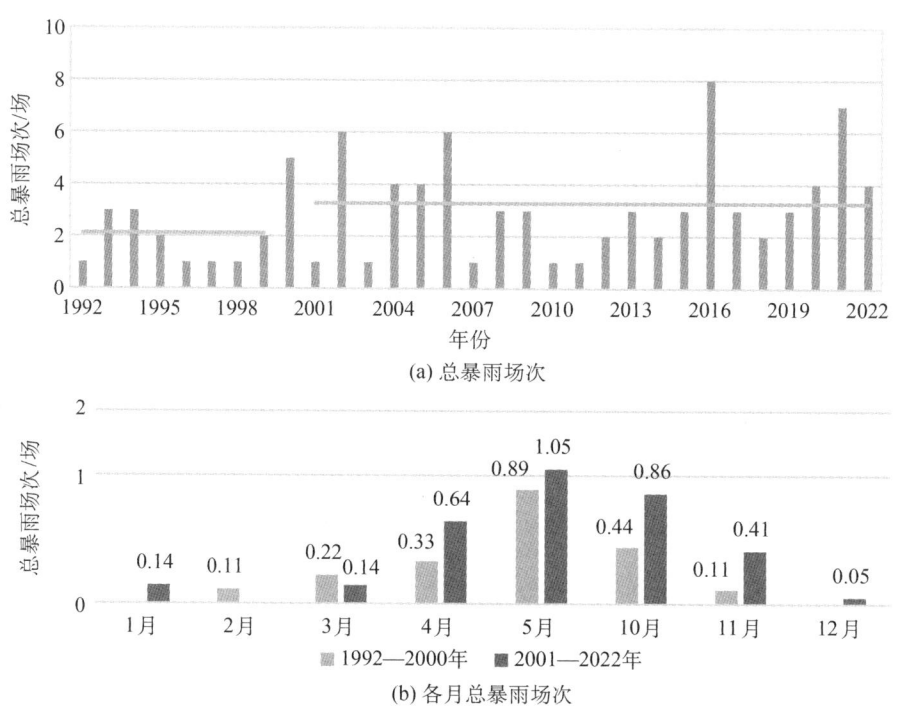

图 4-23　1992—2022 年非汛期总暴雨场次、各月总暴雨场次

非汛期暴雨场次各月变化情况与总暴雨的变化情况接近,大暴雨的发生概率则相对较为稳定。9 场大暴雨中,2000 年前非汛期发生 3 场大暴雨,2000 年后有 6 场,平均 3~4 年 1 场。其中,4 月、11 月在 2000 年前未发生过大暴雨,2000 年后各发生 1 场;5 月大暴雨发生概率从 2000 年前的 4.5 年 1 场降为 2000 年后的 11 年 1 场。另外,2 场特大暴雨均发生在 2000 年后的 10 月台风影响期间,分别是 2007 年 10 月 7 日(第 16 号台风"罗莎"期间)和 2013 年 10 月 6 日(第 23 号台风"菲特"期间)。1992—2022 年非汛期暴雨、大暴雨年均逐月场次情况如图 4-24 所示。

(五)历时变化

通过对 2000 年前和 2000 年后的情况进行对比可以发现,暴雨、大暴雨的历时有所缩

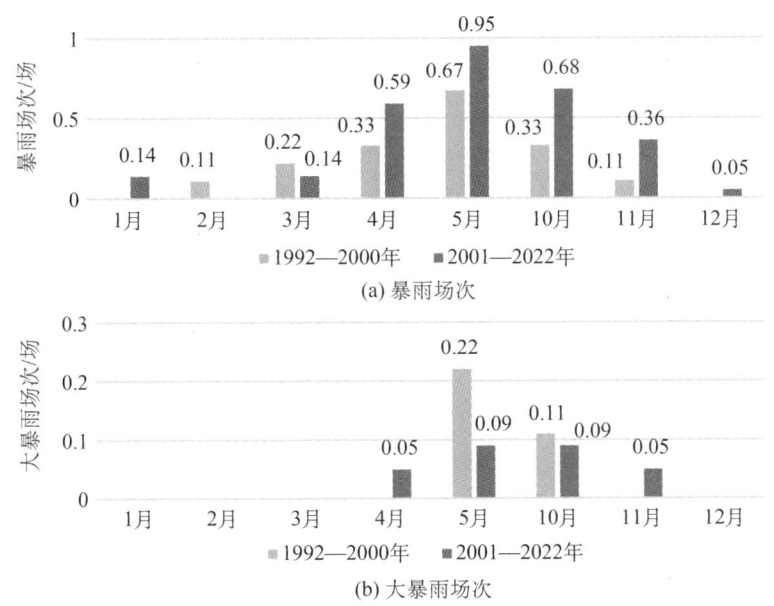

图 4-24　1992—2022 年非汛期暴雨(小于 100.0 mm)、大暴雨年均逐月场次

短,而特大暴雨的历时有所增加。2000 年前,暴雨、大暴雨、特大暴雨的平均历时分别为 21.4 小时、24.9 小时和 25.3 小时;2000 年后,这三种暴雨的平均历时分别为 14.7 小时、22.4 小时和 33.1 小时;暴雨、大暴雨历时平均分别缩短 6.7 小时和 2.5 小时,而特大暴雨历时则增加了 7.8 小时。1992—2022 年不同暴雨级别平均历时变化情况如图 4-25 所示。

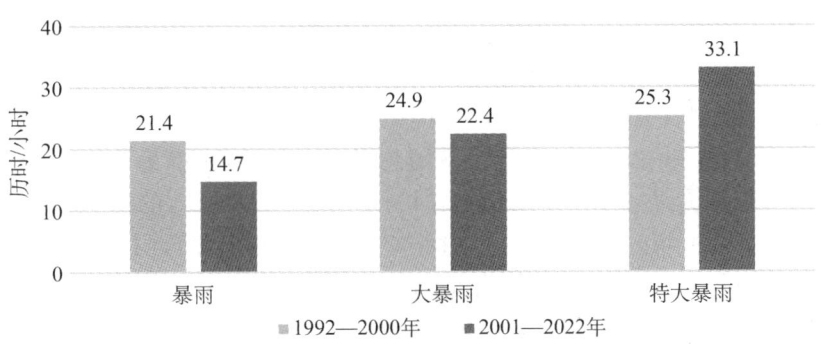

图 4-25　1992—2022 年不同暴雨级别平均历时变化

在暴雨历时变化方面,历时 3 小时以内的暴雨场次显著增加,而历时 24 小时以上的暴雨场次明显减少。2000 年后,历时 24 小时以内的暴雨占比出现了不同程度的增大。其中,历时 3 小时以内的场次占比明显增加,增加了 8.6%,由平均 1.1 年 1 场增至每年 2.3 场;历时 3~6 小时、历时 6~12 小时的场次占比分别增加了 2.1% 和 2.5%,分别由平均每年 1.7 场增至 2.5 场和由 2.1 场增至 3.1 场;历时 12~24 小时的场次占比增加了 4.9%,由平均每年 1.9 场增至 3.2 场。历时 24 小时以上暴雨场次占比明显减小,由 2000 年前的 37.2% 降至 2000 年后的 19.1%,由平均每年 3.9 场减至 2.6 场。1992—2022 年暴雨不同历时场次占比变化情况如图 4-26 所示。

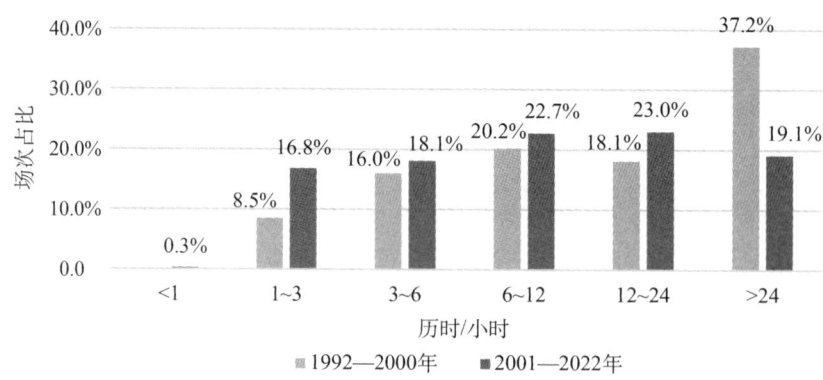

图 4-26 1992—2022 年暴雨不同历时场次占比变化

将 2000 年后的情况与 2000 年前的进行对比可以发现,2000 年后大暴雨中历时 12~24 小时的场次占比明显增多,而历时 24 小时以上的场次占比却明显减少。2000 年后,历时 1~3 小时和历时 6~24 小时的大暴雨场次占比有所增大,但历时 3~6 小时和历时 24 小时以上的大暴雨场次占比明显减少。其中,历时 12~24 小时大暴雨场次占比增加最为显著,由 2000 年前的 24.1%增至 39.0%,年平均发生概率由 1.3 年 1 场增至每年 1.4 场;其次为历时 6~12 小时大暴雨场次占比增加了 6.6%,由 3 年 1 场增至 1.7 年 1 场;历时 1~3 小时的大暴雨场次占比增幅相对较小,2000 年前只发生了 1 场,2000 年后共发生了 4 场。历时 3~6 小时和历时 24 小时以上大暴雨场次占比均有所减少,其中历时 24 小时以上的大暴雨场次占比减少较为明显,减少了 17.3%,年平均发生概率由每年 1.6 场减至每年 1.1 场。与 2000 年前对比可以发现,2000 年后特大暴雨历时 24 小时以上场次占比略有增多,历时 12~24 小时场次占比有所减少。1992—2022 年共发生了 15 场特大暴雨,历时均在 12 小时以上,其中 2000 年前有 3 场,2000 年后有 12 场。2000 年前,发生历时 24 小时以上特大暴雨 2 场,占 2000 年前特大暴雨总场次(3 场)的比例约为 66.7%。2000 年后,发生历时超过 24 小时特大暴雨 9 场,占 2000 年后特大暴雨总场次(12 场)比例为 75.0%,相比 2000 年前,占比增多 8.3%。另外,2000 年后历时 24 小时以上特大暴雨的频率增至 2.4 年 1 场(2000 年前为 4.5 年 1 场)。2000 年后历时 12~24 小时特大暴雨场次占比 25.0%,比 2000 年前占比减少了 8.3%(2000 年前相应占比为 33.3%)。1992—2022 年大暴雨和特大暴雨不同历时场次占比变化情况如图 4-27 所示。

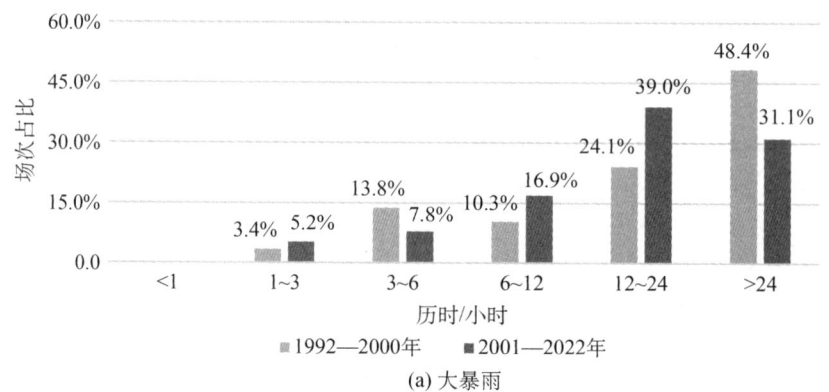

(a) 大暴雨

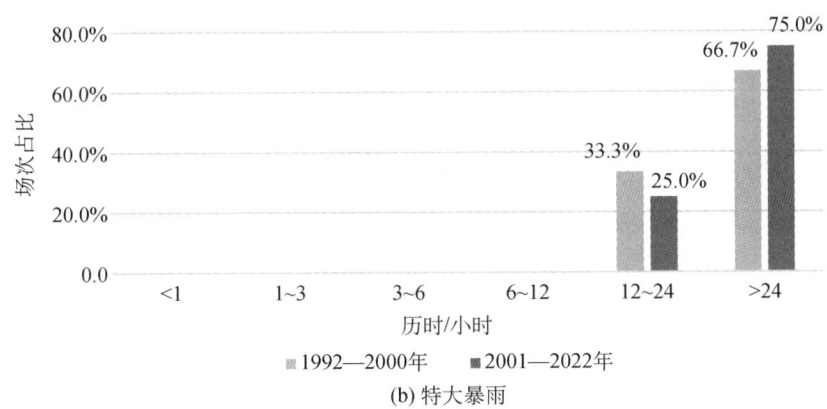

(b) 特大暴雨

图 4-27 1992—2022 年大暴雨、特大暴雨不同历时场次占比变化

(六) 范围变化

对比 2000 年前与 2000 年后的降雨笼罩面积可以发现,暴雨平均笼罩面积减小,但特大暴雨平均笼罩面积增大。具体而言,暴雨笼罩面积占比由 2000 年前占全市总面积的 21.8% 降至 2000 年后占全市总面积的 13.8%,即从 1 499 km² 降至 953 km²;特大暴雨笼罩面积占比却略有增大,由占全市总面积的 65.4% 增至 74.2%;而大暴雨时的笼罩面积基本稳定。1992—2022 年不同暴雨级别降雨笼罩面积如图 4-28 所示。

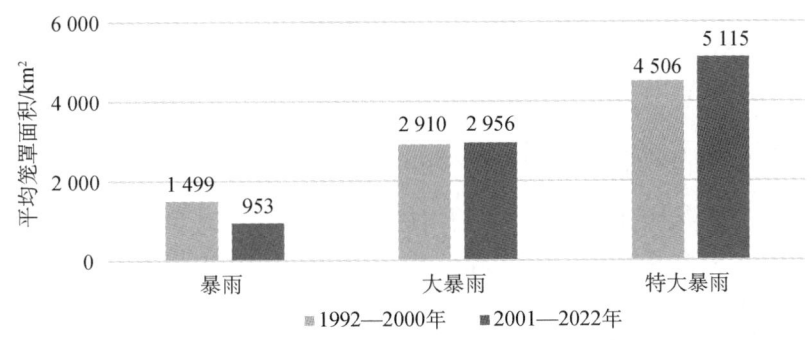

图 4-28 1992—2022 年不同暴雨级别降雨笼罩面积

2000 年前和 2000 年后相比,暴雨中局部暴雨场次占比明显增多,小范围暴雨和大范围暴雨的场次占比均有所减少。局部暴雨场次占比由 2000 年前的 59.5% 增至 2000 年后的 77.0%,从平均每年约 7 场增至平均每年 10.6 场。小范围暴雨场次占比则由 24.5% 降至 16.1%,从平均每年 2.6 场减至平均每年 2.2 场。大范围暴雨场次占比由 16.0% 降至 6.9%,从平均每年 1.7 场减至平均每年 1 场。1992—2022 年暴雨不同降雨范围暴雨场次占比情况如图 4-29 所示。

2000 年前和 2000 年后相比,大暴雨中局部大暴雨场次占比略减,小范围大暴雨和大范围大暴雨的场次占比略增。局部大暴雨场次占比由 2000 年前的 31.0% 减至 2000 年后的 22.0%,从平均每年 1 场减至 1.3 年 1 场;而小范围大暴雨和大范围大暴雨的场次占比均略增,分别由 2000 年前的 31.0% 增至 2000 年后的 36.4% 以及 2000 年前的 38.0% 增至

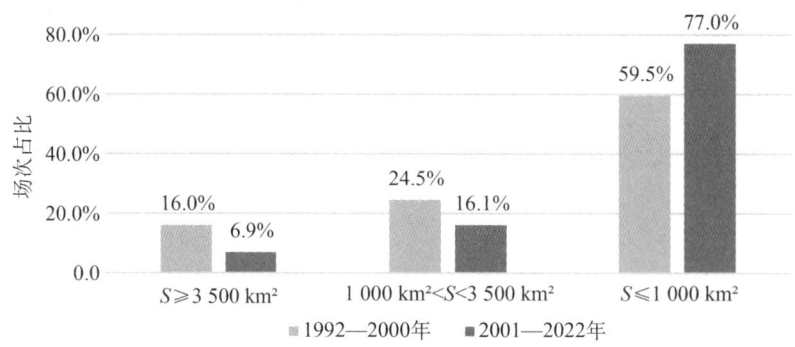

图 4-29　1992—2022 年暴雨(小于 100.0 mm)不同降雨范围暴雨场次占比

2000 年后的 41.6%，分别从平均每年 1 场增至平均每年 1.3 场以及从平均每年 1.2 场增至平均每年 1.5 场。1992—2022 年大暴雨不同降雨范围暴雨场次占比情况如图 4-30 所示。

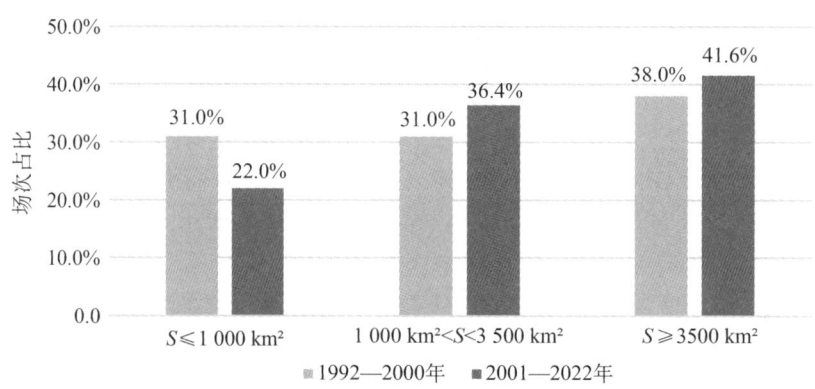

图 4-30　1992—2022 年大暴雨不同降雨范围暴雨场次占比

2000 年前和 2000 年后相比，特大暴雨中局部暴雨场次占比减少，小范围和大范围暴雨的场次占比增多。2000 年前，3 场特大暴雨中，1 场为局部特大暴雨，2 场为大范围特大暴雨，这 2 场大范围特大暴雨占特大暴雨总场次的 66.7%；小范围特大暴雨未发生。2000 年后，局部特大暴雨未发生；小范围特大暴雨发生了 2 场，占特大暴雨总场次的 16.7%；大范围特大暴雨场次占比增至 83.3%（10 场），由 4.5 年 1 场增至 2.2 年 1 场。1992—2022 年特大暴雨不同降雨范围暴雨场次占比情况如图 4-31 所示。

四、暴雨成因

(一) 暴雨成因与分类

一般认为，暴雨形成的主要条件包括充分的水汽供应、强烈的上升运动和较长的降雨持续时间。其中，降雨持续时间是暴雨(尤其是连续暴雨)形成的重要条件，行星尺度天气系统为暴雨的发生发展提供了有利的环流背景，副热带高压脊、长波槽、切变线、静止锋和大型冷涡等大尺度天气系统的长期稳定是形成连续性暴雨的必要前提。短波槽、低涡、气

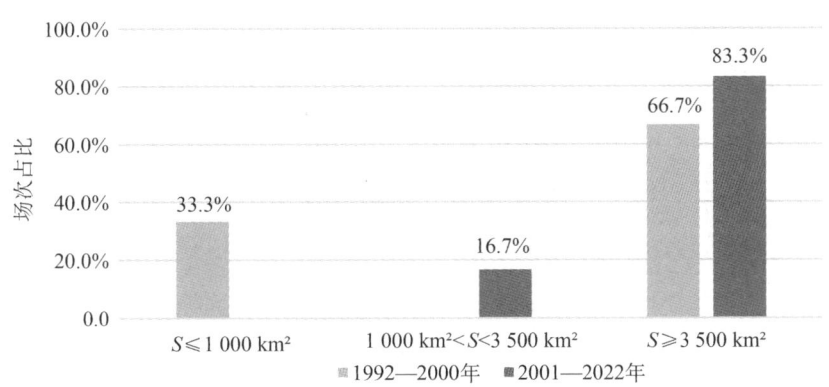

图 4-31　1992—2022 年特大暴雨不同降雨范围暴雨场次占比

旋等天气尺度系统移速较快,但它们在某些稳定的长波型式控制下可以接连出现,从而引发多次暴雨过程。

就上海而言,不同的天气形势会导致不同的暴雨落区和雨量大小。即便在相似的形势背景下,季节及影响系统在位置、强度上的细微差别,也会导致暴雨落区和雨量发生变化。依据各层环流形势、地面气压场和云图特征等因素,可以将上海地区的暴雨天气分为以下 7 种类型:静止锋雨带、副高边缘强对流、台风本体或外围螺旋雨带、台风倒槽、暖式切变线（暖区辐合线）、低槽冷锋和江淮气旋。1992—2022 年大暴雨日不同成因分类统计结果如图 4-32 所示。

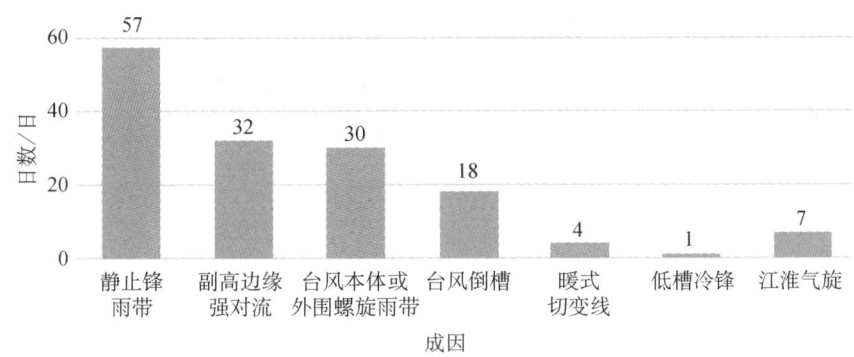

图 4-32　1992—2022 年大暴雨日不同成因分类统计

（二）成因分类统计

利用国家基本雨量站的整编成果,在某日 8 时至次日 8 时的雨量资料中,只要有一个站的日雨量超过 100.0 mm,即为一个大暴雨日。根据 1992—2022 年逐日雨量资料,确定了 149 个大暴雨日。按照季节和暴雨天气形势分型来看,大暴雨天气大多是由静止锋雨带、副高边缘强对流及台风本体或外围螺旋雨带导致,这三种类型的合计占比达到 79.9%。

根据上述暴雨的 7 种类型进行划分,149 个大暴雨日的分型结果见表 4-9—表 4-13。其中,静止锋雨带型大暴雨日最多,占比 38.3%;其次为副高边缘强对流型和台风本体或外围螺旋雨带型,均占20%左右。另外,有3个大暴雨日属于特殊类型,从影响系统的角度来看,它们不属于上述7类,其主要是由副高南侧东风波系统、季风云团或冷涡后侧带来的大暴雨,它们分别是2009年8月3日大暴雨、2020年8月28日大暴雨和2020年9月16日大暴雨。

表4-9　1992—2022年静止锋雨带型大暴雨日

1992—2000 年		2001—2010 年		2011—2022 年	
1993-6-14	1997-7-10	2001-6-23	2007-7-7	2011-6-10	2016-7-1
1993-7-17	1998-7-23	2001-6-25	2008-5-27	2011-6-17	2018-7-4
1993-7-26	1999-6-10	2001-8-8	2008-6-10	2012-6-17	2019-6-20
1994-6-12	1999-6-26	2001-8-9	2008-6-13	2012-6-26	2019-6-29
1995-6-20	1999-6-27	2002-8-15	2008-8-25	2014-6-21	2020-6-5
1995-6-24	1999-6-30	2002-8-7	2009-7-21	2014-7-15	2020-7-15
1995-7-2	—	2004-6-24	2010-6-29	2014-8-31	2020-7-5
1995-7-5	—	2004-8-22	2010-7-4	2015-6-26	2020-7-6
1996-6-25	—	2006-6-22	—	2015-6-27	2021-7-1
1996-7-5	—	2006-7-8	—	2016-6-16	2021-7-8
1997-6-25	—	2007-6-23	—	2016-6-19	—

表4-10　1992—2022年副高边缘强对流型大暴雨日

1992—2000 年		2001—2010 年		2011—2022 年	
1993-8-2	1997-8-25	2001-8-29	2010-8-26	2011-8-13	2021-8-11
1993-8-4	1999-8-11	2001-8-7	2010-8-30	2013-9-13	2021-8-13
1993-8-6	1999-8-14	2003-8-18	—	2014-8-7	2021-8-14
1994-7-16	1999-8-9	2009-7-30		2016-7-7	
1995-8-20	1999-9-1	2009-8-1		2017-8-19	
1995-8-7	2000-8-19	2009-8-2		2017-8-29	
1997-8-23	—	2009-8-21		2019-7-24	

表4-11　1992—2022年台风本体或外围螺旋雨带型大暴雨日

1992—2000 年	2001—2010 年		2011—2022 年				
1994-10-9	2005-8-6	2009-8-9	2012-8-8	2015-9-29	2019-8-10	2021-7-26	
1997-8-18	2005-9-11	—	2013-10-7	2016-9-15	2019-9-5	2021-9-13	

(续表)

1992—2000 年	2001—2010 年	2011—2022 年			
1998-9-28	2007-10-7	—	2013-10-8	2018-8-12	2020-8-4	2022-9-13
2000-9-14	2007-10-8		2015-8-23	2018-8-16	2021-7-24	2022-9-14
2001-8-5	2007-9-18		2015-8-24	2019-10-1	2021-7-25	

表 4-12 1992—2022 年台风倒槽型大暴雨日

1992—2000 年		2001—2010 年	2011—2022 年		
1993-8-18	1999-9-2	2001-7-6	2015-8-22	2016-10-22	2021-9-11
1993-9-17	—	2004-7-3	2015-8-31	2017-9-24	2022-9-12
1999-8-21		2008-6-27	2015-9-1	2017-9-25	
1999-8-23			2016-10-21	2018-9-16	

表 4-13 1992—2022 年暖式切变线型、低槽冷锋型和江淮气旋型大暴雨日

暖式切变线型（暖区辐合线）		低槽冷锋型	江淮气旋型			
2004-7-14	2009-6-27	2009-11-9	1995-5-19	2013-6-7	2017-6-10	2022-6-5
2007-8-5	2018-5-25	—	2000-5-25	2015-6-2	2022-4-13	—

按照春季（3—5 月）、夏季（6—8 月）、秋季（9—11 月）和冬季（12 月—次年 2 月）对各类型大暴雨的发生次数进行统计。结果显示，夏季占比最大，约 77.2%，其次为秋季。在静止锋雨带型、副高边缘强对流型大暴雨中，夏季占比最多，分别占 98.2% 和 93.8%。在台风本体或外围螺旋雨带型、台风倒槽型大暴雨中，秋季略多于夏季，秋季约占 55%，夏季约占 45%。暖式切变线型大暴雨夏季多于春季，占比分别为 75% 和 25%。江淮气旋型大暴雨夏季略多于春季，占比分别为 57.1% 和 42.9%。具体结果见表 4-14。

表 4-14 1992—2022 年各类型大暴雨季节分类

季节		静止锋雨带型	副高边缘强对流型	台风本体或外围螺旋雨带型	台风倒槽型	暖式切变线型	低槽冷锋型	江淮气旋型	合计 1
春季	日数/日	1	—	—	—	1	—	3	5
	占比	1.8%	—	—	—	25.0%	—	42.9%	3.4%
夏季	日数/日	56	30	14	8	3	—	4	115
	占比	98.2%	93.8%	46.7%	44.4%	75.0%	—	57.1%	77.2%
秋季	日数/日	—	2	16	10	—	1	—	29
	占比	—	6.2%	53.3%	55.6%	—	100.0%	—	19.4%

(续表)

季节		静止锋雨带型	副高边缘强对流型	台风本体或外围螺旋雨带型	台风倒槽型	暖式切变线型	低槽冷锋型	江淮气旋型	合计1
冬季	日数/日	—	—	—	—	—	—	—	—
合计2	日数/日	57	32	30	18	4	1	7	149

第二节 积水灾害

上海地处亚热带南缘和东亚季风区,位于长江流域和太湖流域下游,滨江临海,地势低平,属于典型的平原感潮河网地区。在汛期,上海常受台风、强对流天气以及梅雨等引发的强降雨影响,进而造成城市内涝,引发积水灾害。据统计,1992—2022年,上海几乎每年都会发生不同程度的暴雨积水灾害,导致道路、农田、房屋等受淹,造成经济损失。暴雨积水灾害的发生时间主要集中在每年的汛期(6—9月),发生地点多为城市低洼路段、下立交积水点和老旧居民住宅。

一、积水的定义

积水是指因强降雨或连续性降雨超过城市排水能力,从而导致城市内出现积水灾害的现象。设计暴雨重现期标准偏低的地区、道路低洼地段和下穿路段等都属于易积水区域。此外,一些排水系统的泵站及主干管线虽已建成,但收集支管由于种种原因尚未完善,致使实际排水能力无法达到系统标准,这种情况同样会导致积水。

市政道路积水主要是指积水深度达到路边≥15 cm(即与道路侧石齐平)或道路中心有积水,积水时间≥1 小时(雨停后),积水范围≥50 m²。

街坊积水主要是指积水深度≥10 cm,积水时间≥0.5 小时(雨停后),积水范围≥100 m²。

二、历年积水情况统计

为了对上海地区暴雨积水的受灾情况展开总体分析,主要从住宅进水户数和积水路段数这两方面进行考量。由于住宅进水户数以及积水路段数均受到降雨强度的直接影响。因此,将住宅进水户数和积水路段数作为研究暴雨积水受灾情况的主要依据,而将受灾人口数作为辅助参考依据。

1992—2022 年上海地区的积水情况见表 4-15。在有统计数据的年份里,平均每年的积水路段数近 356 条段,年均住宅进水户数约为 2.1 万户。经分析发现,道路暴雨积水路段数与住宅进水户数之间呈现出一定的正相关关系,即当积水路段数增多时,住宅进水户数也会随之增加。

表 4-15　1992—2022 年上海地区积水情况统计

年份	积水路段数/条段	住宅进水户数/户
1992	80	1 600
1993	746	10.8 万
1994	100	6 700
1995	1 200	10.1 万
1996	440	4.0 万
1997	200	1.0 万
1998	150	2 900
1999	330	5.2 万
2000	260	4 000
2001	900	9.0 万
2002	90	1 300
2003	30	410
2004	70	840
2005	240	5.0 万
2006	80	1 510
2007	510	1.0 万
2008	400	1.5 万
2009	210	1.3 万
2010	180	300
2011	160	220
2012	610	2.0 万
2013	1 347	10.5 万
2014	130	10
2015	630	4 000
2016	40	400（含商铺）
2017	202	445
2018	155	4
2019	485	600
2020	109	130
2021	760	1.3 万
2022	200	50

1992年，汛期时中心城区道路积水路段数达到80条段，有1600余户居民家中进水。其间，受9216号台风"Polly"影响，8月30—31日，市区的安远路、重庆南路、西宝兴路等少数路段出现短时积水，杨浦、徐汇、宝山、普陀、闸北等区有1300多户居民家中出现短时进水10～30 cm的情况。

1993年，汛期时中心城区道路积水路段数达到746条段，有10.8万余户居民家中进水。8月20日，上游米市渡站的潮位超过历史纪录，达3.96 m，青浦县、松江县、金山县三县遭受外洪内涝夹击，共计18个乡镇、240个村、约42万人受灾，5 101 hm² 农田受淹，1 993户居民家中进水，158家乡镇企业进水，直接经济损失达0.10亿元。

1994年，汛期时全市共13个街道、2.01万人受灾，直接经济损失达930万元。7月15—16日，受黄淮雷雨区东移影响，上海出现了两次强对流天气，杨浦区、浦东新区和宝山区共计13个街道、1.98万人受灾，11个城镇出现积水，约6 600户居民家中进水，200 hm² 菜地受灾，15家企业因进水导致部分停产，共造成直接经济损失227万元。10月10—11日，受9430号台风外围影响，全市普降暴雨，恰逢天文大潮，导致内河水位猛涨，局部河段漫溢，部分道路出现积水，近百户居民家中进水。

1995年，汛期时全市共有20个区县、185个街道、乡镇不同程度受灾。10.1万余户居民家中进水，33.25万人受灾，6人死亡，52人受伤，道路积水达1 200余条段，268间房屋倒塌，445间房屋损坏，1.30万 hm² 农作物受灾，直接经济损失达1.58亿元。

1996年，汛期时全市20个区县不同程度受灾，道路积水440余条段，近4.0万户居民家中进水，18.80万人受灾，5人死亡，60间房屋倒塌，240间房屋损坏，4.25万 hm² 农作物受灾，直接经济损失达1.04亿元。

1997年，汛期时全市20个区县不同程度受灾，道路积水200余条段，1.0万余户居民家中进水，16.26万人受灾，7人死亡，540间房屋倒塌，2 700间房屋损坏，5.14万 hm² 农作物受灾，其中成灾2.01万 hm²，直接经济损失达6.66亿元。

1998年，汛期时全市12个区县不同程度受灾，道路积水约150条段，2 900余户居民家中进水，约1.16万人受灾，直接经济损失超过4 000万元。7月26日，黄浦江米市渡站潮位达3.92 m，造成松江区部分工厂企业、民房进水、二麦、油菜田大面积积水。

1999年，汛期时全市20个区县不同程度受灾，道路积水约330条段，5.2万余户居民家中进水，20.17万人受灾，1 059间房屋倒塌，2 449间房屋损坏，8.53万 hm² 农作物受灾，其中成灾3.60万 hm²，直接经济损失达9.6亿元。梅雨期全市积水路段230条段，4.7万户居民家中进水，8.45万 hm² 农田遭淹，16.17万人受灾，全市累计经济损失约8.71亿元。

2000年，全市洪涝受灾面积达1.86万 hm²，其中成灾面积为1.30万 hm²，10.63万人受灾，200间房屋倒塌，经济损失达2.07亿元。全市道路积水260余条段，约4 000户居民家中进水。8月31日，受第12号台风"派比安"影响，市区100多条段道路积水，3 000余户居民家中进水；米市渡段因黄浦江潮水经下水道倒灌受淹，积水面积约2 500 m²，积水最深处达40 cm；奉贤县有173.33 hm² 农田受淹，419间民宅进水。9月13日，受第14号台风"桑美"影响，市区40多条段道路积水，720多户居民家中进水；奉贤县637.73 hm² 农田受淹。

2001年,全市道路积水900余条段,9.0万余户居民家中进水。汛期时全市先后遭到暴雨、龙卷风和台风等灾害侵袭,洪涝面积达6.59万 hm², 其中成灾面积为5.26万 hm², 受灾人口25.27万人,直接经济损失达3.24亿元。7月6日,受第4号台风"尤特"倒槽和弱冷空气共同影响,上海中北部地区出现强降雨,崇明县、嘉定区和闸北区等多地出现积水情况,1 000余户居民家中进水。

2002年,全市洪涝受灾面积达3.06万 hm², 其中成灾面积为1.11万 hm², 受灾人口10.82万人,7人死亡,直接经济损失4.25亿元。全市道路积水90余条段,1 300余户居民家中进水。

2003年,全市洪涝受灾面积达1.08万 hm², 其中成灾面积为7 900 hm², 受灾人口0.4万人,1人死亡,直接经济损失0.18亿元。全市30余条段道路出现积水,410余户居民家中进水。

2004年,全市70余条段道路出现积水,8个居民小区、840余户居民家中进水,6家企业的厂区、车间进水,超过0.17万 hm² 农田和233.33 hm² 果树受淹。受灾面积4 650 hm², 其中成灾面积为3 010 hm², 受灾人口1.79万人,直接经济损失达5 074万元。

2005年,全市受灾农田面积为6.52万 hm², 受灾人口103.69万人。其中,两场台风(第9号台风"麦莎"和第15号台风"卡努")累计造成中心城区240多条段道路出现严重积水,5.0万余户居民家中进水。

2006年,全市80余条段道路出现积水,1 510余户居民家中进水。7月8—9日,强降雨使得浦东新区、崇明县、杨浦区、虹口区等地小时雨量高达70~148 mm,浦东新区、杨浦区、虹口区、闸北区等地60多条段道路出现积水,崇明县的向化、中兴、陈家镇等地也出现较为严重的积水。

2007年,全市道路积水510余条段,1.0万余户居民住宅及商户进水。两场台风(第12号台风"韦帕"和第16号台风"罗莎")累计造成全市直接经济损失1.77亿元,受灾人口5.81万人,受灾农田2.24万 hm², 354条段道路积水,9 671户居民家中进水。

2008年,全市共有15个区县、58个乡镇、5.07万人受灾,直接经济损失400万元,全市道路积水近400条段,30多个居民小区、1.5万余户居民住宅进水。其中,仅"8·25"暴雨就造成170条段道路积水,受灾人口3.44万人。

2009年,全市共有19个区县、89个乡镇、4.63万人受灾,直接经济损失3.32亿元,其中农林牧渔业损失3.27亿元。农作物受灾面积达1.70万 hm², 成灾面积为2 273.33 hm², 水产养殖损失面积为110 hm², 数量0.02万 t。全市210余条段道路、近10处下立交出现积水,60多个居民小区、1.3万余户居民住宅进水。

2010年,全市有1个区县、2个乡镇、约500人受灾,直接经济损失42万元,农作物受灾面积为2 hm²。全市180余条段道路、3处下立交出现积水,50多个居民小区、300余户居民住宅进水。

2011年,全市近160条段道路出现积水,近220户居民家中进水,约36个居民小区出现积水,3家商铺进水,221.2 hm² 农田受淹。

2012年,全市610余条段道路出现积水,63处下立交积水,近100个居民小区积水,2.0万余户居民家中进水,5家工厂进水,5 203 hm² 农田受淹。

2013 年,全市 1 347 余条段道路出现积水,110 处下立交积水,900 余个居民小区、10.5 万户居民家中进水,13 家地下商场和 1 处下沉式广场进水,220 座地下车库进水,4.27 万 hm^2 农田受淹。直接经济损失约 9.53 亿元。

2014 年,嘉定、松江、闸北、宝山、浦东、徐汇、长宁、普陀、闵行、青浦这 10 个区的部分道路出现积水,10 余处下立交积水,10 余户民居进水,13.33 hm^2 农田受淹。

2015 年,全市 630 余条段道路出现积水,115 处下立交积水,4 000 余户居民家中、1 000 余家商铺、94 座地下车库进水。

2016 年,全市 40 余条段道路出现积水、近 30 处下立交、10 多个居民小区出现积水,400 余户居民家中及商铺进水。全市 16 个区 26 个乡镇受灾,受灾人口 1.45 万人,农作物受灾面积约 1 800 hm^2。

2017 年,全市 202 条段道路出现积水,49 处下立交积水,109 个小区积水,445 户居民家中进水,239 户商铺进水,1 264.93 hm^2 农田受淹。

2018 年,全市 155 条段道路出现积水,12 处下立交积水,4 户居民家中进水,1 700 hm^2 农作物受淹。

2019 年,全市 485 条段道路出现积水,70 处下立交积水,603 个小区积水,农作物受灾面积达 3 548 hm^2,其中成灾面积为 1 280 hm^2。

2020 年,全市 109 条段道路出现积水,52 处下立交积水,103 个小区积水,地下空间积水 4 处,130 户房屋受损,6 663 hm^2 农田受淹,106 套蔬菜大棚受损,4 人受伤。

2021 年,全市 760 余条段道路出现积水,90 余处下立交积水,1.3 万余户居民家中进水,156 个小区积水,21 处地下空间进水;1 100 hm^2 农田受淹、625.33 hm^2 菜田受淹,2 400 hm^2 其他经济作物受淹。

2022 年,全市道路积水 200 余条段,50 余户居民家中进水。9 月 13—15 日,受第 12 号台风"梅花"影响,全市 160 条段道路积水,10 处下立交积水,14 个小区积水,11 户居民家中进水。

三、积水原因

(一) 城镇道路积水的主要原因

(1) 降雨强度较大。根据上海市第一次水旱和海洋灾害风险普查的结果,自 1978 年以来,上海的暴雨事件呈现出频次增多、总量增大、强度增强的明显趋势。特别是台风外围的东风扰动和倒槽现象,往往会引发极端性强降雨。在台风暴雨过程中,降雨量大、雨势猛烈,伴随的风力也极为强劲,风和雨的共同作用极大地增加了积水风险。

(2) 排水能力不足。截至 2022 年底,中心城排水能力达 3~5 年一遇的面积占比约 19.4%;全市排水能力达 3~5 年一遇的面积占比约 17.9%。特别是老城区,由于缺少地块整体开发计划,排水系统提标工作难以推进,一旦遭遇超标准暴雨,就容易引发积水问题。随着长三角区域经济的快速发展,城区和流域建设用地不透水面积大量增加,防洪排涝工程建设迅速推进,流域水情、工情出现新变化,上游来水显著增多,这给地处下游的上海带来新压力。

(3)设施管理欠缺。一方面,管道淤积会挤占排水空间。有些排水系统建设完成后未及时移交,导致管道失养,泵站存在开泵不及时、运行不正常等情况;另一方面,管道堵塞会造成排水不畅。随着公园城市建设的深入推进,树叶量不断增加,雨天时容易堵塞雨水口,中心城区的部分道路在落叶季时针对雨水口甚至需要三天清捞一次。

(4)其他工程影响。有些建设工程的施工单位防汛意识淡薄,存在违反《上海市排水与污水处理条例》的行为,诸如擅自封堵排水管道、施工区域内的排水管道失养积泥、擅自改排管道等,且这些行为时有发生,这对排水设施的正常运行造成影响。

(二)城镇街坊积水的主要原因

(1)道路存在积水。街坊小区的积水主要通过公共排水管网排出。倘若街坊小区的道路积水未退,管网中的水位不降,那么街坊小区的积水较难排出。

(2)街坊地势低洼。随着市政道路的改建,道路地势被逐渐抬高,而有的街坊小区地势低洼。每逢降雨,这些低洼区域便会汇集地面径流,进而形成积水,造成内涝灾害。

(3)处于系统末梢。部分小区位于排水系统末端,排水速度迟缓,退水过程漫长,这往往会导致积水,或延长积水的持续时间。

(4)物业管理不善。街坊小区的管道应由小区物业部门负责管理维护,若物业部门管理不善,对小区内部管道疏于疏通,不经常清理出口井,就会导致排水不畅,引发积水问题。此外,在小区改建过程中,如果没有对小区内部管道进行翻排,可能会造成内部管道倒坡、截断等情况的发生,这同样会导致街坊小区积水。

(三)郊区积水的主要原因

(1)地势低洼,外排能力不足。低洼地区本身就是暴雨汇集的区域,为了合理利用这些土地,并避免受涝灾侵袭,需要通过兴建水利控制工程,将同样高程的低洼地区连成一片,在其外围建设堤防、水闸和泵站,采用"围起来,打出去"的方法保障圩区的除涝安全。然而,一旦外排能力不足,这类地区必然会受淹,这便是低洼地区容易受涝的主要原因。

(2)水面率低,调蓄能力偏弱。上海属平原感潮河网地区,地势低平,暴雨期间外河水位较高(高潮位和上游高水位综合作用的结果),涝水较难排出。改革开放初期,随着城镇化进程的不断深入,工业化快速发展以及人口数量的激增,在城市开发建设过程中"与水争地"现象时有发生。大量河道被填或缩窄导致河湖水面率偏低、水系不畅、河道密度过稀,从而使得河道调蓄能力不足且空间分布不均匀,河道的输排水能力以及雨水调蓄能力与上海市的除涝要求之间存在较大差距。

(3)预降不够,调蓄空间有限。部分区域受排水动力、河道通航、工农业用水等条件的限制,无法按照调度要求将水位预降到位,特别是一些地势低、常水位较高的区域,河道的有效调蓄空间不足,这就很容易引发局部性涝灾。

(4)超标降水,设防标准偏低。受全球气候变化影响,短历时强降雨呈增加趋势,当遭遇强降雨时,往往来不及采取预降措施,部分区域出现超过规划设计标准的降雨,远远超出了现状除涝工程的设防能力,从而导致涝灾发生。例如,1977年8月21日晚至22日晨上海发生有记录以来的最大暴雨,暴雨中心位于宝山塘桥附近。此次暴雨三日降雨量达

591.8 mm,最大 24 小时降雨量为 581.3 mm,最大 12 小时降雨量为 567.7 mm,最大 6 小时降雨量为 460.0 mm,最大 3 小时降雨量为 305.4 mm,最大 1 小时降雨量为 151.4 mm,各时段降雨量均创下有记录以来的历史之最。400 mm 以上总雨量笼罩面积约 230 km²(东到吴淞,西到南翔,南到彭浦,北到罗店),市区普陀、闸北、虹口、杨浦四个区的北部地区以及嘉定、宝山地区一片汪洋,水淹深度浅处 20~30 cm,深处超过 1 m。

第三节 影响上海的重大暴雨积水灾害

就上海而言,造成积水的暴雨类型主要有强对流型暴雨、梅雨型暴雨、台风型暴雨这三类。对 1992—2022 年的暴雨情况进行统计分析后发现,较为典型的暴雨积水共有 18 次,其中强对流型暴雨积水 5 次、梅雨型暴雨积水 2 次、台风型暴雨积水 11 次。

一、强对流型暴雨积水

强对流型暴雨大多表现出历时短、强度大、局部性等特点,较为典型的强对流型暴雨积水主要发生在 1993 年、2001 年、2008 年、2013 年和 2017 年。

(一) 1993 年 8 月 2 日暴雨积水

1993 年 8 月 2 日,受长江下游中低空强西南气流同江北高层干冷空气交汇影响,上海全市普降暴雨。中心城区日雨量以黄浦区的 105 mm 为最大,其余各区的日雨量均在 70 mm 以上,此次暴雨致使全市 238 条段道路出现积水,积水深度在 10~50 cm 不等,4 万余户居民家中进水。上海虹桥国际机场因积水导致 18 架飞机无法按时起降,千余名旅客滞留机场。

(二) 2001 年 8 月 5—9 日暴雨积水

2001 年 8 月 5—9 日,受热带云团和静止锋强降雨云团的影响,连续 5 天出现暴雨和特大暴雨天气。8 月 5 日 14 时—8 月 9 日 14 时,徐家汇站累计雨量达 480.0 mm,这是上海自 1873 年以来 8 月连续 5 天的雨量之最;8 月 5—6 日的日雨量达 275.0 mm,这是上海解放 50 年来前所未有的。另外,浦东新区孙桥地区在 8 月 6 日还出现了龙卷风。据统计,连续大暴雨造成市中心城区 476 条段道路出现积水,积水深度大于 30 cm(含)的有 58 条段,积水深度大于 50 cm(含)的有 7 条段,324 个街坊进水,4.78 万户企业及居民家中进水,1.49 万户因屋损屋漏进行报修;市郊区县有 101 条段道路出现积水,1.70 万户居民和企业进水受灾,1.01 万 hm² 农田受淹,部分小区积水深度达 60~70 cm。

(三) 2008 年 8 月 25 日暴雨积水

2008 年 8 月 25 日早高峰,雷暴雨突袭中心城区,其中徐汇区早晨 7:00—8:00 的 1 小时雨量达 117.5 mm,这是徐家汇气象站有气象记录 130 多年来最大 1 小时雨量,超过

"100年一遇"暴雨标准。卢湾、长宁、普陀、黄浦、浦东、闵行等地的雨量均超过100.0 mm。此次雷暴雨造成170条段道路积水,积水深度为10~60 cm,1.4万户居民家中进水,中环路吴中路地道因积水严重而中断交通24小时。

(四) 2013年9月13日暴雨积水

2013年9月13日,上海市中心城区突降大暴雨,强度为上海市自1992年以来最大的一次。全市21个水情遥测站的雨量达到了100 mm的大暴雨标准,74个测站的雨量达到了50 mm的暴雨标准。其中,雨量最大的是浦东后滩,达到154.1 mm;其次是世纪公园,雨量为141.2 mm。小时降雨强度超过100年一遇暴雨标准的雨量站有10个,分布在浦东、黄浦、长宁、杨浦、普陀等区,其中浦东新区世纪公园最大1小时雨量达127.3 mm,超过2008年"8·25"暴雨时的最大1小时雨量117.5 mm。据统计,这场暴雨造成全市150余条段道路出现积水,积水深度为10~60 cm,5 000余户居民家中进水,进水深度为5~20 cm。暴雨还导致中心城区道路交通拥堵加剧,浦东新区局部地区交通一度瘫痪,轨道交通2号线、6号线先后发生长时间故障,虹桥机场70多架次航班延误。

(五) 2017年9月24—25日暴雨积水

2017年9月24—25日,上海全市两天的平均雨量达118.4 mm,中心城区平均雨量为151.4 mm。本轮降雨雨量集中,雨强较大且持续时间较长,全市200多条段道路、近50处下立交、100多个小区发生积水,445户居民住宅、239户商铺进水,1 264.93 hm² 农田受淹。其中,嘉定区受灾最为严重,96条段道路、14处下立交、20个小区发生积水,225户居民住宅、39户商铺进水,154.93 hm² 农田受淹;浦东新区19处下立交出现积水;青浦区和崇明区农田受淹面积较大,其中青浦区农田受淹面积为376.80 hm²,崇明区农田受淹面积为733.20 hm²。

二、梅雨型暴雨积水

典型梅雨造成的城市积水灾害对上海的影响较大。较为典型的梅雨型暴雨积水主要发生在1999年和2020年。

(一) 1999年梅雨积水

1999年,上海于6月7日入梅,7月20日出梅,梅雨期长达43天,比常年梅雨期多了23天,梅雨量达815.4 mm。在梅雨期间,徐家汇站共监测到8次暴雨,其中2次大暴雨,暴雨次数之多追平了徐家汇设站观测126年以来的最多暴雨纪录。据统计,在1999年梅雨期间,中心城区累计有220条段道路发生积水,4.7万户居民家中进水,8.45万 hm² 农田受淹,全市受灾人口达16.17万人,经济损失约8.71亿元。

(二) 2020年梅雨积水

2020年,上海遭遇超长梅雨,梅雨期长达42天,较常年多了21天。在这期间,暴雨日

13 天,尤其 7 月 5—7 日,受较强降水云团影响,嘉定、普陀、闵行等 8 个区出现积水现象,其中 81 条段道路、29 处下立交、45 个居民小区发生积水,4 处地下空间进水,130 户房屋受损,929.70 hm² 农田受淹,106 套蔬菜大棚受损。

三、台风型暴雨积水

(一) 0509 号台风"麦莎"暴雨积水

2005 年 8 月 6 日,受台风"麦莎"影响,全市普降大暴雨,局部地区出现特大暴雨。南汇区的周浦、芦潮港、奉贤区的青村,以及市区的普陀区、徐汇区、长宁区和虹口区的降雨量都超过了 200.0 mm。其中,周浦雨量最大,日雨量达 292.0 mm。市区徐家汇站最大 1 小时雨量为 42.0 mm。据统计,台风"麦莎"造成全市受灾人口达 94.6 万人,直接经济损失达 13.58 亿元。中心城区有 200 余条段道路积水,5 万余户居民家中进水。虹桥、浦东两个机场取消起降航班约 1 000 架次,受阻旅客约 10 万人。

(二) 1211 号台风"海葵"暴雨积水

2012 年 8 月 7 日夜间至 8 日夜间,受台风"海葵"影响,全市普降大暴雨到特大暴雨,平均雨量为 124.6 mm,最大累计雨量出现在普陀区真南北,达 260.9 mm,最大 1 小时雨量为该站的 61.8 mm。全市有 233 个测站的累积雨量超过 100 mm,22 个测站的累计雨量超过 200 mm。据统计,台风"海葵"造成全市受灾人口 40.83 万人,直接经济损失达 6.64 亿元。全市 400 条段道路瞬时积水,2 万余户居民家中进水,进水深度为 5~20 cm,1.15 万 hm² 农作物受灾。

(三) 1323 号台风"菲特"暴雨积水

台风"菲特"影响期间,全市普降大暴雨到特大暴雨,最大 24 小时降雨量达 332.0 mm。2013 年 10 月 7 日 0 时—8 日 12 时,全市 439 个测站中有 24 个测站的累计雨量超过 300 mm,其中,累计雨量最大的是松江工业区,达 372.8 mm,274 个测站的累计雨量超过 200 mm。台风"菲特"引起的累计雨量大于 2005 年台风"麦莎"以及 2012 年台风"海葵"引起的累计降雨量,48 小时累计雨量为上海 1999 年梅雨以来最大的一次。24 小时雨量是上海市 52 年来最大的一次。据统计,全市受灾人口 12.4 万人,直接经济总损失约 9.53 亿元。中心城区 97 条段道路、1 080 条段市郊道路(含乡村道路)、109 处下立交、900 余个居民小区发生积水,10 万余户居民家中和商铺进水,129 处地下车库进水,2.73 万 hm² 农田受灾。

(四) 1509 号台风"灿鸿"暴雨积水

受台风"灿鸿"影响,上海出现明显风雨天气,2015 年 7 月 11—12 日,全市普降大到暴雨,在 448 个雨量测站中有 350 个测站的累计雨量达到 50~100 mm,最大累计雨量为黄浦区复兴公园站,达 121 mm,降雨主要集中在黄浦、静安、虹口等区。最大 1 小时雨量为虹口区民晏站,达 53.7 mm,接近上海市"5 年一遇"排水设施防御标准。据统计,全市 1.13 万 hm² 农田受淹,50 余条段道路发生积水,直接经济损失达 2.6 亿元。

(五) 1614号台风"莫兰蒂"暴雨积水

2016年9月15日12时—16日12时,受台风"莫兰蒂"影响,全市普降大暴雨,局部地区出现特大暴雨。全市642个测站中有12个测站的累计雨量超过300 mm,28个测站的雨量达200~300 mm,387个测站的累计雨量达100~200 mm,209个测站的累计雨量达50~100 mm。其中,累计雨量最大的是浦东新区万亩良田站,达到394.0 mm。本次降雨中,超过36 mm/h("1年一遇"标准)的站点有61个,超过58 mm/h("5年一遇"标准)的站点有24个,主要集中在浦东新区和崇明区。最大1小时雨量出现在崇明区陈家镇新城站,达到93.5 mm,超过"60年一遇"标准。据统计,此次强降雨共造成全市30余条段道路、20余处下立交、10多个居民小区发生积水,400余户居民家中和商铺进水,7 533.33 hm² 农田受灾,1.44万人受灾,直接经济损失约2 400万元。

(六) 1810号台风"安比"暴雨积水

2018年7月21—22日,受第10号台风"安比"影响,上海出现明显的风雨天气,全市平均降雨量为38.8 mm,暴雨主要集中在崇明区、宝山区和浦东新区。过程雨量单站最大的是崇明区圆沙泵闸站,为112.0 mm。此次台风导致全市19条段道路积水,受灾经济作物面积约729.25 hm²,直接经济损失约3 193万元。

(七) 1909号台风"利奇马"暴雨积水

2019年8月9—10日,受第9号台风"利奇马"影响,全市普降暴雨到大暴雨,大暴雨主要集中在奉贤区、闵行区、嘉定区、浦东新区等区,过程雨量最大的是奉贤区中港闸(内),为272.0 mm,最大1小时雨量出现在闵行区七宝,达102 mm。据统计,受台风"利奇马"影响,全市43处下立交积水,389条段道路积水,409个居民小区进水,2 400 hm² 农田受淹。

(八) 2004号台风"黑格比"暴雨积水

2020年8月5日,受第4号台风"黑格比"影响,全市普降暴雨到大暴雨,金山区、奉贤区、松江区出现特大暴雨,过程雨量最大的是金山区廊下站(气象),为334.1 mm。22个下立交站点监测到积水,主要分布在金山、松江、青浦等6个区,积水最深的是金山铁路友谊七组下立交等5处,积水深度达1 m以上。全市58个居民小区出现积水,约5 733.33 hm² 农田菜地受灾,虹桥、浦东两个机场600多架次航班延误或取消,铁路上海站29个列车车次临时停运,5条轮渡线停航,2条公交线路停运。

(九) 2106号台风"烟花"暴雨积水

2021年7月23—28日,受第6号台风"烟花"影响,上海出现风、暴、潮、洪"四碰头"的情况。7月26日全市出现大到暴雨,局部出现大暴雨。7月23—28日,全市平均累计雨量为286.1 mm。在全市654个测站中,达到特大暴雨标准的有541个,达到大暴雨标准的有106个,达到暴雨标准的有3个。单站雨量最大的是金山区的金山站(气象),为506.7 mm。据统计,台风"烟花"造成全市受灾人口达40万人,农作物受灾面积达1.57万 hm²,水产养殖受灾面积 333.17 hm^2，直接经济损失 7.77 亿元(其中农林牧渔业损失 7.19 亿元，约占 92.5%)。全市 646 条段道路、62 处下立交、154 个小区出现积水，3 547 户居民家中和 21 处地下空间进水。

(十) 2114 号台风"灿都"暴雨积水

2021 年 9 月 12—16 日，受第 14 号台风"灿都"影响，全市大部分地区出现暴雨，局部地区出现大暴雨，全市平均累计雨量为 102.1 mm，最大降雨量出现在浦东新区，为 132.4 mm，单站过程雨量最大的是浦东新区南汇站，为 188.7 mm。全市 28 条段道路、6 处下立交、7 个居民小区出现积水，49 处供电中断(影响 1.3 万户)。

(十一) 2212 号台风"梅花"暴雨积水

2022 年 9 月 12—14 日，受第 12 号台风"梅花"影响，全市普降暴雨到大暴雨，全市平均累计雨量为 139.2 mm，其中，14 日降雨量最大，为 99.1 mm，最大 1 小时雨量出现在金山廊下站，为 47.5 mm。在全市 731 个测站中达到大暴雨标准的有 391 个，达到暴雨标准的有 320 个，达到大雨标准的有 15 个。据统计，台风"梅花"造成全市农作物受灾面积达 4 160.70 hm^2，直接经济损失 0.70 亿元。全市 160 条段道路、10 处下立交、14 个居民小区发生积水，11 户居民家中进水。

第五章

流域洪水灾害

上海地处长江三角洲前缘,位于长江和太湖流域下游,其上游洪水主要为长江流域洪水和太湖流域洪水。

长江口呈"三级分汊、四口入海"的河势格局,长江流域洪水进入河道宽广的主要泄洪通道长江口南支,再下泄至东海,对长江口区域增水影响较小,虽然对黄浦江来水具有一定的顶托作用,但影响不大。

影响上海的洪水主要来自太湖流域。太湖外排洪水主要经太浦河进入黄浦江,流经市区后排入长江口再下泄至东海。当上游太湖洪水下泄时,若与高潮或地区性大暴雨相遇,将会大幅度地抬高黄浦江水位,从而严重影响沿江地区排涝,尤其是上海西部的低洼地区,其洪涝灾害将会进一步加剧。

第一节 太 湖 洪 水

一、流域概况

太湖流域位于长江三角洲南翼,北依长江,东临东海,南滨钱塘江,西以天目山、茅山等山区为界,位于东经119°08′~121°55′、北纬30°05′~32°08′之间,面积达3.69万km^2。

太湖流域在行政区划上涵盖上海市、江苏省、浙江省和安徽省,是我国城市化发展水平最高、经济最发达的地区之一,也是洪涝灾害较为严重的地区之一。2022年,太湖流域人口达到6 825万人,约占全国总人口的4.8%;地区生产总值为118 173亿元,约占全国国内生产总值(GDP)的9.8%;太湖流域人均GDP约为17.3万元,是全国人均GDP的2倍。太湖流域属于亚热带季风气候区,易受梅雨、台风等多种致灾天气袭扰,且滨江临海,地势低洼,地形坡降小,受潮汐顶托影响,洪水外排不畅,所以洪涝灾害多发,造成的损失巨大。

太湖流域根据地形特点、水系分布及洪涝特征可分为八个水利分区,分别是湖西区、浙西区、太湖区、武澄锡虞区、阳澄淀泖区、杭嘉湖区、浦西区和浦东区。上海主要位于浦西区和浦东区,另有部分区域属于阳澄淀泖区和杭嘉湖区。在太湖流域治理洪水的过程中,依据《太湖流域综合治理总体规划方案》,统筹考虑太湖上游洪水的调蓄、泄洪以及下游低洼地区的排涝,做到上下游兼顾,对洪涝水进行规划,以保证流域主要保护区的安全。在流域治理的基础上,各水利分区采取扩排增蓄以及低洼易涝地区圩区整治等措施,进一步完善防洪除涝工程体系,形成洪水太湖调蓄、北排长江、东出黄浦江、南排杭州湾,流域、区域和城市三个层次相结合的防洪总体格局。

二、流域洪水概况

太湖古称震泽,根据文献记载,太湖下游出水主要通过松江、东江和娄江这三条干流。在当时,湖东地区集镇、农田不多,太湖出水路径既短又畅,排水条件好,所以流域内的洪涝灾害相对较少。在历史上,受中国三次大规模人口南迁影响,大量人口涌入太湖流域,流域人口急剧增加,随之而来的是毁林垦山、封江围湖现象极为严重,致使水系堵塞、湖泊淤潭,太湖排水不畅,其抵御水旱灾害的能力严重下降。据历史资料记载,公元317—1949年太湖流域共发生大水灾、特大水灾98次,平均大约每16年就会发生一次。

1949—1990年,太湖流域大量湖泊和河道水面被围圈起来用于圩垦殖,于是便出现了与水争地的情况,致使泄洪容积减少,泄洪出路不足,且时有洪水破堤泛滥的情况发生。特别是随着圩区建设以及圩区标准的不断提高,洪涝水大量排入江河,这不仅加剧了外河的洪水压力,也使得流域内的洪涝灾害进一步恶化。1949—1990年期间发生了两次比较严重的大洪水,分别是在1954年和1962年。

1954年,太湖流域于6月1日入梅,8月2日出梅,梅雨期长达62天。由于当时水利工程基础较为薄弱,连续普降大雨导致全流域约1/4平原受灾,大部分地区的水位突破了历史纪录,受灾农田面积达52.33万hm^2。1962年,台风过境致使流域大面积降雨,部分地区的暴雨还引发了山洪。此次灾害导致全流域42.93万hm^2农田受灾,给太湖流域带来了严重损失。

20世纪90年代,太湖流域经历了1991年、1993年和1999年等六次较大规模的洪水。其中,尤以1991年和1999年的洪水最为典型。

1991年的洪水主要由梅雨引起,梅雨期间出现了三次集中降雨,降雨中心主要位于北部的湖西区和武澄锡虞区,流域北部多个站点的水位刷新了历史纪录。太湖最高水位达4.79 m,超过3.50 m警戒水位的时间长达81天,超过3.80 m水位的时间长达70天,超过4.20 m水位的时间有38天,超过4.40 m水位的时间有23天,超过1954年最高水位4.65 m的时间长达13天。太湖长时间的高水位对常州、无锡、苏州等城市构成严重威胁。彼时,太湖综合治理尚未启动,原有防洪工程标准较低,故不得不采取炸坝分洪等措施来增加太湖洪水的排泄通道。最终,太湖流域遭受严重灾害,当年直接经济损失达113.9亿元。

1991年大水灾之后,党中央和国务院组织两省一市(江苏省、浙江省和上海市)实施《太湖流域综合治理总体规划方案》,对太湖流域开展水利综合治理。太湖流域综合治理的骨干工程体系由望虞河、太浦河、环太湖大堤、杭嘉湖南排、湖西引排、武澄锡引排、东西苕溪防洪、拦路港、红旗塘、杭嘉湖北排和黄浦江上游干流防洪11项骨干工程组成。这一工程简称"治太骨干工程",也被称作"一轮治太"工程。

1999年的特大洪水也由梅雨引起。当年夏季,太湖流域普降大雨,梅雨期比常年多17天,梅雨量是常年的2.5倍,这是20世纪有记录以来太湖流域遭遇的最大洪水。太湖最高水位达4.97 m,创下了历史纪录。当时已完成的部分治太骨干工程虽然在防御洪水的过程中发挥了巨大作用,但是洪水造成的直接经济损失仍高达141.25亿元。

21世纪以来,太湖洪水主要发生在2016年和2020年。2016年,洪水导致太湖流域的25个县、160个乡镇共67.14万人受灾,808间房屋倒塌,直接经济损失达71.16亿元。

第二节　影响上海的流域洪水

黄浦江是太湖流域的主要河流之一,横贯上海市区,是长江汇入东海前的最后一条支流。一旦太湖流域发生洪水下泄,就容易对上海产生影响,尤其是会增大上海西部低洼地区的防洪压力。1954年,太湖流域暴发洪水,黄浦江上游各站均出现了当时的历史最高水位。1999年,太湖洪水下泄,给黄浦江沿线地区的排涝工作带来了严重影响。2016年,太湖流域受连续强降雨影响,水位异常偏高,太湖平均水位一度涨至4.88 m,超出警戒线持续46天,这一水位成为自1999年以来的历史最高值。受太湖高水位影响,2016年6月、7月黄浦江上游水位普遍比常年偏高0.30~0.50 m。

长江洪水下泄同样会对上海产生一定影响。据历史资料分析,当长江大通站流量达96 000 m^3/s时,吴淞站增水可能达0.15~0.30 m。

一、主要成因

流域性洪水由覆盖全流域、历时长、总量大的降水形成,通常以梅雨为主。而台风雨多引发区域性洪水和内涝。流域降雨是导致地表洪涝过程的根本原因,平原地区地势低洼、坡降小和潮汐顶托等因素进一步加剧了流域性或区域性洪涝灾害。

太湖的梅雨一般发生在6月中旬至7月上中旬,其特点是持续时间长、降水总量大、笼罩范围广,通常由多次降水过程组成,降水量一般占年降水的20%~30%,容易引起太湖平原地区河道水位持续上涨且长时间居高不下。自1949年以来,1954年、1991年、1999年、2016年和2020年发生的流域性大洪水或特大洪水都是典型的梅雨型洪水。

台风雨是由台风活动带来的降水。太湖流域平均每年会有2~3次台风登陆或过境影响。这些台风一般出现在5—10月,其中以7月下旬至9月中旬最为集中,8月下旬至9月上旬尤为频繁。台风雨的特点是雨强大、持续时间有限,易造成区域性地区的洪涝灾害。历史上太湖流域1~3日的暴雨极值基本都是由台风形成的。降水范围较小的暴雨可致使局部地区河道水位暴涨,形成区域性洪涝,不过退水速度一般较快。覆盖流域范围的台风雨可能引起全流域洪涝,洪水位可能会持续一段时间,特别是当台风遭遇天文大潮,出现台风、暴雨、高潮、洪水"四碰头"的情况时,造成的影响会更为严重,例如2013年第23号台风"菲特"和2021年第6号台风"烟花"。

太湖流域水情呈现出水位逐年抬升的新趋势,这给上海的防汛工作增添了新压力。根据上海市水文总站和东海航海保障中心上海海事测绘中心实测数据的统计分析,多年来,太湖流域上游来水显著增大、中上游最高潮位(水位)抬升明显。从上游来水方面来看,黄浦江上游代表站米市渡站的年径流自20世纪70年代起逐渐加大,特别是2000年之后增大趋势更为显著。2010年之后的平均年径流量约为20世纪70年代平均年径流量的2.3倍;

吴淞江上游代表站黄渡站在1984—2000年的平均流量为6.08 m³/s,2001—2020年的平均流量为27.3 m³/s,约为前者的4.5倍。从中上游最高潮位(水位)的变化来看,黄浦江和吴淞江代表站的潮位(水位)自9711号台风"温妮"以来一直呈抬升趋势。2011—2020年,黄浦江上游米市渡站的最高潮位均值为4.15 m,比20世纪90年代的3.57 m抬升了58 cm(2021年最高潮位达到4.79 m);中游黄浦公园站的最高潮位均值为4.81 m,比20世纪90年代的4.66 m上升了15 cm;吴淞江上游黄渡站的最高水位均值比20世纪90年代抬升了62 cm。太湖流域部分水位站示意如图5-1所示。

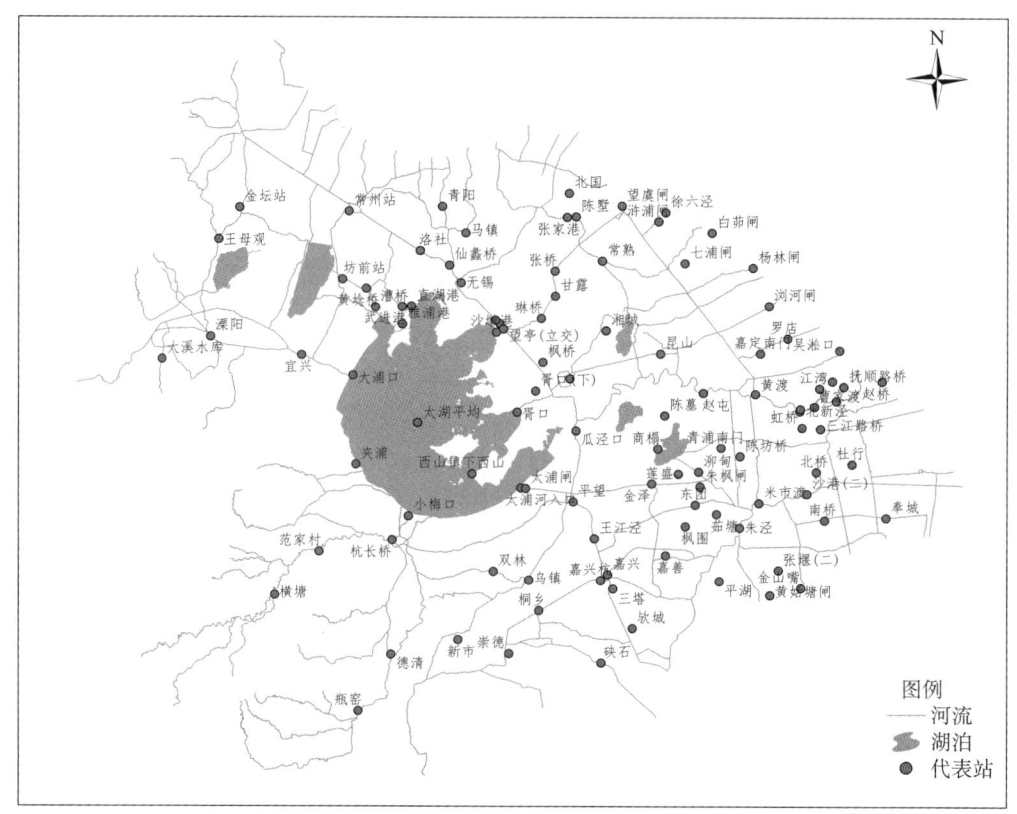

图5-1 太湖流域部分水位站示意

二、典型梅雨型洪水基本情况

1991年、1999年、2016年和2020年暴发的洪水是30年来太湖流域发生的对上海影响较大的流域性大洪水或特大洪水。这几场洪水均属于梅雨型洪水。

(一) 1991年流域性大洪水

1991年汛期(5—9月),太湖流域降雨量为989.5 mm,降雨天数达79天。连续降雨使得洪水大量汇入江河,湖泊、河道的水位迅速上升,太湖最高水位达4.79 m,刷新了历史纪录,比1954年的最高水位4.65 m高出0.14 m,太湖全流域遭受了自1954年以来最为严重的一次洪涝灾害。苏州、无锡、常州三市出现大面积积水,再加上嘉兴、湖州的损失,太湖全流域直接经济损失达113.9亿元。

1. 流域基本汛情

1991年,太湖流域于5月19日入梅,7月13日出梅,梅雨期长达55天,梅雨量为645.0 mm,是常年梅雨量的2.4倍。降雨时间主要集中在5月19—26日、6月2—20日、6月29日—7月13日。从空间分布来看,太湖流域北部的湖西区和武澄锡虞区降雨量较大,分别为857.4 mm和830.6 mm。

太湖水位在6月23日出现第一次洪峰水位,达到4.27 m,之后随着降雨间隙有所回落,7月15日出现第二次洪峰水位4.79 m(年最高水位),总涨幅为1.34 m,涨洪历时34天。流域北部河网水位多个站点超过了当年的历史纪录。1991年的涨水期为6月11日—7月15日,流域洪水总量为124.5亿m³(不含浦东区、浦西区)。其间,入湖水量为37.4亿m³,出湖水量为16.9亿m³,出湖水量约占入湖水量的45.2%;排入长江的水量为43.6亿m³,排入黄浦江的水量为26.6亿m³,南排杭州湾的水量为4.8亿m³,合计流域外排水量为75.0亿m³,约占洪水总量的60.2%,剩余水量49.5亿m³滞留在流域里,占洪水总量的39.8%,其中太湖调蓄31.7亿m³。洪水运动趋势为向南、向东和向北三个方向分流,其中58.1%外排水量向北排入长江,41.9%外排水量向南、向东分别排入杭州湾和黄浦江。1991年涨水期出入水量示意如图5-2所示。

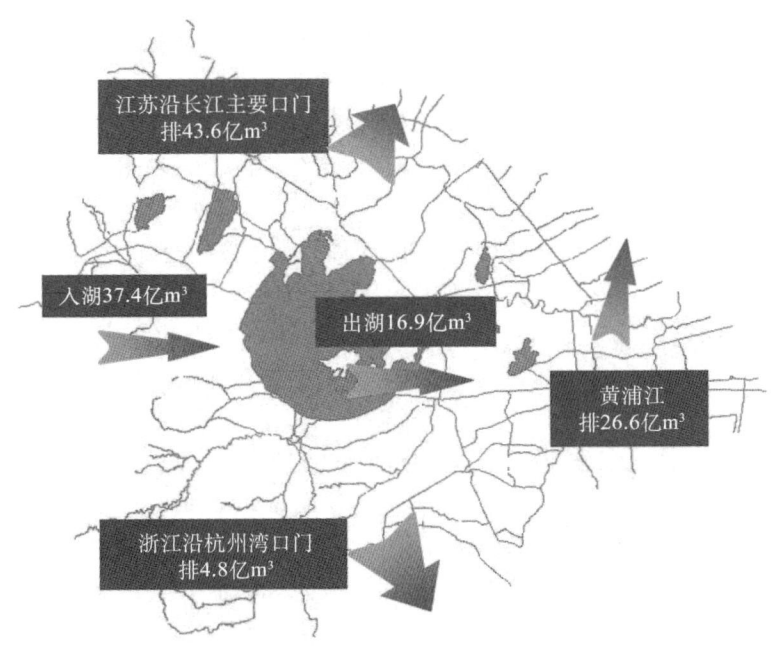

图5-2　1991年涨水期出入水量示意

2. 洪水基本特点

(1)入梅异常偏早、出梅晚、梅雨期长、降水量集中且强度大,同时降水分布不均,暴雨中心集中在流域北部的湖西区和武澄锡虞区,属于典型的北部型洪水。

(2) 太湖最高水位达 4.79 m,刷新了历史纪录。流域北部地区河网水位多个站点也刷新了历史纪录。

(3) 此次洪水致使受灾时间长、受灾范围广、淹没程度深、受灾程度重、水毁工程多。但灾后恢复速度较快。其中,湖西区及苏锡常地区洪涝灾害尤为严重,1/3 的圩区破圩,淹水历时 20 余天。

3. 对上海的影响

1991 年,上海地区于 6 月 3 日入梅,7 月 16 日出梅,梅雨量达 474.4 mm,为常年梅雨量的 2.3 倍,打破了自 1954 年以来的纪录。在梅雨期内多次出现强降雨的情况。其中,6 月发生了 2 次强降雨,分别在 6 月 13 日和 6 月 19 日,这使得 6 月中旬降雨量达到 247.4 mm,打破了 1951 年以来的纪录。

受太湖流域洪水及本地暴雨的双重影响,1991 年黄浦江水位普遍抬升。在 6—7 月期间,米市渡站超警戒潮位(3.30 m)31 次,黄浦公园站超警戒潮位(4.40 m)7 次。其间,遇天文大潮时,内河水位抬升更为明显,进而形成了上海地区的洪水灾害。

7 月 14 日,太浦河钱盛荡坝和红旗塘坝开通后,黄浦江上游的金泽、三和、洙泾等站的水位抬升更加明显,又恰逢天文大潮,这些站点的水位超过历史最高水位 0.02~0.05 m。黄浦公园站出现年度最高潮位 4.54 m,超过警戒潮位(4.40 m)0.14 m。

7 月 15 日,黄浦江干流上游米市渡站出现年度最高潮位 3.85 m,超过警戒潮位(3.30 m)0.55 m。

据统计,上海郊县农田受淹 80 万亩,鱼塘冲毁 4 200 亩,853 家工厂企业停产,300 多间厂房、民屋倒塌,5.2 万只禽畜死亡;市区共有 574 条段道路积水,较严重的住宅进水户数达 20 多万户。此次灾害造成的经济损失超过 10 亿元。全市共有 4 275 家企业及 3.2 万户居民向保险公司报损,赔偿金额达 1.73 亿元。

4. 调度及措施

6 月 18 日下午,上海先后开启蕰西闸和淀西闸,引江苏涝水入嘉定北片和青松大控制片。

6 月 26 日,国家防汛抗旱总指挥部(以下简称"国家防总")决定开启太浦闸,直到 9 月 1 日关闭,历时 67 天。开启之初流量为 100 m³/s,之后逐步加大流量,最大流量达 400 m³/s(7 月 27 日以后)。

7 月 5 日,国家防总命令炸开红旗塘堤埂,上海青浦、松江、金山三县的部分农田受淹,造成了一定的损失。

7 月 6 日 19:17—7 日 19:33,松浦大桥站实测流量资料显示,泄洪历时 24 小时 16 分钟,净泄水量达 12 840 万 m³,日平均流量为 1 470 m³/s,这是汛期实测的最大值,当时平望水位为 4.11 m。

7 月 8 日,上海遵照国家防总的命令炸开青浦县莲盛乡钱盛荡的三道圩堤、五道土坝,以宣泄太湖洪水,这一举措进一步加重了上海市低洼地区的灾情。

1991 年大水灾之后,太湖流域实施了"一轮治太"工程,着重解决太湖洪水的出路问题和省际边界排水的出路问题,初步建成了以太浦河骨干工程为主体的流域水利工程体系,基本形成了"充分利用太湖调蓄、北排长江、东出黄浦江、南排杭州湾"的流域防洪治理布局,具备了防汛抗旱、水资源及水环境调度的工程条件。

(二) 1999 年流域性特大洪水

1999 年汛期(5—9 月),太湖流域总雨日有 110 天,降雨量总计 1 200.2 mm,发生了 20 世纪有记录以来最大的一次洪水。在这一时期,汛期最大单站雨量出现在浙江省长兴县尚儒站,雨量为 1 851.0 mm。上海浦西地区、浙江杭嘉湖地区和江苏阳澄淀泖地区的大部分站点的最高水位均超过了历史纪录。全流域受灾人口达 746 万人,49 个县(市、区)不同程度出现进水受淹的情况,3.8 万间房屋倒塌,8 人死亡;68.77 万 hm^2 农田受淹,粮食减产超过 9.1 亿 kg(不包括上海市);17 552 家工矿企业停产,341 条次公路中断;江堤、圩堤损坏长度共计 8 138 km。此次流域洪涝灾害造成的直接经济损失达 141.25 亿元。

1. 流域基本汛情

1999 年,太湖流域于 6 月 7 日入梅,7 月 20 日出梅,梅雨期长达 43 天,较常年多了 17 天,梅雨量为 681.0 mm,是常年梅雨量的 2.5 倍。三次集中降雨过程(6 月 7—11 日、6 月 15—17 日、6 月 23 日—7 月 1 日)的雨量总计 612.1 mm,且这三次降雨均发生在流域的南部和中部。

由于连续降雨,特别是 6 月 23 日—7 月 1 日期间,全流域普降大到暴雨,上游来水和雨锋叠加,又恰逢下游高潮顶托,导致浙江杭嘉湖地区、江苏淀泖地区、上海西部地区和太湖湖区的水位急剧暴涨,使得太湖流域形成超历史最高水位。6 月 7 日太湖水位为 2.97 m,6 月 11 日上涨到 3.53 m,超警戒水位(3.50 m),6 月 27 日突破 4.00 m,7 月 1 日达 4.68 m,超过了设计水位(4.66 m),7 月 3 日达 4.83 m,超过了历史最高水位(4.79 m),7 月 8 日达最高水位 4.97 m,超过历史纪录 0.18 m。汛期高水位持续时间长,直到 9 月 30 日太湖水位才降至 3.50 m 以下。1999 年汛期,太湖水位超历史最高水位的时长有 13 天,超过设计水位的时长有 21 天,处于 4.00 m 以上水位的时长达 60 天。

1999 年太湖涨水期为 6 月 7 日—7 月 8 日,流域洪水总量为 181.2 亿 m^3。其间,入湖水量为 42.7 亿 m^3,出湖水量为 17.3 亿 m^3,出湖水量约占入湖水量的 41%。排入长江的水量合计为 33.6 亿 m^3,其中江苏沿江口门入长江的水量为 31.6 亿 m^3,上海浦西区入长江的水量为 2.0 亿 m^3。南排入杭州湾的总水量为 17.0 亿 m^3,其中由浙江入杭州湾的水量为 12.0 亿 m^3,上海浦东区入杭州湾的水量为 5.0 亿 m^3。排入黄浦江的水量为 44.9 亿 m^3,其中松浦大桥下泄的水量为 28.9 亿 m^3,浦西区入黄浦江的水量为 11.0 亿 m^3,浦东区入黄浦江的水量为 5.0 亿 m^3。1999 年太湖流域总的外排水量为 95.5 亿 m^3,约占流域洪水总量的 53%,剩余水量滞留在流域里,约占流域洪水总量的 47%,其中太湖调蓄水量为 47.4 亿 m^3。涨水期有 64.8% 的外排洪水向南、向东排入杭州湾和黄浦江,35.2% 的外排洪水向北排入长江。1999 年涨水期出入水量示意如图 5-3 所示。

2. 洪水基本特点

(1) 入梅早、出梅晚、降水集中、强度极大、时空分布极不均匀,暴雨中心主要分布在浙西、杭嘉湖、淀泖、浦东、浦西等区,是典型的南部型洪水。

(2) 上游来水和暴雨中心移动方向一致,又遭遇下游高潮顶托,太湖水位达到 4.97 m,刷新了当时的历史纪录并保持至今。流域南部河网水位普遍超过了当时的历史最高水位。

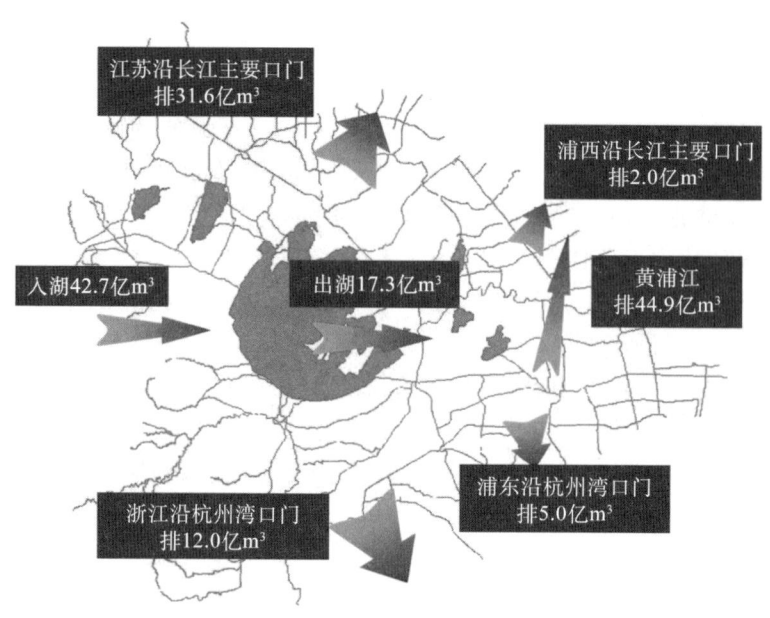

图 5-3　1999 年太湖流域涨水期出入水量示意

（3）流域受灾范围广、城镇淹没多、淹没时间长、水毁工程多，灾情十分严重。

3. 对上海的影响

1999 年 6—7 月，上海遭遇了百年未遇的特大梅雨，市区徐家汇站的梅雨量达 815.4 mm，居设站 126 年来第一位，约为常年梅雨量的 4 倍，梅雨期共出现 8 次暴雨。6 月底至 7 月初，由于江浙地区洪水下泄，同时又正值天文大潮以及本地持续暴雨，导致黄浦江和苏州河上游地区出现了暴雨、高潮、洪水"三碰头"的严重局面，进而给西部地区带来了非常严重的洪涝灾害。黄浦江上游三大支流、青松控制片和苏州河上游段共有 17 个水文测站出现了超历史纪录的水位，最高水位超出历史纪录 0.43 m（金泽站），超历史纪录最长 20 天（金泽站）。7 月 8 日黄浦江上游米市渡站实测最高潮位为 4.12 m，这是自 1916 年设站以来（截至 1999 年）的第二高水位。

上海市洪涝灾害主要发生在 6 月 10 日和 6 月 30 日两次大暴雨之后。第一次洪涝灾害主要出现在市区，第二次涝灾出现在市区和郊区，其中青浦、松江、金山三地的洪涝灾害尤为严重。梅雨期间，中心城区的 14 个房管部门共接到居民报修屋漏、渗水 75 971 起。全市共发生 10 起塌屋事故，不过由于及时采取了应急疏散措施，因此没有出现人员受伤的情况。市区累计有 220 条段道路发生积水，4.7 万户居民家中进水，8.45 万 hm² 农田遭淹，受灾人口达 16.17 万人，郊区有 690 间房屋倒塌，全市经济损失约为 8.71 亿元。

4. 调度及措施

7 月上旬，在嘉定区内河水位较高的情况下（嘉定南门水位达 3.45 m），为了减轻淀泖地区的洪水压力，7 月 3 日开启蕴藻浜西闸泄洪，并开启嘉定、宝山沿长江所有水闸以全力排水。同时，沿海、沿江水闸也全力排水，以尽可能多地排泄黄浦江上游地区的洪涝水。在青浦内河水位降到正常水平之后，7 月 15 日又开启了淀浦河西闸，引入淀山湖湖水，以加快淀山湖湖水的回落速度,积极为太湖流域的泄洪贡献力量。

1999年梅雨期间,全市各控制片打开沿线节制闸、套(船)闸及泵闸共计130多座,累计运行4 554闸次,2.44万小时,排涝36.63亿 m³。

(三) 2016年流域性特大洪水

2016年汛期(5—9月),太湖流域降雨量达到1 124.4 mm,降雨量异常偏多,位列1951年以来降雨量首位。尤其是入梅之后,梅雨量偏多且降水集中,强降雨致使河道水位持续上涨,太湖流域发生了流域性大洪水。但所幸大汛无大灾,无一人死亡,仅局部地区农业损失严重,圩区半高地受淹。洪灾主要发生在流域上游的宜兴、溧阳、金坛及长兴一带,共计67.14万人受灾,直接经济损失达71.16亿元,其中农林牧渔业的直接经济损失为41.01亿元。由于溧阳、金坛地区农业圩区的防洪标准较低,部分河道发生漫溢,部分圩区和半高地被淹,宜兴城区1/3面积发生积水,长兴滨湖乡镇受灾较为严重。

1. 流域基本汛情

2016年太湖流域于6月19日入梅,7月20日出梅,梅雨期长达31天,梅雨量为426.8 mm,较常年梅雨量偏多76.7%。降水主要集中在6月19—28日、7月1—4日这两个时间段,过程降水量分别为208.9 mm和130.7 mm。从空间分布来看,太湖流域北部的湖西区和武澄锡虞区雨量较大,分别为638.2 mm和557.0 mm。值得一提的是,2016年汛前降雨异常偏多,4月降雨量达200.2 mm,较常年同期偏多121.7%;5月降雨量达224.4 mm,较常年同期偏多120.4%。

受汛前持续偏多降雨等因素影响,太湖水位以1954年以来同期最高水位(3.52 m)入汛,以第二高水位(3.77 m)入梅。入梅后太湖水位迅速上涨,7月8日太湖水位达4.88 m,为1999年以来最高水位。太湖水位在6月3日年内首次超过警戒水位。自6月19日起,太湖水位持续46天超警,最大日涨幅为0.16 m,直至8月4日才退至警戒水位以下,汛期水位超警历时60天,成为1999年以来超警历时最长的一年。受太湖高水位的影响,周边河网多个站点的水位创当时历史新高。最多时,超40个站点的水位超警戒。江南运河常州至苏州沿线一度全线超过保证水位,其中有13个站点的水位创当时历史新高。

2016年太湖流域入梅后,涨水期为6月19日—7月8日,流域洪水总量为101.1亿 m³。其间,入湖水量为29.2亿 m³,出湖水量为14.9亿 m³,出湖水量约占入湖水量的51.0%。排入长江的水量为30.2亿 m³,其中江苏沿江口门入长江的水量为28.2亿 m³,浦西区入长江的水量为2.0亿 m³。南排入杭州湾的水量为9.1亿 m³,其中浙江入杭州湾的水量为6.7亿 m³,浦东区入杭州湾的水量为2.4亿 m³。黄浦江松浦大桥下泄16.1亿 m³。太湖流域总外排水量为55.4亿 m³,约占流域洪水总量的54.8%,剩余水量滞留在流域里,占流域洪水总量的45.2%,其中太湖调蓄26.3亿 m³。涨水期有54.5%的外排洪水向北排入长江,45.5%的外排洪水向南、向东分别排入杭州湾和黄浦江。2016年入梅后太湖流域涨水期(6月19日—7月8日)出入水量示意如图5-4所示。

2. 洪水基本特点

(1) 入梅晚、出梅晚、降水集中,暴雨中心主要分布在流域北部的湖西区和武澄锡虞区以及太湖区。

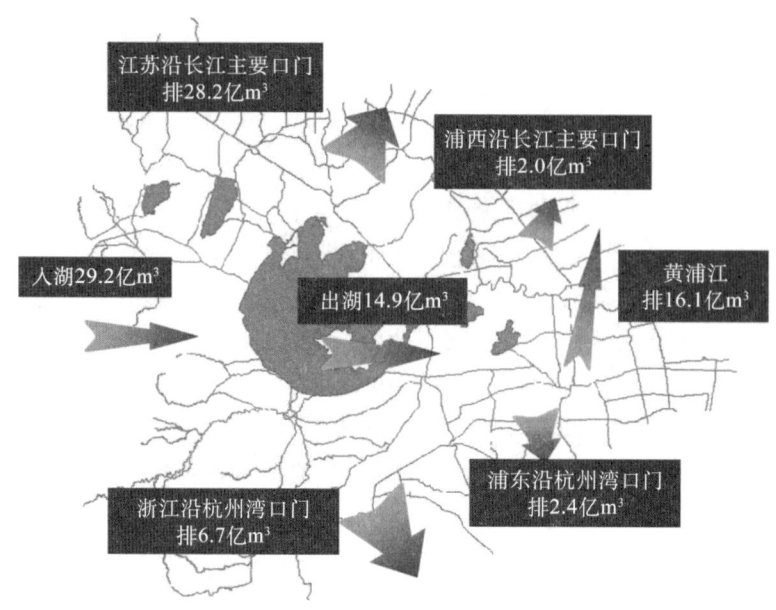

图 5-4 2016 年入梅后太湖流域涨水期出入水量示意

（2）前期 4—5 月降雨异常偏多，导致太湖以 1954 年以来同期最高水位入汛，以第二高水位入梅，年最高水位达 4.88 m，仅次于 1999 年的最高水位。流域北部多个站点超过了历史最高水位。

（3）流域大汛无大灾，但农业损失严重，出现圩区半高地受淹、部分河道发生漫溢等灾情。灾情主要分布在苏南运河沿线，以及宜兴、金坛、溧阳和长兴等太湖上游地区。

3. 对上海的影响

黄浦江上游主要有圆泄泾、斜塘、大泖港三条支流。其中，圆泄泾主要承泄浙江省杭嘉湖平原来水，斜塘上接太浦河和拦路港，大泖港主要承泄浙江省平湖地区及上海市金山区来水。梅雨期，通过圆泄泾三角渡断面的净泄水量达 5.74 亿 m^3，平均净泄流量为 214 m^3/s；通过斜塘夏字圩断面的净泄水量达 14.60 亿 m^3，平均净泄流量为 545 m^3/s；通过泖港大桥断面的净泄水量达 2.28 亿 m^3，平均净泄流量为 85.1 m^3/s。

受太湖流域洪水影响，6—7 月上海河道水位普遍抬升。黄浦江上游水位较常年普遍偏高 0.30～0.50 m。7 月 6 日，米市渡站出现了梅雨期最高潮位 4.11 m，超出警戒潮位 0.31 m。支流掘石港洙泾站最高水位 3.88 m，超出警戒水位 0.38 m。

4. 调度及措施

4 月 28 日起，上海市严控内河水位，加大黄浦江上游水闸引水和区域下游水闸排水力度，努力为太湖水位下降创造条件。

5 月 1—15 日，上海浦南东片、青松片、浦东片和淀南片的主要水闸同期增加引排水量约 1 亿 m^3。

6 月 1 日开始，苏州河的调度方案从"东引南北排"和"西引东排"这两种模式调整为"西引东排"单一方式，有效降低了苏州河上游水位。嘉宝北片的控制水位从 2.80 m 调整为

2.60 m，青松片相关水闸加大了排水力度，确保水位控制在 2.80 m 以下，其他各控制片的水位也有所降低，从而为流域洪水和本地强降雨腾出了较大的调蓄容量。

7月7日12时，太湖水位涨至 4.84 m，上海市防汛指挥部连夜召集紧急会议，要求相关地区和单位全力做好应对超标准洪水期间的各项工作，加大太湖流域洪水下泄力度，同时全力保障城市运行安全以及人民群众的生命财产安全。

7月8日12时，上海开启了常年处于关闭状态的淀浦河西水闸和蕰藻浜西水闸，太浦河两岸的水闸也开闸泄洪。同时，奉贤、闵行、松江、浦东等区黄浦江沿线的30座水闸（主要包括金汇港北闸、大治河西闸、叶榭塘水闸、杨思水闸等）承担了开闸泄洪纳潮的任务。松江、宝山、奉贤、浦东、金山等区沿长江、杭州湾的22座水闸（主要包括油墩港水闸、练祁河水闸、金汇港南闸、三甲港水闸、龙泉港水闸等）承担了排水任务。

7月26日9时，太湖水位回落至 4.21 m（低于保证水位 0.44 m），超标准洪水应对方案随即停止执行。

据统计，7月8—26日，全市承担泄洪任务的30座水闸累计运行 3 247.9 小时，泄洪纳潮总流量约为 4.22 亿 m³。各排水水闸做到能排则排，最大限度地保证了区域水位尽可能处于可控水位，从而避免了区域灾情的发生。

洪水过后，青浦区结合太湖流域水环境综合治理项目，着手新建大莲湖泵站和金泽塘南泵站，新增排涝动力 35 m³/s。新增排涝动力提高了区域防洪标准，进一步完善了防洪安全保障体系；新增引清动力增强了调水能力，提升了水资源承载力与水环境容量。

（四）2020 年流域性大洪水

1. 流域基本汛情

2020年，太湖流域于6月9日入梅，7月21日出梅，梅雨期长达42天，相较于常年多了17天。梅雨量达到 613.0 mm，约为常年梅雨量的2.3倍，在1954年以来的梅雨量统计中位列第三。降水空间分布总体呈现西部大于东部的特点。在各水利分区中，武澄锡虞区的梅雨量最大，达到 684.8 mm；其次是浙西区，为 668.4 mm；湖西区为 665.1 mm，太湖区为 650.2 mm，其余各分区的梅雨量则在 504.1～588.6 mm。并且，各分区的梅雨量均超过常年梅雨量的2倍。受梅雨带南北来回摆动影响，梅雨空间分布总体均匀，但暴雨极值较为突出。全流域最大30天降雨量在1951年以来的纪录中位列第二。除浦东、浦西区外，各水利分区最大30天降雨量均排在1951年以来的前五位。

2020年入梅时，太湖平均水位为 3.16 m。随后，受连续降雨影响，太湖水位快速上涨。至6月28日，太湖水位超过了警戒水位（3.80 m），太湖第1号洪水发生。7月16日，太湖水位超过 4.50 m，大洪水发生。7月17日，太湖水位超过保证水位（4.65 m），超标准洪水发生。7月20日23时20分，太湖水位首次涨至峰值 4.79 m，超出警戒水位 0.99 m，超过保证水位 0.14 m，与1991年的水位并列成为1954年有实测资料以来的第三高水位。太湖水位维持 4.79 m 的高水位8小时后开始回落。7月26日，太湖水位降至保证水位以下，超保证水位的时长共计10天。8月14日太湖水位降至警戒水位以下，超出警戒水位的时长共计48天。

梅雨期全流域洪水总量为 171.4 亿 m³，流域调蓄量为 56.94 亿 m³，约占产水量的

33.2%。沿长江江苏段、入杭州湾浙江段、上海段(含浦东、浦西、黄浦江)净排水总量共104亿 m³,约占产水量的60.7%。在调蓄量方面,以太湖调蓄为主,调蓄量为38.37亿 m³,占整个流域调蓄量的67.4%。在流域外排水量中,沿长江江苏段、入杭州湾浙江段、上海段(含浦东、浦西、黄浦江)分别占比42.7%、15.2%和42.1%。2020年太湖流域涨水期出入水量示意如图5-5所示。

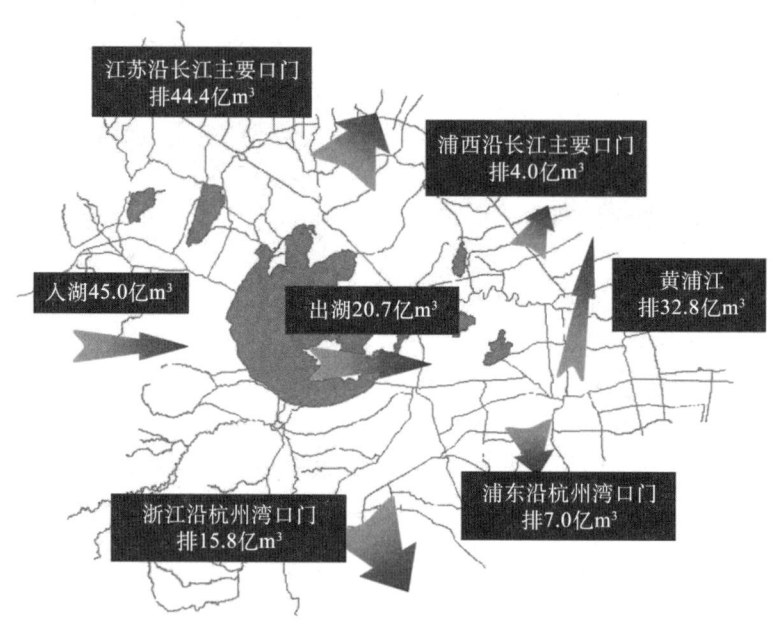

图 5-5　2020 年太湖流域涨水期洪水水量情况

2. 洪水基本特点

(1) 梅雨历时长、雨量大,暴雨极值突出。梅雨期暴雨中心在流域中西部地区南北摆动频繁,全流域各分区雨量普遍较大,影响范围广。

(2) 太湖发生超标洪水,高水位持续时间长,河网水位超警范围广,部分站点水位超历史纪录。

(3) 长江洪水与天文潮叠加给流域排洪排涝带来不利影响。

3. 对上海的影响

2020年,上海梅雨期长达42天,较常年[①]偏多19天,为21世纪以来最长、最强梅雨。全市平均梅雨量为533.0 mm,是常年梅雨量的2.4倍。单站最大梅雨量为宝山区练祁河闸(闸内)站,达到741.0 mm。整个梅雨期间共有5场局部大暴雨。其中,7月5—6日,上海普降大到暴雨,局部地区出现特大暴雨,全市面平均雨量为119.4 mm,崇明区和宝山区的面雨量分别为196.3 mm 和192.8 mm,最大24小时雨量出现在崇明区新河金桥站,为206.0 mm,达到特大暴雨级别。

由于流域梅雨期降雨偏多,黄浦江上游来水比前十年同期均值偏多三成。干流松浦大

---

① 按世界气象组织规范,常年平均取30年长序列,此处统计年份为1981—2010年。

桥站径流量为32.6亿 m³,比2016年梅雨期的径流量偏多26.4%。该站的平均流量为899 m³/s,比前十年同期平均流量偏多28.6%。上游支流斜塘夏字圩站的径流量为20.2亿 m³,平均流量为558 m³/s,占上游干流比例的62.1%。太浦河水闸全力泄洪,7月21日最大流量达到826 m³/s,为正常下泄流量的9~10倍,累计下泄洪水20亿 m³。

上游洪水叠加区域暴雨及高潮位顶托的影响,导致黄浦江上游地区,以及青浦、金山、嘉定等西部地区内河水位偏高。7月7日,米市渡站出现梅雨期最高潮位4.17 m,超警戒潮位0.37 m,梅雨期共超警12潮次。洙泾站最高水位4.06 m,超出警戒水位0.56 m,梅雨期共超警戒24次。金泽站最高水位3.99 m,超出警戒0.44 m,仅低于历史纪录0.10 m,梅雨期共超警戒22次。7月7日凌晨,苏州河-吴淞江中上游水位全线超历史最高纪录;赵屯站水位达到4.05 m,蕰藻浜西闸(闸外)站水位为4.13 m,黄渡站水位为4.21 m,均打破了2019年第9号台风"利奇马"期间的最高纪录;北新泾站水位为4.30 m,超过了2013年第23号台风"菲特"期间的最高纪录。此外,吴淞江沿线7处堤防出现漫溢险情,片外洪水越过堤防流入片内。

4. 调度及措施

淀浦河西闸比原计划提前9天通水,启动蕰藻浜西闸开闸泄洪。7月7日—8月2日,共发出7次调度指令,在保证上海市水位安全受控的情况下,全力配合流域行洪。截至8月2日12时,两闸累计泄水量达2.43亿 m³。这一举措有效促进了洪水外排,助力太湖降低水位。

全力推动黄浦江沿线水闸开闸纳洪。组织黄浦江沿线金汇港北闸、大治河西闸、叶榭塘水闸和杨思水闸开闸纳洪,同时沿长江、杭州湾的各水闸(泵站)也加大外排力度。自7月29日14时起,停止执行纳潮任务,各水闸恢复常态运行。这4座水闸累计运行时长约500小时,纳洪总量约2.11亿 m³。

(五) 典型洪水对比

在1991年、1999年、2016年、2020年这四个典型洪水年份中,梅雨总量最多的年份是1999年(681.0 mm),其余依次为1991年(645.0 mm)、2020年(613.0 mm)和2016年(426.8 mm);梅雨天数最多的年份为1991年(55天),其余依次为1999年(43天)、2020年(42天)、2016年(31天);全年降水量从多到少的年份排序为2016年、1999年、2020年、1991年;汛期降水量从多到少的年份排序为1999年、2016年、2020年、1991年。4个典型洪水年的全年、汛前、汛期、汛后、梅雨期的降水量和距平详见表5-1。

表5-1 1991年、1999年、2016年、2020年太湖流域降水量对比

时段			水利分区							
			湖西区	武澄锡虞区	阳澄淀泖区	太湖区	杭嘉湖区	浙西区	浦东浦西区	流域
全年	1991年	降水量/mm	1 699.9	1 713.8	1 357.3	1 343.5	1 341.6	1 516.8	1 361.9	1 487.1
		距平	40.2%	47.6%	15.4%	11.2%	6.8%	2.7%	12.9%	17.8%
		排位	2	2	9	15	22	30	12	7

(续表)

时段			水利分区							
			湖西区	武澄锡虞区	阳澄淀泖区	太湖区	杭嘉湖区	浙西区	浦东浦西区	流域
全年	1999年	降水量/mm	1 397	1 462.4	1 502.3	1 711.1	1 664.1	1 922.6	1 679.1	1 616.1
		距平	15.2%	25.9%	27.7%	41.6%	32.4%	30.2%	39.2%	28.0%
		排位	9	4	3	2	4	3	1	4
	2016年	降水量/mm	2 134.6	1 917.9	1 566.7	1 872.2	1 692.6	2 096.7	1 549.8	1 855.2
		距平	76.0%	65.2%	33.2%	55.0%	34.7%	42.0%	28.5%	47.0%
		排位	1	1	2	1	2	1	4	1
	2020年	降水量/mm	1 436.2	1 430.0	1 474.5	1 492.9	1 622.2	1 755.8	1 561.5	1 549.1
		距平	18.4%	23.2%	25.3%	23.6%	29.1%	18.9%	29.5%	22.7%
		排位	6	5	4	6	6	7	3	5
汛前	1991年	降水量/mm	438.4	446.9	353.9	361.6	414.8	439.3	362.5	408.7
		距平	40.8%	61.6%	18.1%	10.8%	15.0%	9.3%	16.3%	22.2%
		排位	2	2	8	19	15	19	9	3
	1999年	降水量/mm	261	233.8	250.7	274.2	376.8	382.4	304.5	306.1
		距平	−16.2%	−15.5%	−16.3%	−16.0%	4.5%	−4.9%	−2.3%	−8.5%
		排位	48	51	50	52	30	40	36	42
	2016年	降水量/mm	344.9	292.4	290.3	344.8	411.5	462.2	315.8	361.6
		距平	10.8%	5.7%	−3.1%	5.7%	14.1%	15.0%	1.3%	8.1%
		排位	15	20	35	28	17	12	31	20
	2020年	降水量/mm	300.5	257.9	314.7	358.4	447.9	468.2	359.5	366.4
		距平	−3.5%	−6.8%	5.0%	9.8%	24.2%	16.5%	15.3%	9.5%
		排位	29	40	26	21	7	10	10	17
汛期	1991年	降水量/mm	1 178.8	1 184.4	918.2	903.7	832.2	985.9	896.6	989.5
		距平	59.0%	61.5%	28.6%	26.9%	15.2%	13.1%	24.7%	31.3%
		排位	3	2	9	10	20	21	10	6
	1999年	降水量/mm	986	1 088.5	1 149.7	1 332	1 201.1	1 436.9	1 299.6	1 200.2
		距平	33.0%	48.4%	61.0%	87.1%	66.2%	64.8%	80.7%	59.3%
		排位	7	5	1	1	2	1	1	1
	2016年	降水量/mm	1 348.8	1 181.5	900.4	1 164.7	1 004.3	1 307.2	844	1 124.4
		距平	81.9%	61.1%	26.1%	63.6%	39.0%	49.9%	17.4%	49.2%
		排位	1	3	11	2	7	3	14	2

第五章　流域洪水灾害

(续表)

时段			水利分区							
			湖西区	武澄锡虞区	阳澄淀泖区	太湖区	杭嘉湖区	浙西区	浦东浦西区	流域
汛期	2020年	降水量/mm	965.4	1 028.0	1 030.8	1 004.3	1 085.4	1 159.1	1 103.5	1 055.8
		距平	30.2%	40.2%	44.4%	41.0%	50.2%	32.9%	53.5%	40.1%
		排位	8	6	3	65	3	4	2	4
汛后	1991年	降水量/mm	82.8	82.4	85.2	78.2	94.7	91.7	102.9	88.9
		距平	−48.2%	−45.5%	−47.7%	−53.9%	−45.4%	−54.8%	−41.2%	−49.1%
		排位	64	59	63	65	60	65	53	65
	1999年	降水量/mm	150	140.1	101.8	104.9	86.2	103.2	75	109.8
		距平	−6.1%	−7.3%	−37.5%	−38.2%	−50.3%	−49.2%	−57.2%	−37.1%
		排位	33	35	53	57	64	62	64	57
	2016年	降水量/mm	440.9	443.9	376	362.8	276.9	327.3	390	369.2
		距平	175.9%	193.8%	130.7%	113.7%	59.7%	61.2%	122.7%	111.6%
		排位	1	1	1	1	9	6	1	1
	2020年	降水量/mm	170.3	144.1	129	130.2	88.9	128.5	98.5	126.9
		距平	6.6%	−4.6%	−20.9%	−23.3%	−48.7%	−36.7%	−43.7%	−27.3%
		排位	25	33	41	43	63	57	57	48
梅雨期	1991年	降水量/mm	857.4	830.6	624	573	515.2	572.9	506.9	645
		距平	211.9%	208.5%	145.8%	123.7%	94.3%	94.7%	101.5%	140.2%
		排位	1	1	2	3	5	5	3	2
	1999年	降水量/mm	560.6	514.2	649.4	791.1	687.9	839.7	761.5	681
		距平	103.9%	91.0%	155.8%	208.8%	159.5%	185.4%	202.7%	153.6%
		排位	5	5	1	1	1	1	1	1
	2016年	降水量/mm	638.2	557	358.6	481.6	272.6	418.2	251	426.8
		距平	132.2%	106.9%	41.2%	88.0%	2.8%	42.1%	−0.2%	59.0%
		排位	3	4	10	6	21	8	20	6
	2020年	降水量/mm	665.1	684.8	588.6	650.2	542.2	668.4	504.1	613
		距平	141.9%	154.4%	131.8%	153.8%	104.5%	127.2%	100.4%	128.3%
		排位	2	2	3	2	3	4	4	3

从太湖流域不同时段的降水量、排位、重现期来看,1999年全流域最大7日、15日、30日、45日、60日、90日的降水量均位列1951年以来第一位,其中最大30日降水量重现期

更是接近250年,相应的1991年、2020年的重现期为30年左右,2016年的重现期为20年左右;1999年最大60日降水量重现期为55年,相应的2020年的重现期近50年,1991年和2016年的重现期均为25年左右;1999年最大90日降水量重现期为200年左右,相应的1991年、2016年和2020年的重现期均为20年左右,详见表5-2。

表5-2 太湖流域最大1～90日降水量统计

分区	特征项	1991年			1999年			2016年			2020年		
		降水量/mm	排位	重现期/年	降水量/mm	排位	重现期/年	降水量/mm	排位	重现期/年	降水量/mm	排位	重现期/年
全流域	最大1日	67.2	23	3	72.0	19	4	88.6	11	6	58.2	35	2
	最大3日	138.2	10	7	152.9	5	10	138.7	9	7	114.8	22	4
	最大7日	216.7	4	12	339.1	1	183	180.2	10	5	155.8	21	3
	最大15日	283.8	7	9	402.1	1	72	330.3	3	19	286.8	6	9
	最大30日	489.1	3	32	621.0	1	237	446.0	4	17	492.2	2	33
	最大45日	589.5	3	27	681.4	1	85	584.7	4	25	636.6	2	48
	最大60日	678.8	4	25	744.4	1	55	680.3	3	26	734.6	2	49
	最大90日	824.4	5	20	1044.1	1	208	845.0	3	24	836.0	4	22

在4个大洪水年份中,1999年太湖的最高水位达到最高值,为4.97 m,其次为2016年,最高水位为4.88 m。从涨水期历时来看,2016年太湖涨水期历时最长,为95天(4月4日—7月8日),1999年太湖涨水期历时最短,为31天(6月7日—7月8日)。在涨水期短的情况下,洪水来不及排泄;而涨水期长,洪水就有更多的时间排出。1991年、1999年、2016年和2020年大洪水太湖涨水期对比详见表5-3。

表5-3 1991年、1999年、2016年、2020年大洪水太湖涨水期对比

项目	1991年	1999年	2016年	2020年
最高水位/m	4.79	4.97	4.88	4.79
涨水期历时/d	34	31	95	42
起始日期	6月11日	6月7日	4月4日	6月9日
终止日期	7月15日	7月8日	7月8日	7月21日

4个大洪水年份各代表站的最高水位见表5-4,根据表中数据来看,王母观站、常州站、无锡站、青阳站、枫桥站的最高水位均发生在2016年,分别为6.55 m、6.32 m、5.28 m、5.34 m、4.82 m;陈墓站、嘉兴站、乌镇站、杭长桥站、瓶窑站、嘉定南门站、青浦南门站的最高水位均发生在1999年,分别为4.24 m、4.75 m、5.60 m、9.19 m、3.87 m和3.77 m。

表 5-4 1991 年、1999 年、2016 年、2020 年大洪水各代表站最高水位对比　　　　单位：m

年份	代表站												
	王母观	常州	无锡	青阳	枫桥	湘城	陈墓	嘉兴	乌镇	杭长桥	瓶窑	嘉定南门	青浦南门
1991	6.12	5.52	4.88	5.07	4.29	4.20	3.77	3.81	4.18	5.32	8.10	3.53	3.34
1999	5.78	5.48	4.77	4.78	4.60	4.28	4.24	4.34	4.75	5.60	9.19	3.87	3.77
2016	6.55	6.32	5.28	5.34	4.82	4.02	3.85	3.93	4.03	5.01	7.75	3.29	3.46
2020	5.67	5.25	5.05	4.98	4.72	4.10	4.07	4.11	4.27	5.46	8.73	3.36	3.63

从上述分析可知，无论是汛期降水量，还是梅雨期降水量，1999 年的数值均为最大。从 4 个大洪水年份不同时段流域的最大降水量来看，从最大 3 日降水量到最大 90 日降水量，1999 年的数值均大于 1991 年、2016 年以及 2020 年。1999 年的降水高度集中在 6 月，降水量达到 609.1 mm，涨水期仅为 31 天，太湖最高水位为 4.97 m，是太湖流域历史最大洪水。1999 年的降水量大且时间高度集中，致使大量洪水滞蓄在太湖中，从而造成了历史最高水位，这种情况对于水旱灾害的防御极为不利。

三、典型台风雨型洪水基本情况

2013 年第 23 号台风"菲特"和 2021 年第 6 号台风"烟花"造成近 30 年来太湖流域遭遇的典型台风雨型洪水，对上海影响较大。

（一）1323 号台风"菲特"

1. 流域基本汛情

1323 号台风"菲特"于 10 月 7 日凌晨在福建福鼎沙埕镇沿海登陆，登陆时强度为强台风级别，登陆后迅速减弱并停止编报，但其残留云系持续产生影响至 10 月 9 日。

受台风"菲特"残留云系及冷空气南下的共同影响，10 月 6—8 日，太湖流域 3 日降雨量达 204.8 mm，重现期为 43 年。在各水利分区中，杭嘉湖区、浙西区、浦东区、浦西区的降水量尤为显著，最大 3 日降水量分别达到 286.6 mm、265.0 mm 和 207.7 mm，重现期分别为 75 年、44 年和 50 年。

台风期间，太湖地区河网水位迅速上涨，大部分站点于 10 月 8 日、9 日上涨至最高水位。嘉兴站的最高水位为 4.43 m，超出历史最高水位 0.06 m；平湖站的最高水位为 4.59 m，超出警戒水位 1.10 m；太湖平均水位在 10 月 13 日上涨至 3.74 m。流域报汛站中共有 45 个站点（河道站、闸坝站）的水位超警戒水位，其中 19 个站点的水位超保证水位。共有 11 个潮位站的潮位超警戒潮位，其中 4 个站点的潮位超保证潮位。太湖流域共有 9 个站点出现了超历史最高潮（水）位。

2. 对上海的影响

上海及杭嘉湖地区同时普降大暴雨、特大暴雨，致使整个平原河网水位暴涨。杭嘉湖的来水与黄浦江支流的洪水汇合到黄浦江干流，又恰逢天文大潮，风暴潮增水明显，这使得黄浦江上游及支流、青松控制片出现了较为严重的洪水,部分地段甚至发生了漫堤、垮塌险情。

黄浦江上游低潮潮位抬升明显,高潮潮位超高。米市渡站的低潮潮位在10月8—10日连续3天超过3.00 m,低潮增水1.10~1.52 m。10月8日,米市渡站高潮潮位达4.61 m,高潮增水1.26 m,创下当时的历史新纪录。黄浦江支流掘石港泖泾站的高潮位也打破了纪录,比原历史纪录高出0.14 m。支流拦路港泖甸站实测高潮位仅比原历史纪录低0.01 m。青松控制片青浦南门站潮位从6日的2.61 m上涨到8日的3.78 m,涨幅达1.17 m,创下新纪录,比原历史值抬高了0.01 m。

10月5—11日,黄浦江干流松浦大桥断面的净泄增量为3.74亿 m^3,比2012年同期增加了200%以上,一级支流大泖港(金山区)断面的净泄增量约为0.70亿 m^3,比2012年同期增加了230%以上。

3. 调度及措施

上海市各区县排水部门以及市城市排水公司等单位共出动8 000多名暴雨巡查人员、量放水人员和突击排水人员,在雨中、雨后突击抢排积水。电力部门落实抢修人员2 000余名,调配应急抢险车辆500余辆、应急发电车33辆、高架车38辆,确保抢修资源充足并及时到位。消防部队出动官兵8 000余人次、车辆800余辆次,帮助低洼道路、小区抢排积水,营救并疏散被困人员。交港、海事部门启动全天候值班机制,强化船舶监管,引导1 921艘船舶进入安全水域避风。全市各级公安机关投入6 000余名街面巡逻警力,同时组织3 500名警力备勤,积极开展交通疏导、治安巡查、抢险救灾等工作。市容绿化部门出动1万余名环卫工人,清理道路窨井口的落叶垃圾,防止下水道进口堵塞。

部分堤防出现漫堤险情后,市水务局迅速调动市堤防处4支专业抢险队伍250人参与千步泾、北沙港及彭渡生态园等出险岸段的抢险工作;各区堤防管理部门也紧急调动所辖堤防养护队,全力排除局部险情;武警上海市总队迅速响应,紧急出动5个支队共763名兵力,调配29台车辆,并携带抢险救灾器材,赶赴松江、闵行、金山、青浦、浦东新区等地,开展封堵决口、加固加高堤坝、装填搬运沙袋、转移疏散群众等工作;上海警备区180名官兵参加枫泾地区堤防抢险工作;武警水电二总队官兵积极参与朱泾地区堤岸的加高加固抢险。

台风"菲特"过后,根据上海市委、市政府的决策部署,市水务局精心编制了《上海市西部地区流域泄洪通道防洪堤防达标工程规划实施方案》。截至2017年底,堤防等主体工程基本完工;到2018年底,西部地区流域泄洪通道防洪堤防达标工程全部竣工。该工程将原来堤防的标高从3.50~5.24 m提高到了4.70~5.24 m。在2021年台风"烟花"侵袭期间,金山、松江等区域的水位虽创下当时历史新高(泖泾站超历史水位0.39 m),但却无一处受淹。这充分彰显了该工程发挥的巨大作用,为西部地区社会经济的可持续发展提供了有力保障。

(二) 2106号台风"烟花"

1. 流域基本汛情

2106号台风"烟花"于7月25日12时30分在浙江省舟山普陀沿海登陆,登陆时的强度为台风级;26日9时50分,台风"烟花"又在嘉兴平湖沿海二次登陆。它是我国有气象记录以来唯一一个两次登陆浙江的台风。登陆后,台风"烟花"向西北偏北方向移动,于7月27日6时左右越过上海同纬度。

受台风"烟花"影响,7月23—27日,太湖流域普降大到暴雨,部分地区出现大暴雨,累计降雨量达224.5 mm,各分区中浦东浦西区的降雨量最大,达322.7 mm,其次为浙西区,降雨量为262.0 mm,浙江嘉兴、平湖等地和江苏阳澄淀泖区的降雨量在170.0～270.0 mm。

受强降雨影响,太湖水位快速上涨,从7月23日的3.47 m起涨,7月27日达到警戒水位3.80 m,形成了太湖2021年第1号洪水,随后8月3日涨至过程最高水位4.21 m。7月23日—8月2日,地区河网水位普遍超过警戒水位和保证水位,太湖流域共有97个河道、闸坝、潮位站的潮(水)位超警戒,占设有警戒潮(水)位站点的93%;有52个站点的潮(水)位超保证,占设有保证潮(水)位站点的52%;还有35个站点超历史潮(水)位。

2. 对上海的影响

受台风"烟花"影响,上海本地也普降暴雨,局部地区出现大暴雨。7月23—28日,全市平均降雨量达到286.1 mm。在全市654个测站中,达到特大暴雨量级的有541个、达到大暴雨量级的有106个、达到暴雨量级的有3个,单站雨量最大的是金山区的金山站(气象),降雨量为506.7 mm。

受强降雨和天文大潮顶托影响,台风"烟花"前期(7月23—26日),黄浦江上游、苏州河上游、省市边界总净泄水量为负值。台风"烟花"后期(7月27—31日),在降雨和上游来水共同影响下,净泄水量转为正值,且显著增大,影响时间较长。黄浦江干流松浦大桥站最大日均净泄流量达1 400 m^3/s(7月27日),为7月23日日均净泄流量的10倍。7月27—31日,松浦大桥下泄总水量为5.34亿 m^3,苏州河上游黄渡站总净泄水量为0.05亿 m^3,沪浙、沪苏边界来水分别为1.61亿 m^3 和1.82亿 m^3。

受风、暴、潮、洪"四碰头"影响,黄浦江上游地区潮位、苏州河上游水位,以及浦南东片、浦东片、青松片的水位均突破了历史极值,黄浦江下游及沿江沿杭州湾的潮位普遍超警且超警幅度较大。黄浦江上游米市渡站在7月26日出现最高潮位4.79 m,超出警戒潮位0.99 m,创下当时历史新高,比2013年台风"菲特"期间产生的历史纪录还高出了0.18 m。黄浦公园站连续3天共4个潮次出现5.00 m以上的高潮位,这是有记录以来的第一次。7月26日黄浦公园站的最高潮位达到5.49 m,超警戒潮位0.94 m,位居历史第三高。

3. 调度及措施

(1) 持续预降水位。自7月22日10时起,全市水闸停止引水,同时加强排水,并持续开展检查巡查工作,以确保水利设施运行安全。全市出动4 716人次对水利片外围一线的925座次泵闸进行了检查,累计排水1 400余闸次,总排水量约为9.2亿 m^3。

(2) 滚动查险排险。累计出动12万余人次对在建工地、地下空间、下立交、易积水小区、旅游景点、堤防海塘等重点区域展开不间断的查险排险工作。在台风影响后期,考虑到堤防长期浸泡后存在安全隐患,4 000多名一线党员干部和群众彻夜开展巡堤查险。他们在12小时内巡查堤防总长度达9 000 km,并及时、妥善处置各类险情,成功防范重大溃堤、决口等险情的发生。

(3) 高效应对处置。提前转移安置危险区域群众36万人,引导1 797艘船只进港避风。

各区、各部门共计20余万名防汛干部枕戈待旦、连续作战,2 000余支抢险队伍、88台移动排水泵车、100多支排水突击队以及广大解放军、武警官兵集结待命,300余个防汛物资仓库安排专人彻夜值守。台风来临前,及时关闭黄浦江沿岸亲水平台、线下教育机构、体育场馆以及部分公园和景区,取消浦东、虹桥两大机场的全部航班,停运部分地铁线路以及开往上海方向的高铁。

(4) 协助流域行洪。自7月26日22时起,在确保嘉定南门水位不超过3.40 m的前提下,蕰藻浜东、蕰藻浜西水利枢纽加强联合调度,全力配合流域行洪。7月29日17时,在控制青浦南门水位不超过3.30 m的前提下,淀浦河东泵闸、淀浦河西闸加强联合调度,全力配合行洪。据统计,在7月24—28日整个防汛Ⅲ级及以上应急响应期间,全市200余座一线泵闸累计排水1 200余闸次,闸排总时长达4 900小时,排水量约7.2亿 m³;泵排排水总时长为9 200小时,总排水量约2.1亿 m³,全市累计排水量达9.3亿 m³。

(5) 抓好工程建设。为提升黄浦江中上游堤防的防洪能力,完善太湖流域防洪体系,保障城市防洪除涝安全,根据市委、市政府的决策部署,提出了黄浦江中上游堤防防洪能力提升工程。黄浦江中上游堤防防洪能力提升工程(一期)位于松江区境内,是黄浦江防洪能力提升总体布局方案的重要组成部分。实施该工程能有效消除黄浦江上游堤防结构的安全隐患,增强堤防设施结构的安全可靠性,为城市防洪除涝安全提供保障。同时,也能为积极应对流域水情工情变化、完善黄浦江防洪体系、提升太湖流域防洪能力等提供有力支撑。

四、上海区域防洪工程概述

中华人民共和国成立以来,太湖流域开展了大规模防洪工程建设,特别是在1991年启动了治理太湖流域"一轮治太"工程。该工程着重解决太湖洪水出路和省际边界排水问题。通过这一工程,基本构建起"充分利用太湖调蓄,北排长江、东出黄浦江、南排杭州湾"的流域防洪治理布局,初步形成以"一轮治太"骨干工程为主体的流域水利工程体系,为防汛抗旱、水资源调配及水环境调度奠定了基础。2012年至今,太湖流域治理进入追求水利高质量发展的"二轮治太"阶段。从防洪角度来看,太湖洪水治理仍为重点,流域规划防洪治理标准从50年一遇提升至100年一遇。

1999年太湖流域发生大洪水之后,各地陆续开展了圩区整治和城市防洪工程建设。这些工程在历次洪水期间发挥了重要作用,不仅有效保障了广大人民群众的生命财产安全,大幅减轻了国民经济损失,还促进了区域经济发展。

(一) 依托"一轮治太""二轮治太"建立的防洪工程

1. 太浦河工程

太浦河工程是11项骨干工程中的重点工程之一,也是排泄太湖洪水、向下游地区供水的关键工程,具备防洪、供水、除涝、改善水环境和航运等综合功能。太浦河西起东太湖边的吴江区七都镇,东至上海市南大港接西泖河入黄浦江,跨江苏省、浙江省、上海市,全长57.6 km。该工程主要包括太浦闸、太浦河泵站、河道工程及两岸口门控制工程等。

2012年9月,太浦闸开展除险加固工程。此次工程在原址拆除重建,新太浦闸设有

10孔闸门,每孔净宽12 m,总净宽达120 m;采用平面直升钢闸门配卷扬式启闭机,远期闸槛顶高程为-1.50 m,设计流量为985 m³/s。近期按照闸槛顶高程0.00 m实施,设计流量为784 m³/s,较原设计流量(580 m³/s)有了较大提升。工程开工后进行了设计变更,在南侧边孔设置套闸,闸室长70 m、宽12 m,上闸首采用双扉门,下闸首采用横拉门,并设有钢结构开启桥。2013年5月,太浦闸除险加固工程投入初期运行,2015年完成竣工验收。

太浦河工程在流域防洪中作用重大,尤其是在抵御1999年流域特大洪水时成效显著。在1999年4月12日—9月30日这171天时间里,太浦闸承泄太湖洪水28.73亿 m³,相当于有效降低太湖水位12 cm,其中最大日平均流量达到746 m³/s。2016年,太湖流域发生流域性大洪水,流域年降雨量达1792.4 mm,较常年偏多47.1%,创当时历史新高,太浦闸共泄水65.47亿 m³,最大日均泄水流量达898 m³/s,均创当时历史新高。

2. 红旗塘工程

红旗塘是浙江省嘉北地区和上海金青松地区排水入黄浦江的主要河道。红旗塘工程位于浙江省嘉兴市北部和上海市金山、青浦和松江区境内,属于跨浙江省及上海市的省际边界工程。

该工程主要包括红旗塘干河、大蒸塘、圆泄泾等堤防及配套建筑物。红旗塘上海段的主要建设内容包括:拓浚红旗塘干河河道5.1 km,修建堤防及防洪墙10.09 km,新建(改建)桥梁2座、水闸3座;修建大蒸塘—圆泄泾段河道堤防及防洪墙23.84 km,修建支河防洪墙2.10 km,新建桥梁1座,新建(改建)水闸6座;修建俞汇塘—潮方泾河道堤防及防洪墙12.67 km,修建支河堤防和防洪墙0.9 km,新建水闸4座;拓浚大港新开河及延伸段河道1.51 km,修建堤防1.22 km,新建水闸2座、机耕桥2座;拓浚南漳西港河道0.67 km,修建堤防1.45 km,拆建机耕桥1座;修建太南片浙沪边界河道堤防8.78 km,新建水闸1座,加高加固水闸9座。红旗塘工程上海段于1999年11月开工,2007年9月全面完工,并于2009年8月通过验收。该工程的主要任务是防洪除涝,同时具备航运、灌溉、供水等功能。

3. 扩大拦路港、疏浚泖河及斜塘工程

拦路港、泖河及斜塘是淀泖地区连通黄浦江的主要排水河道,地处上海市青浦区与苏州市吴江区交界处,河道全长29.21 km。太湖流域扩大拦路港、疏浚泖河及斜塘工程(以下简称"拦路港工程")主要沿河道两岸布置,工程施工河道总长23.6 km,其中拦路港长8.9 km,泖河长8.5 km,斜塘长6.2 km。该工程的主要内容包括:拓浚拦路港、西泖河河道11.46 km;修建拦路港、泖河、斜塘堤防,总长达64.43 km;新建拦路港、泖河、斜塘护岸,总长为68.2 km;新建河祝、尤浜跨拦路港的机耕桥2座,以及支河机耕桥16座(包括防汛道路中的支河桥4座);新建节制闸18座,改建节制闸1座,加高加固节制闸2座;新建套闸2座,改建套闸2座,加高加固套闸5座;新建泵闸2座;修建防汛通道32.33 km;新建元荡分流工程(包括节制闸1座、一级公路桥1座、新开河道等)。该工程于1999年11月开工,2003年12月主体工程建成,2007年7月基本完成,防洪标准为"50年一遇"。拦路港工程的主要任务是扩大拦路港、疏浚泖河及斜塘,以保障淀泖地区的排水出路,同时使拦路港下游的泖河、斜塘满足与太浦河、拦路港河道断面的衔接要求,进而承泄江苏省和上海市淀泖地区的涝水。此外,该工程还兼具灌溉、供水和航运等功能。

4. 黄浦江上游干流防洪工程

黄浦江上游干流防洪工程位于上海市松江、金山和闵行三区境内,涉及河段长度约22 km。工程主要建设内容包括两岸堤防的加高加固及护岸工程,还有两岸支河口门控制建筑物等。其堤防防洪标准为50年一遇,堤顶高程为5.24 m。工程涉及堤防沿线支流35条、支河水闸39座以及支河桥梁28座。该工程于1994年9月开始实施,2003年11月主体工程建成,2008年11月工程全部完工。该工程的主要任务是承泄上游太湖、江苏淀泖地区、浙江杭嘉湖地区以及上海浦西部分地区的洪涝水。

5. 吴淞江工程

吴淞江工程是国务院批复的《太湖流域综合规划》《太湖流域防洪规划》等文件中确定的流域综合治理骨干工程。吴淞江整治工程涉及沪苏两地。其中,吴淞江工程(上海段)西起苏沪省界,途经吴淞江、蕰藻浜、罗蕰河、新川沙河,东出黄浦江和长江。在上海境内分为两支,一支向北新开罗蕰河、拓浚新川沙河后入长江,另一支向东疏浚蕰藻浜入黄浦江,贯穿江苏省阳澄淀泖区和上海市嘉宝北片腹地。该工程规划河道全长约125.8 km,主要控制建筑物包含扩建瓜泾口枢纽、蕰西枢纽和蕰东枢纽,新建新川沙枢纽、苏州河西闸,以及新建吴淞江江苏段两岸支河口门。其中,蕰东枢纽节制闸扩建至40 m,船闸宽度达34 m,新建排水流量为70 m³/s的排水泵站。

吴淞江工程的设计能满足流域防御不同降雨典型100年一遇洪水标准。按照江苏段两岸支河口门控制,在遭遇100年一遇"99南部"设计暴雨时,造峰期瓜泾口承泄太湖洪水为3.1亿 m³,苏沪边界的排水量为5.6亿 m³。该工程还能满足阳澄淀泖区50年一遇防洪标准和嘉宝北片20年一遇除涝标准。

工程实施后,可增加太湖洪水出路,提高流域防洪能力;增强阳澄淀泖区的防洪能力,提高嘉宝北片的除涝能力;同时,还能兼顾区域水资源水环境改善、航运等功能需求。

(二)上海自身的防洪工程体系建设

1. 上海市西部地区流域泄洪通道防洪堤防达标工程

上海市西部地区是太湖流域泄洪的重要通道,涉及金山区、青浦区和松江区,总面积约1 840 km²,约占上海市总面积的29%。西部地区流域泄洪通道防洪堤防达标工程涉及42条段、总长184.4 km河道,共计18个项目。其中,金山区涉及12个项目,河道长度达120.5 km;松江区涉及4个项目,河道长38.2 km;青浦区涉及2个项目,河道长25.7 km。2017年底,堤防等主体工程基本完工,到2018年底,所有工程全部完工。该工程建成后,上海西部地区的防洪标准达到了流域100年一遇、区域50年一遇的标准。

2. 新淀浦河西闸

新淀浦河西闸在老闸位置拆除重建,地处青浦区朱家角镇山湾村。新闸于2019年5月25日正式开工建设,2020年7月7日实现水下结构通水,2021年4月29日完工验收,工程总投资9 989万元。

新淀浦河西闸仍为套闸,工程等别为Ⅱ等。上闸首、外河侧消力池及外河侧翼墙的水工建筑物级别为2级,按1级建筑物校核;下闸首、闸室、闸室侧消力池及内河翼墙的水工建筑物级别为3级。防洪标准为50年一遇,100年一遇校核,排涝标准为20年一遇,抗震按基本烈度Ⅶ度设防，通航等级为Ⅵ级（100 t级），设计最大引水流量为110 m³/s。新淀浦河西闸建成后，不仅消除了闸体的安全隐患，还提高了防洪标准和流域行洪能力，同时改善了航运条件，增加了航道运能。

3. 龙泉港出海闸

龙泉港出海闸位于上海市金山区山阳镇金山嘴东侧，处于杭州湾一线海塘5号到6号丁坝之间，其内河为龙泉港，向北经叶榭塘可通黄浦江，向南外出杭州湾。

龙泉港出海闸工程包括出海闸、排水涵闸、束水导堤、海塘、河道、公路和桥梁等内容，工程等别为Ⅰ等，主要建筑物（出海闸、排水涵闸、海塘）的级别为1级，其他次要建筑物的级别为3级，水闸主体结构和桥梁工程按抗震基本烈度Ⅶ度设防，龙泉港航道等级为Ⅴ级，沪杭公路桥按汽-20标准设计。该工程始建于2001年3月，2003年11月竣工，其主要功能包括挡潮除涝、水资源调度、公路交通等。

4. 叶榭塘水利枢纽

叶榭塘水利枢纽工程位于上海市松江区叶榭镇境内松浦大桥东侧约400 m处，主要由套闸工程、节制闸工程、公路桥、护岸及管理区组成。为便于航运，套闸布置在河道西面裁弯取直的新开河道上，新开河道总长约186 m，外河引航道（包括过渡段）长399.6 m，内外闸首、闸室段长约249.0 m，内河引航道长约437.6 m（包括过渡段）。工程等别为Ⅱ等，航道等级为Ⅴ级，防洪标准为50年一遇，排涝标准为20年一遇。

2003年10月竣工的叶榭塘水利枢纽工程是黄浦江上游干流段防洪工程中的重点工程，也是太湖流域黄浦江上游一项具有较大规模的综合性水利枢纽工程，能够满足浦南东片防洪、排涝、引清调水的需要。

5. 蕴藻浜东水利枢纽

蕴藻浜东水利枢纽位于上海市宝山区顾村镇塘桥西首，下距黄浦江约12.5 km。1978年12月，蕴东水闸破土动工，经过多年建设，于1982年6月竣工，并在同年10月正式投入运行。蕴东水闸由一座节制闸和一座船闸组成。节制闸共有3孔，每孔净宽10 m，其中两边孔设有胸墙，采用直升平面钢闸门，中孔为露顶式，采用升卧式平面钢闸门（特殊情况下可用作临时通航）。船闸的设计通航吨级为300 t，闸口净宽12 m，闸室长300 m、宽20 m，内外闸首均采用升卧式平面钢闸门，年通航量700万～1800万 t。

蕴东水闸建成投运40多年来，在片区防洪除涝、水环境改善和航运等方面都发挥了巨大作用。它成功抵御了9711号台风"温妮"（闸口实测历史最高水位6.31 m）、0014号台风"桑美"、0509号台风"麦莎"、2106号台风"烟花"等多次台风的侵袭。近年来，在太湖洪水分流中，它也发挥了重要作用，其船闸为区域经济发展和"北横通道"等市重大工程建设提供了航运服务保障。

6. 大治河西闸水利枢纽

大治河西闸水利枢纽位于"浦江第一湾"转角东侧。"浦江第一湾"得名于黄浦江流向由东西转南北的第一个直角转弯口，与金汇港、大治河构成通江达海的"十字水道"。大治河西闸水利枢纽工程于1977年12月正式动工兴建，1979年11月25日正式投入运行，是浦东片主要的水利枢纽工程之一。

大治河西闸水利枢纽于2001年进行改造，改造后等别提高为Ⅰ等，主要由一座6孔节制闸、一座船闸和一座公路桥组成。节制闸的主要功能是引水,每日引水两次,在汛期根据防汛预警情况,暂停引水或由引水调整至排水模式。节制闸的设计最大排涝流量为 442 m³/s,最大引水流量为 276 m³/s。船闸通航等级为 300 t,闸室有效长度 300 m、宽 20 m,引航道内外各长 300 m。2015 年 9 月,大治河西枢纽新建二线船闸工程开工建设,设计通过能力为 2 900 万 t/a,2019 年 9 月底通过交工验收。该工程具有挡潮、防洪排涝、水资源调度和船舶通航等重要功能。

(三) 水利控制片和防洪除涝设施建设

自 20 世纪 60 年代和 70 年代起,太湖流域内展开了大规模的围湖垦殖和联圩并圩建设。在此期间,全流域约 55% 的平原面积得到建圩保护,平均排涝模数从 0.8 m³/(s·km²) 增加到 1.4 m³/(s·km²) 左右,增幅约 75%。

上海于 20 世纪 70 年代也开始实施水利分片综合治理。经过多年的建设整治,依托河网和圩区,构建了 14 个水利分片综合治理的区域除涝格局,形成了"1 网 14 片"的布局(即一张河网、14 个水利分片)。上海市区域除涝标准是:到 2025 年,全市水利片除涝标准基本达到 20 年一遇。

截至 2022 年底,全市共有圩区 304 个,圩区水闸设施 2 204 座,控制面积达 13.67 hm²,涉及 8 个区、12 个水利控制片。其中,耕地面积 5.20 hm²,水面积 1.35 hm²,其他面积 7.12 hm²。上海市圩区规划防御标准是:到 2035 年,主城区等重要地区达到 30 年一遇、其他地区达到 20 年一遇。

全市河道(湖泊)面积为 655.19 km²,河湖水面率为 10.3%;全市共有各类水闸 2 898 座,其中水利片外围水闸 987 座。随着大力推进骨干河道整治及断点打通、水利片外围除涝泵闸建设,计划到"十四五"末,新增河湖面积 300 hm²,将水利片外围除涝泵闸实施率由 52% 提高到 65%。

第六章

旱情旱灾

第一节 旱灾概况

干旱性天气是指持久不下透雨的天气。干旱性天气对上海的影响,根据受影响对象的不同,可分为农业影响和因旱引发咸潮入侵从而影响供水保障这两种情况。

旱灾的全称是干旱灾害,是指由于降雨减少、水工程供水不足导致用水短缺,对生活、生产和生态造成危害的事件。农业干旱是对农业生产影响较为严重的气象灾害,是指在作物生育期内,因土壤水分持续不足致使作物体内水分亏缺,从而影响作物正常生长发育的现象。

上海属于亚热带季风气候,具有雨量充沛、河网密布发达等特点,中华人民共和国成立以来,虽然会出现气候干旱少雨的情况,但随着城市保障能力的不断提升,干旱性天气并未对农业及人民的生产生活造成较大影响,也未造成明显的经济损失。

除农业干旱外,上海还会受到流域干旱的影响。在秋冬季节或者旱情严重的年份,当河口入海水量减少时,海水会随海潮沿河口上溯(倒灌),使河水盐度升高,从而形成咸潮。通常来说,上海地处长江口,每年11月至次年4月存在受咸潮影响的风险。这一时期长江处于枯水期,上游淡水流量不足以抗衡东海海潮带来的海水上溯,所以容易发生咸潮倒灌长江口的现象,导致长江口水源地取水口出现咸潮,进而影响供水水源。对于上海来说,干旱期咸潮入侵对供水水源产生的影响,已成为不容忽视的风险。

一、干旱性天气

在上海地区,最为常见的干旱类型是秋旱,或者是秋冬连旱,其次是伏旱,春旱较为少见。

(一) 秋旱

入秋以后,雨水显著减少,常出现持久秋旱。秋旱主要发生在秋分(9月23日左右)至小雪(11月23日左右)这段时间。以徐家汇站为例,这期间常出现持续一个月以上不下透雨(日雨量小于10.0 mm)的情况。当整个秋雨期间平均日雨量小于0.7 mm时,就被定义为秋旱。在1949—2022年期间,有32个秋旱年,其中秋旱长达40天以上的有18年。平均下来,大约每2年就会遇到一个秋旱年,每4年就会遇到一个严重秋旱年。最长的秋旱期为64天,出现在1970年9月22日—11月24日。1949—2022年上海秋旱出现年数(逐年9月21日—11月

30日)的统计结果见表6-1。

表6-1　1949—2022年上海秋旱出现年数统计

年份	秋旱≥30天出现年数/年	秋旱≥40天出现年数/年
1949—1960	5	4
1961—1970	6	5
1971—1980	2	1
1981—1990	3	0
1991—2000	5	3
2001—2010	6	2
2011—2022	5	3
合计	32	18

(二) 秋冬连旱

秋旱若持续至次年,易造成秋冬连旱。1949—2022年期间,上海连续90天及以上秋冬连旱的情况出现7次(表6-2),平均每11年出现1次。自1991年以来,仅出现1次连续90天及以上的秋冬连旱,发生在1992年9月25日—次年1月3日。

表6-2　1949—2022年上海出现连续90天及以上秋冬连旱情况

序号	持续天数/天	年份	起止日期	旱期内雨量/mm
1	141	1964—1965	9月21日—次年2月8日	79.8
2	119	1988—1989	9月21日—次年1月17日	42.3
3	101	1992—1993	9月25日—次年1月3日	59.1
4	98	1956—1957	10月8日—次年1月13日	35.2
5	98	1958—1959	10月23日—次年1月28日	35.7
6	97	1969—1970	11月17日—次年2月21日	52.9
7	96	1973—1974	10月13日—次年1月16日	20.8

(三) 伏旱

盛夏有三伏,通常把7月中旬至8月中旬这段时期统称为伏期,伏期内晴热少雨,植物的蒸腾和土壤蒸发很快,只要半个月不下透雨,就有旱象露头。

伏旱是指我国长江流域及江南地区在盛夏时节(多指7月、8月)降雨量显著少于多年平均值的现象。一般,当该地区受西太平洋副热带高压控制,且台风活动较少时,就容易出现严重的干旱情况。

通过对历年伏旱期间的雨量资料与干旱严重程度进行对比分析,做出如下定义:徐家汇站连续30天或40天以上不下透雨（日雨量小于10.0 mm），且同期平均日雨量小于0.7 mm，将这两种情况分别判定为伏旱年和严重伏旱年。

根据1949—2022年期间历年7月1日—9月20日的资料统计（表6-3）可知：在这74年间共有12个伏旱年，其中伏旱时长超过40天的有3年，平均每6年遇到一个伏旱年，每25年遇到一个严重伏旱年。最长的伏旱期为66天，出现在1967年7月6日—9月9日，其中7月23日—9月9日这49天里滴雨未下。

表6-3 1949—2022年上海伏旱出现年数统计

年份	伏旱≥30天出现年数/年	伏旱≥40天出现年数/年
1949—1960	1	0
1961—1970	4	1
1971—1980	3	2
1981—1990	0	0
1991—2000	2	0
2001—2010	1	0
2011—2022	1	0
合计	12	3

伏旱出现的早晚以及持续时间的长短，主要与两个因素有关：一是与梅雨量和出梅早晚相关，通常情况下，短梅或者出梅早，伏旱一般开始得早，旱期长；二是与秋雨开始的早晚有关，一般盛夏暖空气势力强，高温天气多的年份，秋雨来得迟，旱期长。

长江流域因地形地貌复杂多变，各区域气候变化较大。每当大气环流系统发生异常，上游地区的春夏旱持续时间延长，中下游地区的多雨期就有可能出现"枯梅"或"空梅"现象，致使伏旱提前，旱期延长，易酿成流域性干旱。

（四）持续无降雨

1949—2022年期间，上海共出现了16次连续30天及以上无降水的情况，大约平均每5年出现1次。其中，1973年11月10日—1974年1月13日连续65天滴雨未下，为中华人民共和国成立以来连续无降水日数最长的一次。自1991年以来，共出现3次连续30天以上无降水现象，分别发生在1993年、1995年和1999—2000年，具体见表6-4。

表6-4 1949—2022年上海出现连续30天及以上无降水情况

序号	持续天数/天	年份	起止日期
1	65	1973—1974	11月10日—次年1月13日
2	49	1967	7月23日—9月9日
3	44	1971	11月10日—12月23日
4	41	1975—1976	12月10日—次年1月19日

（续表）

序号	持续天数/天	年份	起止日期
5	39	1979	9月27日—11月4日
6	38	1962—1963	12月31日—次年2月6日
7	35	1999—2000	12月2日—次年1月5日
8	34	1983	11月11日—12月14日
9	34	1987—1988	11月29日—次年1月1日
10	33	1958	11月15日—12月17日
11	33	1980—1981	12月3日—次年1月4日
12	32	1955	9月24日—10月25日
13	31	1976	7月15日—8月14日
14	31	1988	10月18日—11月17日
15	31	1995	11月15日—12月15日
16	30	1993	1月16日—2月14日

根据1949年以来的数据统计（图6-1），较长持续周期的连续无降水现象主要集中在10月—次年2月，并且存在频次和持续天数逐年减少的趋势。

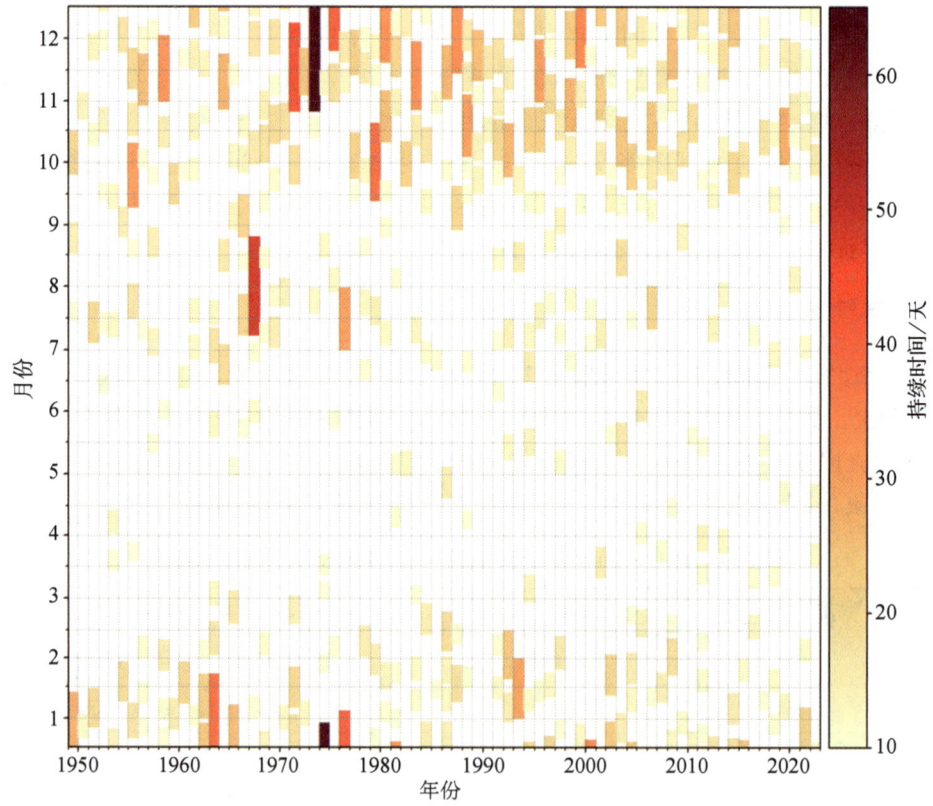

图6-1 上海市徐家汇站自1949年以来连续10日以上无降水现象的时间分布

二、农业干旱

1949年以前,上海抵御干旱的能力较弱,每逢干旱期,史志中便会有"河尽涸、禾豆尽槁,岁饥,大旱大疫"之类的描述。1949年之后,上海大力推进水利建设。1958年后,上海不断扩大机电灌溉面积,抗旱能力显著提升,如伏旱严重的1967年49天连续不下雨和出现特大旱象的1978年,农业生产均未受到明显影响。干旱作为一种天气现象,在上海仍时常出现,但其对农业用水的威胁已基本消除。灌溉电气化使得上海在大旱之年仍能确保农业丰收,自20世纪80年代至今,上海再未发生明显的农业旱情。

三、咸潮入侵影响供水保障

目前,上海长江原水供水水源地包括长江陈行、青草沙、东风西沙三个水库,其供水量约占全市原水供应的75%,服务人口约1800万人。每年冬春枯水季节,水库时常受到咸潮入侵的影响,单次咸潮的持续时间一般为5~7天。咸潮的形成是由于上游淡水流量不足,海水倒灌,咸淡水混合致使河道水体变咸。根据《生活饮用水卫生标准》(GB 5749—2022),饮用水氯化物浓度应小于250 mg/L。然而,咸潮会使水源地氯化物浓度超标,进而影响供水水质,给沿岸城市的生活用水及工农业用水带来一定的负面影响。

据《松江志》记载,雍正二年(1724年),由于此前两年连续干旱,出现了"卤潮入内河"的情况,上海发生严重咸潮,直到清明以后,水质才有所好转。

1959年和1978年,上海都曾遭遇了严重的咸潮。其中,1978年冬至1979年春的咸潮,其严重程度曾被认为是"百年一遇",咸潮侵入长江口和黄浦江,导致崇明岛被咸水包围近100天。

自20世纪90年代长江口建设水源地以来,咸潮入侵给上海的水源地供水造成了很大影响。

1994—1998年,河口咸潮入侵相对较弱,每年发生次数在4次以下;1998—1999年枯水期,咸潮入侵8次。

1999年冬至2000年春,上海长江口陈行水库遭遇8次咸潮入侵,其中5月发生2次,当年最后一次咸潮发生在5月22—24日,持续2天10小时,陈行水库取水口氯化物浓度最高达299 mg/L。

2000年冬至2001年春,陈行水库遭遇7次咸潮入侵,发生在2001年1—4月。

2001年冬至2002年春,陈行水库遭遇9次咸潮入侵,发生在2002年1—5月。当年最后一次咸潮从4月28日开始,至5月3日结束,持续5天12小时,陈行水库取水口氯化物浓度最高达575 mg/L。

2003年春,陈行水库遭遇1次咸潮入侵,发生在2月21—24日,持续3天1小时,陈行水库取水口氯化物浓度最高达380 mg/L。

2003年冬至2004年春,陈行水库遭遇10次咸潮入侵。其中,5月那次发生在5月8—10日,持续2天17小时,陈行水库取水口氯化物浓度最高达341 mg/L。

2004年12月17日,陈行水库遭遇咸潮入侵,持续4天。

2005年春,陈行水库遭遇咸潮入侵共计5次,发生在2—5月,最后一次咸潮于4月28日开始,至5月2日结束,持续4天19小时,陈行水库取水口氯化物浓度最高达423 mg/L。

2006年春,陈行水库遭遇4次咸潮入侵。最后一次咸潮于5月10日开始,至5月12日结束,持续1天15小时,陈行水库取水口氯化物浓度最高达314 mg/L。

2006年夏秋至2007年春,陈行水库遭遇13次咸潮入侵,当年咸潮呈现出来得早、强度大、密度高的特点。9月11—16日,长江口遭遇一次夏秋季罕见的咸潮入侵,比往常提早了2个月,这次咸潮持续4天12小时,陈行水库取水口氯化物浓度最高达524 mg/L。10月9日,第二波咸潮再次入侵,持续时间长达8天5小时,陈行水库取水口氯化物浓度最高达1 281 mg/L,10月24日,第三波咸潮入侵长江口,再次影响陈行水库取水口。

2007年冬至2008年春,陈行水库遭遇8次咸潮入侵,其中最严重的一次发生在2008年3月11—20日,持续时间长达9天2小时,陈行水库取水口氯化物浓度最高达1 244 mg/L。

2008年冬至2009年春,陈行水库遭遇7次咸潮入侵。其中,最为严重的一次发生在2009年2月12—21日,持续时间长达9天2小时,陈行水库取水口氯化物浓度最高达1 302 mg/L。

2009年秋至2010年春,陈行水库遭遇8次咸潮入侵。最早一次发生在2009年10月22—26日。

2010年冬至2011年春,陈行水库遭遇7次咸潮入侵。5月发生2次咸潮入侵,最末一次咸潮发生在5月19—27日,持续近9天。随着2011年青草沙水库的建成通水,陈行水库咸潮期间的供水压力得到缓解。

2011年秋冬,青草沙水库遭遇4次咸潮入侵,陈行水库遭遇1次咸潮入侵,2012年春,两大水库均未遭遇咸潮入侵。

2012年冬至2013年春,青草沙水库遭遇3次咸潮入侵,陈行水库遭遇1次咸潮入侵。其中,青草沙水库第一次咸潮发生在2012年11月,其余两次均发生在2013年3月,陈行水库咸潮也发生在2013年3月。

2013年秋冬至2014年春,青草沙和陈行两大水库共遭遇19次咸潮入侵。2014年春,青草沙水库和陈行水库接连发生持续时间较长、强度较大的咸潮入侵。当年陈行水库影响最大的一次咸潮入侵发生在2014年2月12—26日,持续将近14天。几乎同一时间,青草沙水库也遭遇咸潮入侵,从2014年2月4—26日持续了22天6小时,水库取水口氯化物浓度最大达5 479 mg/L。2014年的这两次咸潮入侵是陈行水库和青草沙水库建库以来遭遇的最严重咸潮入侵。

2014年冬至2015年春,陈行水库遭遇1次咸潮入侵,持续近6天。青草沙水库遭遇2次咸潮入侵,持续时间分别为2天11小时和4天13小时。东风西沙水库遭遇4次咸潮入侵,持续时间最长的一次发生在2015年2月19—27日,近8天。

2016年和2017年长江口水源地遭遇咸潮入侵次数较少,均发生在当年3月。其中,2016年3月,青草沙水库遭遇1次,东风西沙水库遭遇2次;2017年3月,东风西沙水库遭遇2次。

2019年夏秋至2020年春,长江口陈行、青草沙和东风西沙这三大水库遭遇咸潮入侵次数较常年偏多,共计10次。

2021年春,青草沙水库和东风西沙水库各遭遇1次咸潮入侵。

2022年,长江流域雨量偏少、梅雨期短,降雨量较常年偏少69%,部分区域出现"空梅"现象。加上出梅以来,持续晴热少雨,导致上游来水较常年明显减少,于是便出现了罕见的夏季咸潮。2022年9月1日,东风西沙水库遭遇了当年的第一次咸潮入侵,至2023年春,上海长江口三大水库共计遭遇咸潮入侵24次。陈行水库咸潮入侵累计持续时长86天6小时,青草沙水库咸潮入侵累计持续时长132天11小时,东风西沙水库咸潮入侵累计持续时长130天18小时。2022年咸潮入侵为有记载以来史上最早、发生次数最多、历时最长的极端严重咸潮入侵。

长江口三大水源地建库以来的咸潮入侵情况汇总分别见表6-5—表6-7。

表6-5 陈行水源地咸潮入侵情况(1994—2023年春)

时间	次数/次	累计持续时长	取水口最大氯化物浓度/(mg·L^{-1})	单次最长时间
1994—1998年	每年4次以下	—	—	—
1998—1999年枯水期	8	—	—	—
1999年冬—2000年春	8	27天8小时	839	5天12小时
2000年冬—2001年春	7	39天4小时	1 347	6天21小时
2001年冬—2002年春	9	67天22小时	2 276	8天20小时
2003年春	1	3天1小时	380	3天1小时
2003年冬—2004年春	10	61天17小时	1 426	9天19小时
2004年冬—2005年春	6	25天10小时	807	5天5小时
2006年春	4	16天14小时	816	5天16小时
2006年夏秋—2007年春	13	81天6小时	1 648	8天17小时
2007年冬—2008年春	8	55天22小时	1 244	9天2小时
2008年冬—2009年春	7	26天11小时	1 302	9天2小时
2009年秋—2010年春	8	38天12小时	950	6天14小时
2010年冬—2011年春	7	40天14小时	1 214	9天16小时
2011年秋冬	1	5天17小时	527	5天17小时
2012年冬—2013年春	1	3天23小时	444	3天23小时
2013年秋—2014年春	9	58天	1 097	13天23小时
2015年春	1	5天16小时	826	5天16小时
2019年夏秋—2020年春	1	3天22小时	504	3天22小时
2022年夏秋—2023年春	8	86天6小时	2 166	26天12小时

注:1999年之前未有监测统计数据。

表 6-6 青草沙水源地咸潮入侵情况(2011—2023 年春)

时间	次数/次	累计持续时长	取水口最大氯化物浓度/(mg·L^{-1})	单次最长时间
2011 年秋冬	4	8 天 6 小时	770	4 天 22 小时
2012 年冬—2013 年春	3	7 天 21 小时	422	4 天
2013 年秋—2014 年春	10	82 天 11 小时	5 479	22 天 6 小时
2015 年春	2	7 天	839	4 天 13 小时
2016 年春	1	21 小时	310	21 小时
2019 年夏秋—2020 年春	3	19 天 19 小时	1 533	12 天 5 小时
2021 年春	1	5 天 21 小时	1 973	5 天 21 小时
2022 年夏秋—2023 年春	5	132 天 11 小时	3 940	97 天 7 小时

表 6-7 东风西沙水源地咸潮入侵情况(2014—2023 年春)

时间	次数/次	累计持续时长	取水口最大氯化物浓度/(mg·L^{-1})	单次最长时间
2014 年冬—2015 年春	4	17 天 12 小时	547	7 天 15 小时
2016 年春	2	6 天 8 小时	469	3 天 17 小时
2017 年春	2	6 天 11 小时	442	3 天 11 小时
2019 年夏秋—2020 年春	6	34 天 22 小时	547	8 天 15 小时
2021 年春	1	5 天 14 小时	756	5 天 14 小时
2022 年夏秋—2023 年春	11	130 天 18 小时	2 176	27 天 19 小时

第二节 影响上海的重大干旱事件

干旱性天气对上海造成的影响主要体现为海水上溯引起的咸潮入侵事件。这对上海市的供水水源造成了一定影响。

一、上海原水格局概述

经过多年规划建设,长江口的陈行水库、青草沙水库、东风西沙水库以及黄浦江上游的金泽水库全部建成投运。上海以长江、黄浦江为双水源,基本形成"两江并举、集中取水、水库供水、一网调度"的原水供水格局,城市供水安全保障得到进一步提升。目前,上海的水源地及原水系统布局如图 6-2 所示,主要水库工程特征表见表 6-8。

第六章 旱情旱灾

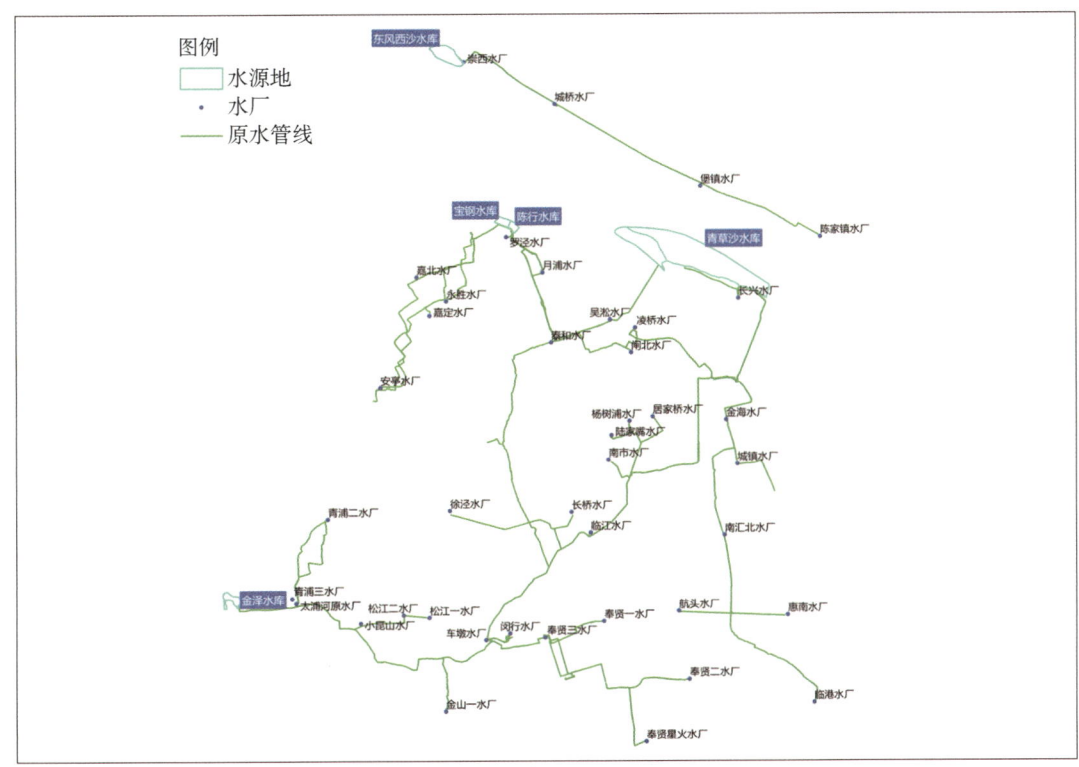

图 6-2 上海的水源地及原水系统布局

表 6-8 上海市主要水库工程特征

水库名称	所在地点	最高蓄水位/m	设计常水位/m	死水位/m	总库容/万 m³	有效库容/万 m³	供水规模/(万 m³·d⁻¹)	供水人口/万人
陈行	宝山区	8.10	4.00~7.60	0.50	962	894	228	400
青草沙	崇明区	7.00	2.00~4.00	−1.50	52 700	43 800	731	1 300
东风西沙	崇明区	5.65	3.00~4.00	1.00	976.2	890.2	24.5	70
金泽	青浦区	3.30	1.65~3.10	−3.00	910	817	351	670

（一）陈行水库

陈行水库位于宝山区罗泾镇长江岸段。其北堤（外堤）面临长江，东堤紧靠新川沙河，南堤（内堤）为长江防汛大堤，西堤与宝钢水库共用。该水库于 1992 年 6 月建成通水，总库容为 962 万 m³，有效库容为 894 万 m³，供水规模为 228 万 m³/d。陈行水库是上海市开发利用长江口饮用水水源地的重要里程碑。

陈行水库主要向月浦水厂、泰和水厂、吴淞水厂、闸北水厂、凌桥水厂、罗泾水厂、嘉北水厂、永胜水厂、嘉定水厂、安亭水厂等自来水厂供应原水，受益人口约 400 万人。

（二）青草沙水库

青草沙水库位于长兴岛西北方的冲积沙洲青草沙上，总面积达 66.26 km²，于 2011 年 6 月 8 日建成通水。青草沙水库总库容为 5.27 亿 m³，有效库容为 4.38 亿 m³，供水规模为 731 万 m³/d，是亚洲最大的河口江心水源水库。该水库的主要功能是避咸蓄淡，在咸潮期，即便出现最长连续 68 天不宜取水的情况，它仍能正常为受水区水厂提供原水。

青草沙水库主要向长兴水厂、长桥水厂、南市水厂、徐泾水厂、杨树浦水厂、凌桥水厂、闸北水厂、临江水厂、金海水厂、居家桥水厂、陆家嘴水厂、城镇水厂、惠南水厂、南汇北水厂、航头水厂、临港水厂等自来水厂供应原水，供水范围覆盖长宁区、徐汇区、黄浦区、虹口区、杨浦区、浦东新区 6 个行政区的全部地区，以及普陀区、静安区、闵行区、青浦区、崇明区 5 个行政区的部分地区，受益人口约 1 300 万人。

（三）东风西沙水库

东风西沙水库位于长江口南支上端、崇明岛的西南侧，东风西沙与崇明岛之间的夹泓地带，水库面积约 3.7 km²，2014 年 6 月 10 日正式向城桥水厂供水，2014 年 10 月 8 日正式向陈家镇水厂供水，2015 年底向崇西水厂和堡镇水厂供水，形成崇明一库四水厂供水集约化格局。东风西沙水库总库容为 976.2 万 m³，有效库容为 890.2 万 m³；近期供水规模为 24.5 万 m³/d，远期供水规模为 40 万 m³/d。水库供水范围为崇明本岛，惠及崇明区 70 万名居民。

（四）黄浦江上游金泽水库

金泽水库位于青浦区金泽镇西部、太浦河北岸，2016 年 12 月 29 日正式向金山、奉贤和闵行供应原水，2017 年 3 月和 5 月分别向青浦、松江两区供水。金泽水库的有效库容为 817 万 m³，近期规划原水供应规模为 351 万 m³/d。

金泽水库主要向青浦二水厂、青浦三水厂、松江一水厂、松江二水厂、小昆山水厂、车墩水厂、金山一水厂、奉贤一水厂、奉贤二水厂、奉贤三水厂、星火水厂、闵行水厂等自来水厂供应原水，改善了西南五区约 670 万名上海市民的生活用水质量。

二、影响上海的重大咸潮入侵事件

（一）重大咸潮入侵标准

自长江口三大水源地建成后，相关部门重新划定了影响上海的咸潮入侵等级标准。根据《上海市处置海洋灾害专项应急预案》（沪府办〔2022〕24 号），当青草沙水库咸潮入侵时间连续超过 30 天，陈行水库咸潮入侵时间连续超过 10 天，东风西沙水库咸潮入侵时间连续超过 18 天，就将其定义为重大咸潮入侵事件。

（二）重大咸潮入侵事件

1978 年，长江中下游地区发生了极为罕见的大范围持续干旱，这一年成为中华人民共和国成立后的第一大旱年。当年，上海市年降雨量为 772.3 mm，其中 7—8 月降雨量仅为常年同期的 25%。受此次大旱影响,长江徐六泾以下河段遭受盐水侵袭长达 6 个月。上海吴淞水厂因取水口氯化物浓度超标,连续 142 天无法取水。咸潮还随黄浦江上溯,致使沿江 7 个取水口氯化物浓度长时间超出饮用水标准。

2000—2022 年期间,长江口水源地共遭遇 8 次重大咸潮入侵,其中 2014 年 1 次,2022 年 7 次。重大咸潮入侵事件详见表 6-9。

表 6-9　2000 年至今影响上海市长江口水源地的重大咸潮入侵事件

年份	发生地点	起止日期	持续时间	取水口最大氯化物浓度/(mg·L^{-1})
2014	陈行水库	2 月 12—26 日	13 天 23 小时	1 069
2022	东风西沙水库	9 月 20 日—10 月 18 日	27 天 19 小时	2 176
	东风西沙水库	10 月 23 日—11 月 19 日	27 天 3 小时	1 776
	青草沙水库	9 月 5 日—12 月 12 日	97 天 7 小时	3 940
	陈行水库	9 月 21 日—10 月 18 日	26 天 12 小时	2 166
	陈行水库	10 月 22 日—11 月 8 日	16 天 16 小时	885
	陈行水库	11 月 11—22 日	11 天 15 小时	874
	陈行水库	11 月 26 日—12 月 7 日	10 天 6 小时	910

1. 2014 年咸潮入侵事件

2014 年 2 月 12 日(农历正月十三)13:00 至 2 月 26 日(农历正月二十七)12:00,陈行水库遭遇了当年最为严重的咸潮入侵。此次咸潮持续了 13 天 23 小时,其中 2 月 15 日 15:00,老取水头部氯化物浓度最高值达 1 069 mg/L。由于前一次咸潮在 2 月 10 日 9:00 刚结束(历时 6 天 14 小时),两次咸潮仅间隔 2 天 4 小时,这使得陈行水库水位只从前一次咸潮结束时的 4.99 m,上升至此次咸潮起汛时的 5.59 m。受此影响,陈行水库在该时段的调蓄能力及对咸水的混合稀释能力大幅降低。

咸潮期间,长江干流大通流量处于 1.03 万~1.33 万 m^3/s,陈行水库水位最低降至 3.08 m,为此向宝钢水库借水 132.92 万 m^3。由于受到北支盐水倒灌和南支正面侵袭的双重影响,此次咸潮呈现出入侵时间早、持续时间长、取水口氯化物浓度高的特点。在此期间,部分居民反映宝山区、普陀区供水区域水质口感偏咸,但其他区域自来水对外服务并未受到明显影响。

2. 2022 年咸潮入侵事件

2022 年,长江流域遭遇历史罕见的枯水年。7—8 月,流域降雨量较常年同期偏少四成,是 1961 年以来同期最少。长江大通断面 9 月流量仅为往年同期的 33%。长江来水严重不足,再加上台风影响,致使长江口遭遇了历史上最早、最严重的咸潮入侵。9 月,长江下游大通站平均流量仅约 1.10 万 m^3/s(历史同期 3 万~5 万 m^3/s)。受 2211 号台风"轩岚诺"、2212 号台风"梅花"和 2214 号台风"南玛都"对东海海面咸潮顶托的连续叠加影响,9 月 1—23 日,上海市长江口水源地遭遇史上最早咸潮入侵,位于长江口附近的东风西沙水库、陈行水库、青草沙水库均受到严重影响。10 月,在以三峡为核心的水利工程实施压咸补淡应急调度后,长江口补水取得一定成效,三大水库取水窗口增加,长江口咸潮入侵程度有所减轻。然而,咸潮入侵并未彻底消除,仍持续影响长江口水源地,直至12月初才暂时消退。2023年1月初咸潮入侵再起,持续影响长江口水源地,直至4月初大通站流量超过2.0万 m³/s,本次长江口极端严重咸潮入侵才宣告结束。

2022年长江口咸潮入侵有以下特点:

一是入侵时间早。咸潮入侵时间较往年提早了3个月,最早一次咸潮入侵发生在2022年9月1日,地点是东风西沙水库,入侵时间较往年提早3个月。

二是影响次数多。东风西沙水库累计发生咸潮入侵11次,青草沙水库累计发生咸潮入侵5次,陈行水库累计发生咸潮入侵8次,三大水库咸潮入侵次数总计24次。

三是氯化物浓度高。东风西沙水库最高氯化物浓度为2 176 mg/L,青草沙水库最高氯化物浓度为3 940 mg/L,陈行水库最高氯化物浓度为2 166 mg/L,这些数值均为近五年的最高值。

四是单次持续时间长。东风西沙水库咸潮入侵单次最长持续27天19小时,青草沙水库咸潮入侵单次最长持续97天7小时,陈行水库咸潮入侵单次最长持续26天12小时。

2022年咸潮期间,上海市通过落实水库窗口期补水、水源切换、内河应急取水、一网调度等措施,保障了全市供水安全平稳应对。

三、长江来水对上海咸潮的影响分析

长江口咸潮入侵的主要影响因素包括长江上游径流量、潮汐、风应力、河口形态及水下地形等。咸潮入侵强度与长江径流量呈负相关,与潮汐强度呈正相关。如图6-3所示,2013年秋—2014年春和2022年秋—2023年春分别发生了19次和24次水源地咸潮入侵,对应枯水期大通流量均低于15 000 m³/s。

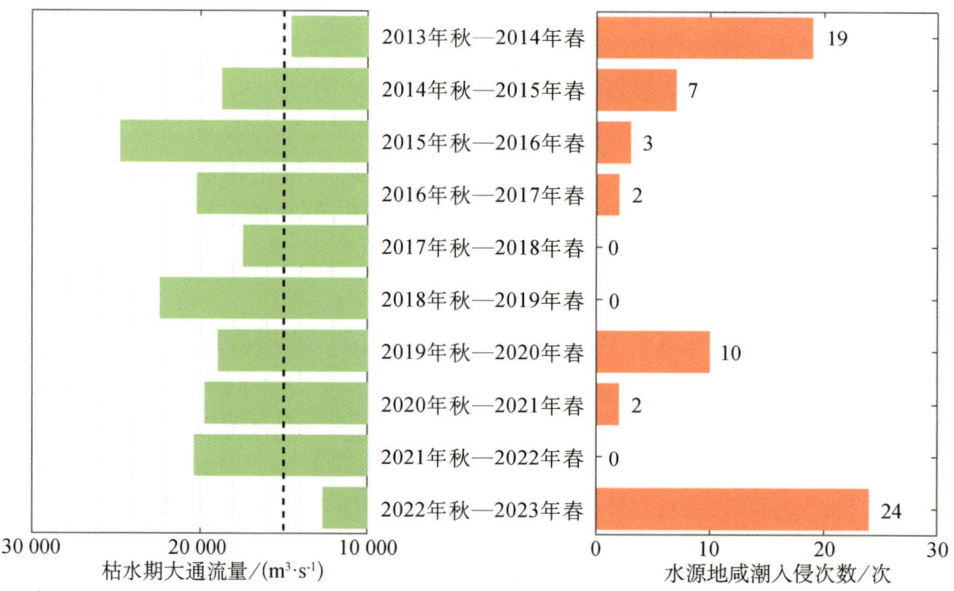

图6-3　2013—2023年历年咸潮入侵和长江枯水期大通流量情况统计

长江流域年内径流量具有显著的丰枯特性,一般来说,11月—次年4月为枯水期。在枯水期,上海三大水源地从长江可取淡水量明显减少,且伴随着潮汐,当长江干流径流量明显减少时,水源地易遭受咸潮入侵;在发生流域性极端干旱灾害的情况下,即便处于汛期,亦可能会出现严重的咸潮入侵现象。2022年,长江流域遭遇了自1961年以来最为严重的气象干旱。汛期大通流量远低于多年平均值,再加上"轩岚诺""梅花""南玛都"三场台风连续影响,长江流域出现了罕见的"汛期反枯""盛夏枯水"现象。2022年8月与9月的大通流量月平均值分别为 20 951 m³/s 与 11 614 m³/s,低于2010—2021年同期的月平均流量 43 476 m³/s 与 33 866 m³/s;2022年8月与9月的大通流量最小值分别为 13 900 m³/s 与 7 340 m³/s,低于2010—2021年同期的最小流量 36 842 m³/s 与 29 650 m³/s,这也是历史最低流量。在此期间,青草沙水库受咸潮影响,水库不宜取水天数达97天7小时,超过了设计工况;陈行水库咸潮入侵单次最长持续26天12小时。青草沙水库和陈行水库均根据实际情况择时关闭取水口,上海市供水安全保障能力面临着严峻考验。

第七章

水旱灾害防御措施及成效

第一节 防汛减灾工程措施及成效

上海滨江临海,地处长江流域、太湖流域的最下游,地势低平,极易受到台风、暴雨、高潮、洪水等多种灾害的侵袭。历届市委、市政府高度重视防汛工程,持续加强防汛基础设施的建设,逐步形成了以"千里海塘、千里江堤、区域除涝、城镇排水"四道防线为主的防汛工程体系。这一体系在防御洪涝灾害的过程中发挥了巨大作用,有效保障了城市的安全与平稳运行。

截至2022年底,全市主海塘总长度为498.8 km,其中约82.1%达到了防御"200年一遇高潮位+12级风"的标准;黄浦江干流及其支流堤防长度为479.12 km,达到了防御"1 000年一遇高潮位"的标准(1984年批准),上游干流及支流段达到了防御"50年一遇"流域洪水的标准,苏州河干流堤防长度为125.73 km,基本达到防御"50年一遇"流域洪水的标准;区域除涝形成按14个水利分片综合治理、配套2 898座水闸(含圩区2 204座)设施的体系,除涝能力基本达到"15年一遇"的标准;城镇排水系统建成373个,排水能力为4 996.85 m³/s,达到了雨水排水系统设计暴雨重现期"1年一遇"的标准,服务面积中17.9%达到"3~5年一遇"的标准。

一、千里海塘

海塘是指沿海岸及岛屿四周修筑的堤防及保滩工程。长江口海塘和杭州湾海塘是上海抵御风暴潮灾害的第一道防线。主海塘是指达到国家防御标准,对上海市陆域和崇明三岛岛域起主要防御作用的堤防。另外,按照建设及维护责任主体的不同,海塘可分为公用岸段海塘和专用岸段海塘。其中,公用岸段海塘由市、区水务部门组织实施建设和维护,专用岸段海塘则由专用单位建设和维护。

截至2022年底,上海市主海塘总长度达498.8 km。根据《上海市城市总体规划(2017—2035年)》及《上海市防洪除涝规划(2020—2035年)》新确定的海塘防御标准,主海塘按照"200年一遇高潮位+12级风"的标准设防。截至2022年底,主海塘达标长度为409.6 km,达标率约为82.1%;尚有89.2 km主海塘未达标,具体分布为:奉贤区2.6 km,崇明岛56.4 km,长兴岛8.0 km,横沙岛22.2 km。

（一）工程分布

上海市主海塘按照"1弧3环"总体布局，主要分布在金山区、奉贤区、浦东新区、宝山区、崇明区这5个区。陆域主海塘从沪浙边界金丝娘桥起始，一直延伸至沪苏边界的浏河口，长度为210.7 km，约占主海塘总长的42.2%，分布在金山区、奉贤区、浦东新区、宝山区这4个区。其中，金山区主海塘长24.0 km，奉贤区主海塘长40.7 km，浦东新区主海塘长116.3 km，宝山区主海塘长29.7 km。崇明三岛的主海塘长度为288.1 km，占主海塘总长的57.8%。其中，崇明岛主海塘长194.3 km，长兴岛主海塘长62.3 km，横沙岛主海塘长31.5 km。

金山区海塘位于杭州湾北岸，总体呈西南至东北走向，西起沪浙交界浙江省平湖市海塘，东至漴缺，与奉贤区海塘相接。其中，公用岸段海塘主要有金山嘴及戚家墩等海塘，专用岸段海塘主要有石化海塘和化工区海塘。

奉贤区海塘位于杭州湾北岸，总体呈东西走向，东与浦东新区海塘相接，西与金山区海塘接壤。其中，公用岸段海塘主要有团结塘、东港塘、华电灰坝、奉新六号塘及水利塘等海塘，专用岸段海塘主要有临港圈围、柘林塘和化工区等海塘。

浦东新区海塘岸线较长，总体呈西北至东南走向，北起吴淞口南岸，经五号沟、三甲港、大治河口至南汇嘴转弯向西到奉贤交界。其中，专用岸段海塘分布较多，主要有外高桥港区、三甲港围堤、绿波大堤、浦东机场围堤等。

宝山区海塘总体呈西北至东南走向，北起太仓交界处，南至吴淞口北岸吴淞灯塔处。宝山区海塘沿线码头众多，专用岸段较多，主要有宝钢、罗泾港区和华能电厂等。

崇明区是海塘长度最长的行政区。崇明区海塘分别分布于崇明本岛、长兴岛和横沙岛之上，主要以公用岸段海塘为主，而专用岸段海塘主要分布在长兴岛，包括青草沙水库、振华港机、中远海运、江南船厂、沪东船厂等海塘。

（二）建设过程

1. 20世纪90年代之前建设情况

早期的海塘堤身结构多以土堤为主，防御标准较低。在海塘工程运行期间，堤身经常受损，遇到风暴潮时极易决口。1949年第6号台风侵袭过后，上海开始进行海塘加高加固建设。1950年，按照防御1949年高潮的标准，建设了20多km的海塘，逐步达到堤顶高约7 m、顶宽约4 m的标准。1956年，上海提出"积极防御、避免退堤、保滩与护岸并重，以保滩为主"的海塘工程治理方针，并据此修建了护岸、丁坝、顺坝、护坎等保滩工程。20世纪70年代，对土堤逐年进行加高培厚。1975年，编制《上海市海塘保滩护岸工程调查报告》，规定土堤断面标准为堤顶高程8 m，顶宽5 m，内坡1∶2，外坡1∶3，同时将大陆海塘的防御标准确定为历史最高潮位（吴淞5.72 m）和11级风的组合，在此标准下建成的一线海塘长度超过400 km。1983年，开展了不同型式的混凝土异型块体消浪性能试验。1984年，开展海塘弧形防浪墙试验。1985年，开展异型块体规则和不规则铺砌对比试验。1986年，开展丁坝、勾坝平面布置及不同型式护岸工程波浪爬高试验。1989年，上海市水利局提出《1991—2000年上海市郊区水利规划大纲》，规定郊区海塘工程防御标准为"历史最高潮位+11级风",浦东新区等重点区域防御标准为"100年一遇高潮位+12级风",其他区域为"50年一遇高潮位+11级风"。20世纪90年代之前海塘建设过程具体见表7-1。

表7-1　20世纪90年代之前海塘建设过程

时间	海塘建设阶段	主要特征描述或防御标准
1949年以前	俗称"六三"海塘(释义:堤顶高程约6 m,堤顶宽约3 m)	堤身结构基本为土堤,堤顶高程5~6 m,堤顶宽度约3 m,防御标准为"5~10年一遇"
20世纪50至60年代	俗称"七四"海塘(释义:堤顶高程约7 m,堤顶宽约4 m)	堤身结构基本为土堤,堤顶高程约7 m,堤顶宽度约4 m,防御标准按1949年高潮水位设计。开始修建护岸、丁坝、顺坝、护坎等保滩工程
20世纪70年代	俗称"八五"海塘(释义:堤顶高程约8 m,堤顶宽约5 m)	堤身结构基本为土堤,规定了土堤断面标准,堤顶高程约8 m,堤顶宽度约5 m,内坡1∶2,外坡1∶3,防御标准按历史最高潮位(吴淞5.72 m)和11级风的组合设计
20世纪80年代	提出不同区域不同防御标准	堤顶高程约8 m,堤顶宽度约5 m,防御标准:郊区"历史最高潮位+11级风";浦东新区等重点区域"100年一遇高潮位+12级风";其他区域"50年一遇高潮位+11级风"

2. 20世纪90年代至2022年海塘建设情况

近30年来,水利管理部门不断提高海塘工程的防御标准,并持续开展海塘提标建设。

1991年8月,相关部门编制了海塘工程"八五"规划。规划提出,在"八五"期间,防御标准的重点放在提高低标准堤段,对于没有达到"50年一遇高潮位+11级风"防御标准的海塘进行全面提标;同时,把已达到"50年一遇高潮位+11级风"防御标准的海塘,进一步提标至"100年一遇高潮位+12级风"。1995年6月,上海市政府发布《上海市人民政府关于大力加强水利工作的决定》,要求郊区海塘工程普遍达到"50年一遇高潮位+11级风"的防御标准。1996年,首次编制《上海市海塘规划(1996—2010年)》。该规划要求城市化地区海塘达到"100年一遇高潮位+12级风"防御标准,重要地区达到"200年一遇高潮位+12级风"防御标准,非城市化地区达到"100年一遇高潮位+11级风"防御标准。1997年第11号台风侵袭后,按照规划要求开展了大规模的海塘达标工程建设,至2002年全面建设完成。在"十五"期间,重点开展了保滩工程建设。2002年后,大规模的滩涂圈围工程展开,这使得一线海塘的布局和走向发生了很大变化。

2011—2020年,按照《上海市海塘规划(2011—2020年)》要求,在全市范围内开展海塘新一轮达标及保滩工程建设。2021年后,根据《上海市防洪除涝规划(2020—2035年)》,全市主海塘全部按照"200年一遇高潮位+12级风"的防御标准开展达标建设。

20世纪90年代至2022年海塘建设过程具体见表7-2。

表 7-2　20 世纪 90 年代至 2022 年海塘建设过程

时间	规划管理	工程建设	防御标准
20 世纪 90 年代，9711 号台风侵袭	1996 年首次编制了《上海市海塘规划（1996—2010 年）》，并被纳入上海市城市总体规划。1998 年 12 月《上海市海塘管理办法》颁布，1999 年起施行	1997 年开始大规模海塘达标工程建设，至 2002 年全面建设完成	城市化地区或大型企业占用岸线段：近期（2000 年）"100 年一遇高潮位＋12 级风"，中远期（2001—2010 年）"200 年一遇高潮位＋12 级风"；非城市化地区："100 年一遇高潮位＋11 级风"
21 世纪初	落实实施《上海市海塘规划（1996—2010 年）》，2008 年开启了新一轮规划的前期专题研究	海塘外围进行了大规模滩涂圈围工程建设，并建设了临港新城、临港重工装备区、长兴海洋装备岛、青草沙水库等处高标准海塘，修建了一批丁坝、顺坝、护坎等保滩工程	城市化地区或大型企业占用岸线段：近期（2000 年）"100 年一遇高潮位＋12 级风"，中远期（2001—2010 年）"200 年一遇高潮位＋12 级风"；非城市化地区："100 年一遇高潮位＋11 级风"
2011—2020 年	《上海市海塘规划（2011—2020 年）》发布，完成了《上海市海塘维修养护技术规程》《上海市海塘安全鉴定规程》等标准规范的编制，建立海塘工程维修养护体系及运行维护资金保障机制	按照规划防御标准全市范围内开展海塘达标建设及保滩工程建设	陆域及长兴岛主海塘："200 年一遇高潮位＋12 级风"；崇明岛及横沙岛主海塘："100 年一遇高潮位＋11 级风"
2021—2022 年	《上海市防洪除涝规划（2020—2035 年）》发布，开展海塘标准化工作	按照新一轮规划要求，持续推进海塘达标建设，至 2022 年底，累计达标建设 147.2 km 主海塘	全市主海塘："200 年一遇高潮位＋12 级风"

3. 海塘运维管理

1998 年 12 月，上海市政府颁布《上海市海塘管理办法》，为海塘管理提供了执法依据与处罚标准。1999 年起，各区海塘管理单位按照《上海市海塘运行管理规定》《上海市海塘维修养护技术规程》等相关规定，积极开展巡查、维修养护工作，并建立了海塘工程维修养护体系及运行维护资金保障机制。同时，按照市场化机制组建巡查队伍，建立了上海市海塘网格化管理系统。借助该系统，实现了从问题发现、立案、派遣、处理到结案的全流程闭环管理。通过日常巡查、维养来保证海塘运行稳定，切实保障区域防汛安全。

4. 新一轮规划推进情况

依据《上海市防洪除涝规划（2020—2035 年）》要求，全市主海塘按"200 年一遇"标准设防，即"200 年一遇高潮位＋12 级风"防御标准。"十四五"以来，秉持"低区先行、远近结合、适度加快"的原则，统筹推进海塘提标改造，并分年度推进实施。截至 2022 年底，全市主海塘尚有 89.2 km 未达标，其中奉贤区 2.6 km，崇明岛 56.4 km，长兴岛 8.0 km，横沙岛 22.2 km。

最新监测表明,浦东机场外围及崇明北支等海塘外围岸滩呈冲刷态势。为维持堤前滩势稳定,确保大堤安全,相关部门将密切关注岸滩演变趋势,根据实际情况适时启动保滩工程。

(三) 典型海塘

早期的上海海塘主要为土石结构,堤身一般通过人工或机械填筑形成,以单坡为主,堤身材料为均质黏土。在崇明岛上,还留存着大量以灌砌块石、干砌块石等作为护面结构的老海堤,其内坡设置防冲护面,一般为草皮或拱肋草皮结构;堤内大部分有10~20 m宽的青坎作为护堤地;部分海塘在外坡脚或外侧设保滩结构。近年来,堤身均用水力吹填而成,材质为砂性土或粉砂土质,以复合斜坡式为主。在临海一侧的外坡设置消浪平台,堤顶大多设有防浪墙。新建海堤临海侧的护面大多采用栅栏板或人工块体等结构型式。

1. 结构型式

现状海塘典型型式主要为单坡及复式坡结构,典型断面图如图7-1所示。

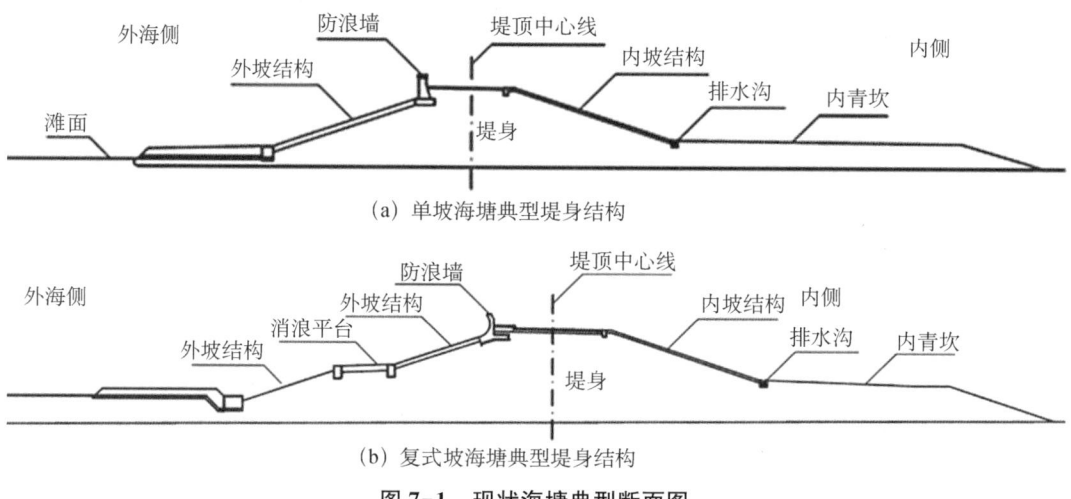

图7-1 现状海塘典型断面图

(1) 单坡海塘典型堤身结构型式一般外坡堤脚设有大方脚及抛石,外坡设置螺母块体、栅栏板或消浪块体等结构,堤顶设有防浪墙,堤顶路面采用混凝土或沥青混凝土硬质结构,堤顶宽度为5~8 m,内坡一般为草皮或拱肋草皮结构,堤内设有青坎作为护堤地,内坡内青坎一般设有排水沟。

崇明东滩南段海塘(单坡)位于崇明东南角,长度4.6 km,于2022年完成达标建设,为单坡结构型式。其外坡堤脚设有大方脚,外坡为栅栏板结构,堤顶设有防浪墙,堤顶路面为沥青混凝土路面,堤顶宽度为8 m,内坡为草皮护坡,堤内设有青坎作为护堤地,内青坎设有排水沟。

(2) 复坡海塘典型堤身结构型式一般外坡堤脚设有大方脚及抛石,外坡为二级坡,上、下级坡中间设置灌砌块石或埋石混凝土消浪平台,上下坡设置螺母块体、栅栏板或消浪块体等结构,堤顶设有防浪墙,堤顶路面为混凝土或沥青混凝土硬质结构,堤顶宽度为5~8 m,内坡一般为草皮或拱肋草皮结构,堤内设有青坎作为护堤地,内坡内青坎一般设有排水沟。

崇明区北湖段海塘（复坡），位于崇明区北沿中部，长度 4 km，于 2020 年完成达标建设，为复坡结构型式。外坡堤脚设有大方脚及抛石镇脚，外坡为螺母块体结构，中间设有混凝土消浪平台，堤顶设有防浪墙，堤顶路面为沥青混凝土路面，堤顶宽度 8 m，内坡为灌砌块石草皮护坡，堤内设有青坎作为护堤地，内青坎设有排水沟。

浦东新区港城大堤海塘（复坡），位于浦东新区南汇嘴，长度 5 km，于 2021 年完成达标建设，为复坡结构型式。外坡堤脚设有大方脚及抛石镇脚，外坡上、下坡分别为四角空心块及翼型块体结构，中间设有灌砌块石消浪平台，堤顶设有防浪墙，堤顶路面为沥青混凝土路面，堤顶宽度 8 m，内坡为灌砌块石草皮护坡，堤内设有青坎作为护堤地。

奉贤区华电灰坝海塘（复坡）位于奉贤区碧海金沙，长度 2.4 km，于 2021 年完成达标建设，为复坡结构型式。外坡堤脚设有大方脚及抛石镇脚，外坡为栅栏板结构，中间设有混凝土消浪平台，堤顶设有防浪墙，堤顶路面为沥青混凝土路面，堤顶宽度 8 m，内坡为灌砌块石草皮护坡，堤内设有青坎作为护堤地，内青坎设有排水沟。

2. 典型海塘工程实例

近年来，随着生态化海塘理念的提出，相关部门借助海塘达标建设及岁修工程，结合生态化改造，在提高海塘防御标准、保障防汛安全的同时，也全面提升了海塘的整体面貌。

1）崇明环岛景观道一期海塘

崇明环岛景观道一期海塘位于崇明岛南沿，于 2020—2021 年建设并实施完成。通过对海塘进行加高加固，使该段海塘的防御标准提升至"200 年一遇高潮位＋12 级风"，海塘堤顶高程在 9.2～9.4 m，堤顶路面宽 9 m。如今，该段海塘集防汛、生态、景观、慢行交通、休闲旅游等多种功能于一体，成为附近居民休闲赏景的好去处。其主要亮点体现在南门滨江观光段和健身休闲段，南门港段的优美步道已成为崇明的地标之一。

2）金山海塘

金山海塘位于杭州湾北岸。自"十三五"以来，通过实施达标工程，金山区全线海塘的防御标准提高到了"200 年一遇高潮位＋12 级风"，海塘堤顶高程为 8.5～9.0 m，堤顶路面宽 8 m。金山区着力打造海塘精细化管理样板段，形成了"六个一"的金山海塘特色，即"一条景观大道""一条安全生态廊道""一条花道""一片林下花海""集休闲、健身等功能于一体的公共空间""一串个性化人文景观点"，将金山海塘建设成"人文海塘、景观海塘、生态海塘、平安海塘"。近几年，通过内青坎整治，采取新建护岸、平整土地、修建巡查步道、完善绿化景观等措施，改变了海塘内青坎面貌，打造出 8.5 km 水岸相映、景色精致、连续贯通的绿色生态安全廊道。

二、千里江堤

堤防是指沿河岸边修筑的挡水建筑物，用以约束水流、防止洪水泛滥或潮、浪侵蚀，以保证河道岸坡稳定，还具备稳定河槽、导引水流的作用。

（一）黄浦江和苏州河堤防工程

黄浦江和苏州河的堤防全长 604.85 km，贯穿了全市除崇明区外的 15 个区。其中，黄浦江堤防全长479.12 km,涉及宝山、杨浦、虹口、黄浦、徐汇、闵行、浦东、奉贤、青浦、松江、金山11个行政区;苏州河堤防全长125.73 km,涉及虹口、黄浦、闵行、青浦、嘉定、长宁、普陀、静安8个区。

黄浦江市区段(吴淞口—西荷泾/千步泾)堤防按照黄浦江"1 000年一遇高潮位"(1984年批准)标准设防;黄浦江上游干流段、拦路港段、红旗塘(上海段)、太浦河(上海段)、大泖港(北朱泥泾及向阳河向下游至黄浦江干流段)堤防按照"50年一遇"流域防洪标准设防;苏州河堤防按照"50年一遇"防洪标准设防(按"100年一遇"防洪标准校核)。

黄浦江、苏州河堤防在各区的具体工程分布见表7-3。

表7-3　黄浦江、苏州河堤防工程分布

序号	行政区	堤防长度/km	通道闸门/樘	潮拍(闸)门/个
1	宝山区	45.44	167	144
2	杨浦区	26.74	186	27
3	虹口区	3.09	17	—
4	黄浦区	9.49	113	—
5	徐汇区	26.34	75	52
6	闵行区	92.55	169	561
7	奉贤区	21.57	43	134
8	浦东新区	60.15	414	167
9	松江区	102.53	22	24
10	青浦区	86.37	17	55
11	金山区	4.85	—	—
黄浦江小计		479.12	1 223	1 164
12	虹口区	0.93	—	—
13	黄浦区	2.99	3	—
14	静安区	6.34	—	—
15	长宁区	12.64	—	1
16	闵行区	13.62	—	23
17	普陀区	22.11	—	3
18	嘉定区	40.95	—	—
19	青浦区	26.15	—	—
苏州河小计		125.73	3	27
"一江一河"总计		604.85	1 226	1 191

(二)黄浦江市区段堤防建设过程

1. 20世纪90年代之前

1956年以前,上海市中心城区的江河沿岸并不设防。1956—1962年,上海开始在市中心区的沿江沿河地带构筑一些砖砌堤防。1959年,外滩首次建起砖砌堤防,其墙顶标高为4.80 m。

1963年1月,第一次制定了市区堤防设计标准("六三"标准)。该标准规定黄浦公园堤防顶标高最低要求为4.94 m,新建堤防需加高为5.20 m。此后,上海开始全面新筑市区堤防。到1974年汛前,市中心区堤防已基本封闭,具备了一定的防御能力。

1974年8月20日,上海遭受第13号台风侵袭,黄浦公园站潮位高达4.98 m,部分堤防发生决口漫溢。当年11月,市防汛指挥部颁布新的堤防设计标准("七四"标准)。该标准规定黄浦公园的防御潮位为5.30 m,墙顶设计标高为5.80 m。此标准后来被称为"100年一遇"标准。之后,中心城区堤防均以此标准修筑。

1981年9月1日,上海遭受第14号台风侵袭,黄浦公园站出现了超纪录的5.22 m高潮位,导致堤防普遍出现漏水、冒溢现象。1984年,上海市政府和水利部先后批准上海市区按"1 000年一遇"标准设防("八四"标准)。按照这个标准,相应吴淞站防御潮位为6.27 m,黄浦公园站防御潮位为5.86 m,堤防墙顶设计标高分别为7.30 m和6.90 m。同时,堤防考虑按地震烈度Ⅶ度设防,结构为1级水工建筑物。1987年起,上海按此标准进行堤防加高加固。

20世纪90年代之前黄浦江市区段堤防设防标准变化见表7-4。

表7-4 黄浦江市区段堤防设防标准变化

时间	标准名称	主要特征描述或防御标准
1963年1月	"六三"标准	黄浦公园堤防顶标高最低要求为4.94 m,新建堤防加高为5.20 m
1974年汛前	"六三"标准	市中心区堤防基本封闭,具有一定的防御能力
1974年8月20日,上海遭受7413号台风侵袭 黄浦公园站潮位高达4.98 m,部分堤防发生决口漫溢		
1974年11月	"七四"标准	黄浦公园的防御潮位为5.30 m,墙顶设计标高为5.80 m
1981年9月1日,上海遭受8114号台风袭击 黄浦公园站出现超纪录的5.22 m高潮位,堤防漏水、冒溢现象仍比较普遍		
1984年9月	"八四"标准	吴淞站防御潮位为6.27 m,堤防墙顶设计标高为7.30 m;黄浦公园站防御潮位为5.86 m,堤防墙顶设计标高为6.90 m。堤防考虑按地震烈度Ⅶ度设防,结构为1级水工建筑物

2. 20世纪90年代至2022年

1988—2005年,上海先后实施了"黄浦江干支流防汛墙加高加固工程(208工程)"与"黄浦江干流新增防洪工程(110工程)"这两项重要工程。其中,"208工程"主要对黄浦江干流、蕰藻浜及淀浦河支流下游段、复兴岛环岛的堤防进行建设施工。该工程建成后,上海市区的防汛能力得到了显著提升,经受住了 9711 号台风"温妮"、0012 号台风"派比安"、0014 号台风"桑美"等带来的多次高潮冲击考验。"110 工程"是"208 工程"的延伸,主要针对宝山区、徐汇区、浦东新区、闵行区和奉贤区段的堤防展开建设。随着这两项工程的顺利实施,黄浦江干支流市区段左岸从吴淞口西侧至西荷泾、右岸自吴淞口东侧至千步泾的堤防基本达到防御标准。

20 世纪 90 年代至 2022 年,黄浦江市区段堤防的建设过程见表 7-5。

表 7-5 黄浦江市区段堤防建设过程

年份	工程建设	建设内容(堤防工程)
1998—2001	黄浦江干支流防汛墙加高加固工程(黄浦江市区段堤防加高加固一期工程)	1. 黄浦江干流与蕰藻浜、淀浦河等支流下游段以及复兴岛环岛共 208 km 堤防; 2. 闵行区淀南片包围圈堤防工程
2002—2005	黄浦江干流新增防洪工程(黄浦江市区段堤防加高加固二期工程)	黄浦江干流吴淞口—西荷泾/千步泾剩余未达"1 000 年一遇"防洪标准岸段,新建堤防 45.11 km,加高加固堤防 60.51 km

(三)黄浦江郊区段堤防建设过程

1. 20 世纪 90 年代之前

20 世纪 70 年代以前,上海郊区的黄浦江干流上游和吴淞江干流上游基本不设防,仅在青浦、松江、金山的低洼地区修建了标准较低的江㲼圩堤,开展联圩并圩、并港建闸。

20 世纪 80 年代以前,黄浦江、吴淞江(苏州河)等河流在郊区的堤防以土堤为主,少数河段采用植物护坡的方式进行绿化堤防、固土防浪。在一些集镇岸边的作坊、店铺、仓库、渡口、码头等地,常构筑排桩基础、排列整齐的条块石驳岸工程。在黄浦江上游斜塘、泖河、大蒸塘等坍损严重河段,修筑了斜坡式混凝土板桩护坡和浆砌石块护坡,少数河段还修筑了直立式混凝土板桩护坡。

至 1990 年,黄浦江上游堤防以土堤为主,一般堤顶高程在 4.2~4.5 m。

2. 20 世纪 90 年代至 2022 年

20 世纪 90 年代至 2022 年,随着太湖流域综合治理工作全面推进,上海市先后实施了太浦河、拦路港、红旗塘和黄浦江干流防洪这四项流域骨干工程。境内太浦河、拦路港—泖河—斜塘、红旗塘—大蒸塘—圆泄泾及黄浦江上游干流段的堤防,通过新建和改建后,均达到了"50 年一遇"的防洪标准。此后,上海市又相继开展大泖港堤防建设工程、西部地区流域泄洪通道防洪堤防达标工程,完成了相应段堤防的达标建设,并通过历年堤防专项维修工程及抢险加固工程,形成了如今的规模。2015 年后,大泖港上游段还实施了平申线航道(上海段)整治工程(一期)及掘石港(朱泾镇区段)综合整治工程。

20 世纪 90 年代至 2022 年,黄浦江郊区段堤防建设过程见表 7-6。

表 7-6 黄浦江郊区段堤防建设过程

年份	工程名称	建设内容（堤防工程）
1994—2008	太湖流域黄浦江干流闵行—三角渡段防洪工程	东起闵行区西荷泾，西至斜塘、圆泄泾汇流处的三角渡，涉及松江、闵行、金山三区共 58.6 km 堤防
1999—2007	扩大拦路港、疏浚泖河、斜塘工程	新建拦路港、泖河、斜塘共 64.43 km 堤防，新建拦路港、泖河、斜塘 68.2 km 护岸等
1991—2005	太湖流域太浦河（上海段）工程	新建太浦河两岸 28.7 km 堤防，新建泖河、斜塘、小独圩两岸共 32.2 km 堤防
1999—2007	太湖流域红旗塘（上海段）防洪工程	修建红旗塘干流堤防 10.09 km
2014—2018	西部地区流域泄洪通道防洪堤防达标工程（18 个项目）	1. 金山区 12 个项目，174 km 堤防达标建设； 2. 松江区 4 个项目，62.66 km 堤防达标建设； 3. 青浦区 2 个项目，39.79 km 堤防达标建设
2015—2017	平申线航道（上海段）整治工程（一期）	南起胥浦塘上海与浙江省界，沿胥浦塘、掘石港、大泖港至黄浦江上游横潦泾交叉口，新建护岸共 26.92 km（含胥浦塘抢险段 0.11 km）
2017—2022	掘石港（朱泾镇区段）综合整治工程	南起惠高泾，北至胜利中心河，堤防改造 5.21 km

1）太湖流域治理"3+1"工程

1991 年 6 月，太湖流域遭遇特大洪水，国务院随即作出《关于进一步治理淮河和太湖的决定》，开启对太湖流域的水利综合治理工作。其中，太浦河工程、黄浦江上游干流防洪工程、拦路港工程及红旗塘工程作为治太骨干工程的一部分，习惯上被称为上海市太湖流域治理"3+1"工程。

（1）太湖流域太浦河（上海段）工程于 1991 年 11 月开始实施，至 2005 年 12 月全面建成。其干流堤防、护岸按照 3 级建筑物标准设计。太湖流域太浦河（上海段）工程包括新建太浦河堤防 28.7 km 和泖河、斜塘、小独圩堤防 32.2 km。

（2）黄浦江干流闵行—三角渡段防洪工程于 1994 年 9 月开始实施，2003 年 11 月主体工程建成，2008 年 11 月工程完工。工程主要沿黄浦江两岸布置，东起闵行区西荷泾，西至斜塘、圆泄泾汇流处的三角渡，涉及松江、闵行、金山三个区。该工程共加高加固干支流堤防 58.6 km，等级为Ⅱ等 3 级。

（3）扩大拦路港、疏浚泖河、斜塘工程于 1999 年 11 月开始实施，2003 年 12 月主体工程建成，2007 年 7 月全面建成。工程位于苏沪交界的青浦区境内，新建拦路港、泖河、斜塘护岸总长 68.2 km，等级为Ⅱ等 3 级。另有左岸支流堤防和拦路港补充配套两项堤防工程，新建护岸 3.88 km，加高加固堤防护岸 6.85 km。

（4）太湖流域红旗塘（上海段）防洪工程于 1999 年 11 月开工，2007 年 9 月全部完工。建设内容包括：红旗塘干河拓浚河道 5.1 km，修建堤防 10.09 km，新建（改建）水闸 3 座。护岸采用钢筋混凝土墙，岸顶标高 4.24 m，青坎宽 5 m；后建设的堤防堤顶标高 5.24 m，宽

5.0 m。堤坡脚线外设护堤地,宽 3 m。防洪墙结构也采用钢筋混凝土,顶标高 5.24 m。

上海市太湖流域治理"3+1"工程实施完成后,通过新建闸调节理顺水路,调活水体,解决了排水出路问题,同时极大地改善了水体水质和通航条件。该工程建成后,运行状况良好,未出现大的质量问题和运行事故,工程各项指标均达到设计要求,且成功抵御了多次风、暴、潮的袭击。护岸堤防功能从原有的单一防洪,转变为兼具防洪、水土保持、景观等的综合功能。

2) 大泖港工程

2001 年 9 月 22 日,大泖港南岸(金山区新农镇三图村渡口西侧)河堤突然坍塌,护岸连同圩堤全部坍没河中。事故发生后,市水务规划设计研究院于 2004 年 4 月提出《大泖港河道整治工程专项研究报告》,又在 2005 年 5 月提出《大泖港防洪工程项目建议书》,建议对大泖港河道全线开展护岸、护坡、退堤、清障、深泓潜坝等综合治理工作。在项目全面实施前,为确保下游泖港地区的安全,2005—2008 年先后实施了"大泖港防洪应急除险工程""大泖港 3 号深泓应急除险工程""大泖港 4 号、5 号深泓应急除险工程"。

(1) 大泖港防洪应急除险工程的建设内容包括:新建 2 条潜坝,新建 19 条深泓逼岸控制物;新建大泖港护岸 8 892 m,其中右(南)岸 4 742 m,左(北)岸 4 150 m,采用直立式钢筋混凝土挡墙结构;在两岸陆域控制宽度 9 m 内建设 6 m 宽防汛通道,并在 8 个支河口新建跨河桥梁等。该工程实施后,大泖港河段达"50 年一遇"防洪标准的堤防长度为 13.1 km,堤防结构型式为直立式钢筋混凝土挡墙结构,墙顶高程为 5.24 m。

(2) 大泖港 3 号深泓应急除险工程位于金山区大泖港河道中段,岸线总长 371.5 m。工程主要内容为原堤防护岸内侧构筑桩基护坡和修筑三座抛石浅坝。该工程建设完成后,遏制了深泓向南岸的延伸,对南岸施工岸段的边坡起到加固、保护作用。

(3) 大泖港 4 号、5 号深泓应急除险工程位于大泖港河道中段(大泖港与张泾河交界处),施工治理岸线总长 666.4 m。工程采用潜坝与加固边坡相结合的方案,主要内容是新建护岸 673.64 m,并在 4 号、5 号深泓处各构筑两条抛石潜坝,4 条潜坝合计总长 264 m。工程实施后,大泖港 4、5 号深泓态势趋稳,防止了汛期水流继续向凹岸(即南岸)逼近,消除了堤岸坍塌隐患。

至 2010 年,通过历次防洪应急除险工程,大泖港段河道长度约 5.6 km 两岸堤防实现按"50 年一遇"设防标准完成达标整治。

3) 西部地区流域泄洪通道防洪堤防达标工程

2013 年 10 月 7—11 日,第 23 号台风"菲特"影响期间,上海出现了台风、暴雨、高潮和洪水"四碰头"的严峻局面,导致西部地区内河水位持续高涨,11 个站点水位创当时历史新高,洪水漫堤倒灌,金山、青浦和松江等区受灾严重。台风"菲特"过后,根据上海市委、市政府决策部署,上海市水务局编制完成了《上海市西部地区流域泄洪通道防洪堤防达标工程规划实施方案》。自 2014 年起按照"五年规划,四年完成"的要求,全力推进西部地区流域泄洪通道防洪堤防达标工程。2017 年底,堤防等主体工程基本完工,2018 年底工程全部完工。西部泄洪通道堤防工程将原来堤防标高从 3.50~5.24 m 提高到 4.70~5.24 m,有效保护了上海西部地区的防汛安全。在 2021 年第 6 号台风"烟花"侵袭期间,金山区、松江区(浦南西片区域)在水位创当时历史新高的情况下无一处受淹,工程发挥了巨大作用。

(四)苏州河堤防建设过程

1. 20世纪90年代之前

苏州河干流堤防分为三段,上、中游段地处郊区,习惯上称之为吴淞江。沪苏边界赵屯—东大盈为上游,是农村河段,多为土堤;中游从东大盈—真北路桥为城乡接合部河段;下游从北新泾真北路桥—外白渡桥附近河口为市区河段,习惯上称之为苏州河。

1956年开始沿河修建砖砌堤防。1965年起依据"六三标准"分为公用段和专用段,并分别对其进行改建、加固和加高。1977—1981年,上海市政部门按照"100年一遇"的"七四标准"逐年安排除险加固工程,并于1981年汛前实现堤防的连续封闭。1982—2005年,苏州河市区段继续逐年安排除险加固工程,这些工程先后由城建部门、沿河岸线专用单位、水务部门及苏建公司等负责实施。1991年前,河口尚无挡潮闸,当汛期遭遇台风、高潮、暴雨侵袭时,黄浦江与苏州河的高潮位常常高出地面2~3 m,严重威胁市区安全。

2. 20世纪90年代至2022年

1991年,苏州河口挡潮闸(吴淞路闸桥)建成,在高潮位时可关闸来抵御潮水侵袭,因此苏州河的防潮压力有所减轻,两岸水灾防御也从以防高潮入侵为主转变为以防洪除涝为主。1996年,上海市启动苏州河环境综合整治工程。

苏州河环境综合整治一期工程于1998—2002年实施,其间完成苏州河中游段(东大盈港—真北路桥)堤防新建。新建堤防长度为36.07 km,工程为Ⅲ等工程,建筑物级别为3级,防御标准为"50年一遇",设计高程为4.50~4.80 m。工程完工后,苏州河(吴淞江)东大盈港—申纪港段堤防顶高程达到4.50 m,申纪港—真北路桥段堤防顶高程达到4.80 m。

苏州河环境综合整治二期工程于2003—2005年实施,主要包括苏州河河口水闸工程、12块滨水集中绿地建设、市政泵站雨天排江量削减工程、上游截污工程等内容。二期工程进一步改善了苏州河干流水质。但在2005年台风"麦莎"期间,苏州河堤防暴露出设防标准低、基础薄弱、稳定性不足、墙体老化、外观参差不齐等问题。

为巩固、提高以及完善中心城区的防洪除涝安全保障体系,2005年,上海市决定实施苏州河市中心城区河段的堤防改建和底泥疏浚工程。根据2006年由市水务局制定,市建设交通委、市发改委审查认可的《苏州河沿线设计高水位》,苏州河中下游的设防水位为4.79 m,苏州河中下游两岸堤防顶高程为5.20 m。2010年,市水务局发布《关于苏州河防汛墙改造工程结构设计的暂行规定》,规定一级挡墙堤防顶高程为5.20 m,两级挡墙堤防中第一级挡墙墙顶高程为3.50 m,第二级挡墙墙顶高程为5.20 m。

苏州河环境综合整治三期工程于2006—2011年实施,其间对下游市中心城区河段堤防完成改建,工程等级为Ⅱ等,苏州河堤防主体建筑为2级水工建筑物。工程防汛标准按近期太湖流域"50年一遇"、远期过渡到"100年一遇"的标准设计。工程排涝标准根据"20年一遇"最大24小时面降雨量180.2~211.2 mm、1963年雨型及相应潮型设计。工程通航标准按Ⅵ级航道设计,工程抗震标准按Ⅶ度设防。

2017年2月21日,时任上海市委副书记、市长、市总河长应勇调研苏州河水环境综合整治时指出:"苏州河岸线是宝贵的公共资源,要着眼长远,加强统筹,精心规划。"经过三轮综合治理已经消除黑臭的苏州河,启动了苏州河环境综合整治四期工程。该工程于2018—

2022年实施,工程内容包括:疏拓苏州河蕰藻浜以西段河道,建设两岸堤防;完成苏州河蕰藻浜河口东—真北路桥段的堤防达标建设及底泥疏浚。苏州河环境综合整治四期工程可使苏州河全线形成完整的防洪体系,有效降低苏州河两侧区域的涝灾风险。

此外,为兼顾流域行洪、区域除涝、航运和水环境改善,上海拟实施吴淞江工程。该工程是国务院明确的重大水利工程项目,也是《长江三角洲区域一体化发展规划纲要》《太湖流域防洪规划》确定的流域治理骨干工程和省际重大水利项目。吴淞江工程(上海段)西起苏沪省界,经吴淞江、蕰藻浜、罗蕰河、新川沙河,东出黄浦江和长江。建成后将为上海嘉定、宝山增加一条骨干排江通道,不仅有效缓解除涝压力,同时也利用上游太湖来水改善区域河网的水动力条件。2022年,工程新川沙河段、省界—油墩港段、罗蕰河北段(练祁河—新川沙河)以及苏州河西闸工程已开工建设。

20世纪90年代至2022年,苏州河堤防建设过程见表7-7。

表7-7 苏州河堤防建设过程

年份	工程名称	建设内容(堤防工程)
1998—2002	苏州河环境综合整治一期	中游段(东大盈—真北路桥)堤防新建和底泥疏浚工程改建项目
2003—2005	苏州河环境综合整治二期	苏州河市中心城区段的堤防改建和底泥疏浚工程
2006—2011	苏州河环境综合整治三期	加固改造苏州河两岸真北路桥—河口外白渡桥33.5 km堤防(需加固改造岸线长度为27.3 km)
2018—2022	苏州河环境综合整治四期	改造苏州河蕰藻浜河口东—真北路桥30.11 km堤防,连接"苏三期"堤防工程

(五)新一轮规划推进情况

"十三五"期间,上海市完成了黄浦江堤防专项维修工程70.4 km、苏州河中游段堤防达标工程32.1 km以及大泖港上游河道防洪工程58 km。"十三五"期间,上海成功抵御了2016年和2020年太湖流域超标准洪水、2018年连续4场台风、2019年超强台风"利奇马"等多次洪涝灾害的侵袭。同时,"十三五"规划中提出的流域防洪、城市防洪等预期性指标全部完成。在流域防洪方面,规划指标为黄浦江上游堤防能够防御不同降雨典型的"50年一遇"洪水,新建、改建工程按照"100年一遇"标准实施。"十三五"期间黄浦江上游223.2 km堤防全面达到防御标准。在城市防洪方面,规划指标为黄浦江堤防市区段全部达到"1 000年一遇"设防标准。"十三五"期间,黄浦江堤防市区段已全部达标(其中外环隧道浦东段约1 km堤防为临防设施)。

然而,已建工程仍存在一些隐患。部分岸段堤前滩势持续冲刷,例如黄浦江上游干流段、拦路港部分岸段墙前淘刷情况严重。黄浦江堤防安全超高不足,约90 km岸段存在一定的安全隐患。此外,黄浦江高水位出现趋势性抬高,中上游段尤为明显,进一步加剧了堤防安全超高不足的问题。针对这些情况,上海市制定了《上海市防洪除涝"十四五"规划》,提出通过完善流域和区域防洪除涝工程体系、推进智慧水利建设、强化体制机制法治管理等措施,全面提升地区水安全保障能力。其中,流域防洪工程任务涵盖以下几个方面:继续推进吴淞江工程(上海段)等流域骨干水利工程建设,实施新川沙河段和苏州河西闸工程,开展罗蕰河河段前期工作,并适时启动建设,在提升流域防洪、区域除涝能力的同时,改善上海市北部地区水环境质量;针对黄浦江上游堤防薄弱险工段,开展11.6 km堤防专项维修工程,并适时启动黄浦江上游干流段加高加固工程;协同推进吴淞江(省界—油墩港)整治工程和太浦河后续工程,提升太浦河行洪、供水和生态功能。预计到"十四五"末,全市承担流域防洪的河道堤防达标率将不低于95%。城市防洪工程任务主要包括:针对既有黄浦江市区段堤防薄弱险工段,开展29.7 km堤防专项维修工程;适时启动黄浦江中游段堤防加高加固工程。

(六) 堤防运行管理发展历程

1969—1990年,市区堤防公用岸线部分的管理职责由市防汛指挥部办公室承担,市政工程管理部门负责管理养护工作,具体业务则由工务所或各区养护队实施。而位于沿江沿河的工厂、企业、机关、学校、港区、部队、码头等单位的专用岸线堤防,由岸线使用单位直接进行管理、养护和修建。1984年,市区范围扩大后,新市区内沿河沿道路地段的堤防由市政工程管理部门管理,农村道路、农田、村宅旁的堤防则由水利部门兼管。直至1990年,上海市都没有统一的江河堤防管理机构。

1989年12月15日,上海市政府发布了《上海市防汛墙加固工程建设管理办法》,该办法从1990年1月1日起开始施行。此管理办法提出防汛墙工程建设实行分系统管理、分级管理与集中管理等原则,明确规定建设主管部门是市防汛指挥部,市长江口开发整治局是防汛墙总建设单位,各岸段归属单位的主管部门是所属防汛墙分建设单位。同时,该管理办法对工程建设管理的有关事项,如工程计划、资金、材料的管理及统计、施工质量的检查、监督和度汛安全保障以及工程验收及档案管理等均作出了具体规定。1993年6月,上海市防汛墙建设管理处成立,与长江口开发整治局办公室、市水利局基本建设处实行三块牌子一套班子的管理模式。

1996年3月28日,上海市政府发布《上海市黄浦江防汛墙保护办法》。随后,在1997年12月14日和2010年12月20日对该办法进行了两次修订并重新发布。修订后的办法对黄浦江防汛墙的定义、保护范围、适用范围、主管机关和协管机关、养护责任、维修养护监督、禁止行为、限制行为、经费、设施综合利用、处罚、赔偿等方面都作出了明确规定。

2010年9月6日,市水务局审议通过《上海市黄浦江和苏州河堤防设施管理规定》,并于2011年2月1日起正式施行。该规定进一步明确了各部门在堤防设施管理中的职责:市水务局是上海市堤防设施的行政主管部门;市水务行政执法总队负责对堤防设施进行监督检查,并依法对违反管理规定的行为实施行政处罚;市堤防(泵闸)设施管理处负责堤防设施的行业管理工作;上海市有关区河道行政主管部门负责做好所辖区域内堤防设施管理的相关组织落实工作。此外,该规定对堤防管理范围作出了新的界定。

(七) 典型堤防

1. 结构型式

按照基础结构和墙身结构的不同,可对现状堤防进行分类,常见的形式包括高桩承台式、低桩承台式、拉锚板桩式、护坡式、L形、重力式、两级挡墙式和大堤式等。

（1）高桩承台式堤防。高桩承台式堤防的基础由前排钢筋混凝土板桩和后排钢筋混凝土方桩构成，其底板露出河床泥面以上，上部建有钢筋混凝土墙身。这种结构的堤防优点是结构稳定、安全可靠，施工时无须做围堰。然而，若板桩出现脱榫，就容易造成土体流失及墙后地坪漏水。目前，它是新建堤防采用的主要结构型式。

（2）低桩承台式堤防。低桩承台式堤防的基础由前排钢筋混凝土板桩或方桩和后排钢筋混凝土方桩组成，其底板位于河床泥面以下，上部建有钢筋混凝土墙身或浆砌块石墙身。该类堤防的优点是结构稳定、安全可靠。但如果基础前排为方桩，一旦墙前泥面受到淘刷，易造成底板下部被掏空，从而形成隐患或险情。

（3）拉锚板桩式堤防。拉锚板桩式堤防的基础为钢筋混凝土板桩，上部为钢筋混凝土墙身，板桩通过拉杆进行锚固。这种结构主要出现在驳岸兼作小型码头的地段，其优点是墙顶侧向位移较小。但其后方要有较宽的场地，因此在实际使用中受到较大限制。

（4）护坡式堤防和L形堤防。这两类堤防的主体结构均为钢筋混凝土L形墙。护坡式堤防在迎水坡设有浆砌块石或混凝土护坡，底坎有桩。其优点是比较经济，缺点是浆砌块石护坡易出现局部下沉或开裂现象，下坎被淘刷后会造成下坎外倾、破损、倒塌，进而引发护坡塌陷，危及墙体安全。

（5）重力式堤防。重力式堤防无桩基，虽较为经济，但若驳岸前受到冲刷或挖泥超深，就容易导致重力式驳岸失稳，在上海地区的新建堤防工程中，已不再采用这种结构型式。

（6）两级挡墙式堤防。在少数地段，堤防结构有所改变，比如将上部墙身与下部护（驳）岸结构分开布置，构成了前驳岸、后墙身的两级挡墙式堤防。

（7）大堤式堤防。大堤式堤防的堤身结构由土料填筑而成，堤顶为硬质（混凝土或沥青）道路，堤顶标高满足防汛标准要求，堤内有青坎，堤外（迎水侧）目前大部分已改为护岸工程。此类结构常见于黄浦江上游支流。

2. 典型堤防岸段

随着"一江一河"功能定位的转变以及人民群众对亲水需求的不断提升，堤防工程逐渐从单一的"安全"功能向复合型功能转变。结合世博改造及滨江（河）贯通工程，"一江一河"成功打造出一批兼具"安全、景观、生态、文化"属性的绿色堤防。

1）徐汇滨江段堤防

黄浦江徐汇滨江堤防北起日晖港，南至关港，岸线总长约11.4 km。为迎接2010年第41届世界博览会，2010年率先完成了3.3 km徐汇滨江开放空间的改造；2017年，结合黄浦江两岸45 km岸线公共空间贯通工程，坚持一体化设计，同步建设堤防、市政道路与开放空间的绿化景观，新增绿色堤防5.1 km，有力推动了生产性岸线向生活性岸线的转变。徐汇滨江遵循"望得见江、触得到绿、品得到历史、享得到文化"的开放空间设计理念，为市民打造了高品质的休闲旅游观光公共空间，该区域分为活力示范区2.5 km、文化核心区2.4 km、自然体验区2.0 km和生态休闲区1.5 km四个主题区段，并入选第十九批国家水利风景区名单。

2）外滩段堤防

结合外滩地区交通综合改造工程，将黄浦江岸线向水域侧外移，堤防采用空箱式结构。

这一设计为外滩地区的泊车、商务、旅游提供了空间,还使新外滩堤防融合了防汛、交通、绿化、商务、旅游等多种功能。

3) 北外滩滨江段堤防

北外滩滨江段堤防位于东大名路以南,东起高阳路,西至溧阳路,长约1.24 km。该工程于2006年5月动工,2009年2月完工,是新建国客中心工程的一部分。该段堤防按照黄浦江"1 000年一遇"防潮标准设计,为1级水工建筑物,码头平台高5.0 m,二级挡墙设置在地下箱体顶部(90%左右被绿化覆盖),墙顶标高7.0 m,设有7道防汛钢闸门,包括升降式(2道)和人字形(5道)两种,堤顶道路兼作观光通道。此前,利用码头退让区域,建成了一条贯穿国客段绿地的步道,方便市民游客休闲运动。2021年,对码头功能以及空间布局再次进行全面改造,使其成为具有航运文化内涵的活力水岸,市民可从滨江绿地径直走到码头平台。

4) 浦东新区世博园区堤防

为迎接2010年第41届世界博览会,世博区域黄浦江浦东段沿江堤防进行了全面升级改造。该段堤防南起倪家浜右岸,北至原外贸仓储浦东储运公司(南码头轮渡上游段),全长5.9 km,分为后滩公园区域、世博公园区域和白莲泾区域三段。此段堤防的防洪标准按照"1 000年一遇"标准设计,以生态、科技、文化为导向,水工设施和绿地建设同步推进。建成后的堤防被沿江景观绿地覆盖,凸显地域特色,与周围城市环境完美融合,成为和谐共生的公共滨水空间。

后滩湿地公园位于黄浦江东岸与浦明路之间,西至倪家浜,北望卢浦大桥,公园呈狭长地形,沿江岸线长度约1.7 km、宽度在30~80 m不等,占地18.00 hm²。此地原为上海第三钢铁厂(浦东钢铁集团)和后滩船舶修理厂所在地。该段堤防于2009年10月完成设计,2010年5月工程竣工。堤防根据新的环境伦理与美学思想,采用当代景观设计手法,展现出黄浦江滩的回归、农业文明的回味、工业文明的记忆、后工业生态文明的展望四层历史与文明属性。

世博园区世博公园段堤防长约2.5 km,围绕公园呈扇形布置,通过在不同位置整齐排列大树,形成空气对流和视线延伸。世博公园护岸设计注重对黄浦江两岸自然生态和人工生态的保护与利用,致力于营造更舒适的人居环境;堤防坡地变化、景观与防洪的双重功能布局,与黄浦江形成有机整体;通过保育滨江生态湿地、关注浦江潮汐变化,践行"还滩于河"的理念,做活"水文章";利用防汛标高的分级和防洪墙标高内场地面积的不同比例,消化防洪墙标高的落差变化,塑造高低起伏的滨江绿坡,保护和改善湿地等自然景观,在营造亲水空间的同时,充分体现对黄浦江自然生态的恢复和尊重。公园原址上的上钢三厂和江南造船厂两座塔吊被保留下来,留存人们对于滨水工业的记忆;而江边唯一的一个内凹式码头,则成为天然的"水中舞池"。

白莲泾区域黄浦江岸线长约1.7 km。改造前,堤防是建于20世纪90年代的直立式L形钢筋混凝土挡墙,高出地面2.5 m。区域内原本集中了诸多厂房、仓库、码头、船坞等设施,且有世博园区唯一内河白莲泾穿越其中。结合白莲泾防汛泵闸和桥梁建设,该段堤防在设计时充分考虑防洪与亲水休憩、工业废弃地再利用以及与泵闸桥环境相协调等问题,将层层叠叠的坡状防洪堤设置在不同高程的滨江开放空间,以满足人们的亲水需求。主要举措包括:在 2.2~3.0 m 标高处设置层层入水的"绝对亲水空间";保留场地中大量标高 4.0 m 的码头,设置临时性休闲设施和景观建筑,形成"次亲水空间";在 4.7 m 标高最高通航水位处修筑 4 m 宽的滨江步道,贯通江岸;5.3 m 标高以上空间设置远眺空间和永久性的休闲设施。驳岸景观策略以自然生态为主,在局部地段内挖形成湿地小岛,扩大过水断面和调蓄库容,设置多级堤身或木栈道,运用生物工程技术从坡顶到坡脚依次种植湿生植物、挺水植物、浮叶植物和沉水植物,形成生物护坡。

5) 杨浦滨江堤防

杨浦滨江从以工厂仓库为主的生产岸线成功转型为以公园绿地为主的生活岸线、生态岸线、景观岸线,实现了"工业锈带"向"生活秀带"的华丽转身,演绎着老建筑的新故事,赋予生活秀带新的温度。按照"重现风貌、重塑功能"的要求,打造出连续不间断的工业遗存博览带。

杨树浦水厂段堤防:杨树浦水厂是全国重点文物保护单位,始建于1881年,1883年6月29日,时任北洋通商大臣李鸿章开闸放水,标志着中国第一座现代化水厂建成并正式对外供水。作为中华人民共和国成立前上海最大的自来水厂,杨树浦水厂在1949年后几经升级改造,目前主要承担上海城北地区杨浦、虹口、普陀、静安(原闸北)、宝山这5个区域以及浦东部分地区约300万名市民的日常生活和工业用水,是上海最重要的自来水厂之一。

2019年11月2日,中共中央总书记、国家主席、中央军委主席习近平在上海考察时,来到杨浦滨江公共空间杨树浦水厂滨江段,同正在这里休闲健身的群众亲切交谈,提出要保留城市历史文化记忆,让人们记得住历史、记得住乡愁,坚定文化自信,增强家国情怀。

三、区域除涝

水利控制片是防洪除涝分片治理与水资源综合管理的基本单元。通常情况下,水利控制片以外河(水利控制片之外、相邻片之间的界河简称为外河,其水位一般直接受潮汐影响,且无工程控制)及部分区行政边界为界进行划分,进而开展综合治理。

圩区是指针对低洼易受涝地区,通过修筑堤防、水闸、泵站等设施,形成的封闭水系区域。这片区域通过水闸、泵站等设施来调控区域内的水位。

水闸是指建在河道、湖泊、渠道、海堤上或水库岸边,具有挡水和泄(引)水功能,用于调节水位、控制流量的低水头水工建筑物。水闸设施按类别主要分为节制闸、泵闸、船(套)闸、水利枢纽、水利泵站、涵闸和橡胶坝等。

根据统一规划、洪涝分开、高低分治的原则,上海市形成了 14 个水利片分片治理的格局,并配套建设了相应的水闸设施。这些水闸设施在防洪、挡潮、排涝、航运、灌溉、改善水环境和保护水资源等方面发挥了重要作用。截至 2022 年,全市共有水闸设施 2 898 座(含圩区水闸设施 2 204 座),其中:市管 24 座、区管 349 座、镇管 2 478 座、其他(非水务部门管理)47 座;共有圩区 304 个,控制排涝面积 13.67 万 hm^2,其中耕地面积为 5.20 万 hm^2、水面积为 1.35 万 hm^2、其他面积为 7.12 万 hm^2。

(一) 工程分布

1. 水利分片

按照上海市水利综合治理总体格局,全市大陆区域内以黄浦江、苏州河、蕰藻浜、淀浦河、太浦河、拦路港—泖河—斜塘、红旗塘—大蒸塘—圆泄泾、胥浦塘—掘石港—大泖港、淀山湖、元荡等河道、湖泊及部分区界为界划分为 11 个水利片,而崇明岛、长兴岛、横沙岛这三个独立水系各自形成 1 个水利片,故全市共划分为 14 个水利片(表 7-8),合计面积为 6 158.62 km²,约占全市陆域总面积(6 340.50 km²)的 97.1%。

表 7-8 上海市水利分片情况

序号	水利片	面积/km²	行政区
1	嘉宝北片	698.77	嘉定区、宝山区、普陀区
2	蕰南片	173.37	宝山区、静安区、杨浦区、普陀区、虹口区
3	淀北片	179.28	长宁区、徐汇区、闵行区
4	淀南片	186.75	闵行区、徐汇区
5	浦东片	1 976.60	浦东新区、闵行区、奉贤区
6	青松片	758.23	青浦区、松江区
7	太北片	85.05	青浦区
8	太南片	99.96	青浦区、松江区
9	浦南东片	479.00	金山区、松江区
10	浦南西片	293.06	金山区、松江区
11	商榻片	32.42	青浦区
12	崇明岛片	1 070.00	崇明区
13	长兴岛片	76.87	崇明区
14	横沙岛片	49.26	崇明区
	合计	6 158.62	

2022 年,全市共有河道(湖泊)46 822 条(个),河湖总面积达 652.94 km²,河湖水面率 10.30%。小微水体共计 44 469 个,面积 48.04 km²。其中,水利片内的河道(湖泊)不受外潮位直接影响,水位可以通过工程手段进行调控。2022 年,全市片内河湖面积共 540.78 km²,河湖水面率 8.78%,约占全市河湖面积的 82.82%。

2. 圩区

截至 2022 年底,全市共有圩区 304 个,圩区水闸设施 2 204 座,控制排涝面积达 13.67 万 hm²,涉及 8 个区、12 个水利控制片。其中,耕地面积 5.20 万 hm²,水面积 1.35 万 hm²,其他面积 7.12 万 hm²。根据 2023 年除涝能力评估结果,圩区除涝标准达到"20 年一遇"的占 40%,达到"15~20 年一遇"的占 22%,达到"10~15 年一遇"的占 6%,达到"5~10 年一遇"的占 20%,低于"5 年一遇"的占 12%。圩区总体情况见表 7-9。

表 7-9 圩区总体情况(按水利片划分)

圩区情况	小计	嘉宝北片	淀南片	浦东片	青松片	太北片	太南片	浦南东片	浦南西片	商榻片	崇明岛片	长兴岛片	横沙岛片
圩区数量/个	304	21	4	9	155	11	12	19	38	3	27	3	2
控制排涝面积/hm²	13.67	0.55	0.16	0.38	6.11	0.46	0.78	1.75	2.65	0.25	0.40	0.10	0.08
其中:耕地面积/hm²	5.20	0.13	0.02	0.11	1.70	0.28	0.24	0.86	1.28	0.14	0.29	0.09	0.06
其中:水面积/hm²	1.35	0.05	0.01	0.01	0.56	0.15	0.25	0.05	0.11	0.08	0.05	0.02	0.01

3. 水闸设施

全市 2 898 座水闸设施中,位于水利片一线的有 987 座,其中市管 23 座、区管 267 座、镇管 683 座、其他 14 座,见表 7-10。

表 7-10 全市水闸设施水利片分布情况

水利控制片		全市/座				水利片一线设施/座				
		小计	市管	区管	镇管	其他	小计	市管	区管	镇管	其他
合计		2 898	24	349	2 478	47	987	23	267	683	14
嘉宝北片		189	6	54	129	0	82	6	34	42	0
蕰南片		53	6	22	25	0	17	6	11	0	0
淀北片		78	3	42	30	3	23	3	20	0	0
淀南片		65	0	15	35	15	32	0	15	12	5
浦东片		144	1	43	86	14	51	1	43	1	6
青松片		1 102	3	52	1 047	0	143	3	25	115	0
太北片		131	1	18	112	0	60	1	18	41	0
太南片		153	0	9	144	0	65	0	10	55	0
浦南东片		262	2	7	251	2	67	2	7	58	0
浦南西片		461	0	3	458	0	291	0	3	288	0
商榻片		68	0	0	68	0	68	0	0	68	0
崇明岛片		146	0	71	62	13	71	0	68	0	3
长兴岛片		28	0	7	21	0	10	0	7	3	0
横沙岛片		16	0	6	10	0	6	0	6	0	0
其他	苏州河	1	1	0	0	0	1	1	0	0	0
	苏州吴江区	1	1	0	0	0	0	0	0	0	0

按运行年限划分,全市水闸设施中,运行超过40年的有134座、30～40年的179座、20～30年的409座、10～20年的875座、10年以下的1 301座。

按照工程类型分,全市水闸设施中,共有节制闸809座、泵闸1 579座、船(套)闸151座、水利枢纽16座、泵站185座、涵闸156座、橡胶坝2座。

(二)建设过程

1. 20世纪90年代之前

上海地区治水历史悠久,长期以来对水的围与导、挡与疏不断进行探索实践。中华人民共和国成立初期,主要开展联圩并圩、并港建闸工作。1963年,针对低洼地区提出了"两级控制、两级排涝"的治水设想,这一设想是总体分片综合治理思路在局部地区的具体体现。60年代末至70年代初,在太湖流域规划中对"两级控制、两级排涝"设想又加以具体化,全市分片综合治理整体规划尚在研讨和酝酿之中。

1977年,上海水利建设迈入了统一规划、全面开展的新时期。同年4月,上海市出台《关于郊区农田基本建设规划的意见》。该意见立足全局,以治水改土为中心,将水利建设同城市建设、内河航运以及备战相结合,依据上海不同区域的水情和地情,提出了松江、金山、青浦片,川沙、南汇、奉贤(含崇明)片,上海、嘉定、宝山片这三大片"分片控制,洪、潮、涝、渍、旱、盐、污综合治理"的建议。同年6月,市农田基本建设规划组编制了《上海市郊区1977年至1980年农田基本建设规划》,并在当年秋冬开始组织实施,且在之后的实施过程中不断进行补充修订。1980年,市水利局编制了《上海郊区水利建设规划(1981—1990年)》,将原总体规划的3大片调整为4个地区、14个片进行综合治理,同时配合太湖流域治理,兼顾上下游,秉持团结治水的理念,留出浦南西片和商榻片的骨干河道,作为苏浙客水的下泄通道。具体包括:①上(海)嘉(定)宝(山)地区,即嘉宝北片、蕰藻浜南片、淀浦河北片、淀浦河南片;②松(江)金(山)青(浦)地区,即青松大控制片、太浦河南片、太浦河北片、浦南东片、浦南西片、商榻片;③川(沙)南(汇)奉(贤)地区,即浦东片(包括上海县①的浦东4个乡);④江岛地区,即崇明(岛)片、横沙(岛)片、长兴(岛)片。

改革开放初期,上海经济飞速发展,城市化区域日益扩大,某些地带水系阻断、引排失控和水体污染等问题渐趋严重。1986年2月,市水利局、市城市规划局和市市政工程局共同制定了《上海市城乡接合部区域性水利规划》。该规划以城乡化为指导思想,以解决城市排水出路为重点,着力改善近郊蔬菜区的灌溉水质。在加强治理污染源的同时,合理调度水资源,提出了"外挡、内控、引清、调活"的治水思路,进一步修订和完善了原有的分片综合治理规划。

20世纪90年代之前区域除涝工程建设过程见表7-11。

表7-11　20世纪90年代之前区域除涝工程建设过程

时间	建设过程	相关文件、规划
中华人民共和国成立初期	主要开展联圩并圩、并港建闸	

---

① 上海县是上海历史行政区划名,上海市原10郊县之一。1992年,上海县与老闵行区合并,成立新的闵行区,上海县退出了历史舞台。

(续表)

时间	建设过程	相关文件、规划
1963年	针对低洼地区提出了"两级控制、两级排涝"的治水设想	
60年代末至70年代初	对"两级控制、两级排涝"设想又加以具体化,研讨酝酿全市分片综合治理整体规划	
1977年	提出了松江、金山、青浦片,川沙、南汇、奉贤(含崇明)片,上海、嘉定、宝山片三大片"分片控制,洪、潮、涝、渍、旱、盐、污综合治理"的建议	《关于郊区农田基本建设规划的意见》《上海市郊区1977年至1980年农田基本建设规划》
1980年	将原总体规划的3大片调整为4个地区、14个片进行综合治理,并配合太湖流域治理,兼顾上下游,秉持团结治水的理念,留出浦南西片和商榻片的骨干河道,作为苏浙客水的下泄通道	《上海郊区水利建设规划(1981—1990年)》
1986年	以城乡化为指导思想,以解决城市排水出路为重点,着力改善近郊蔬菜区的灌溉水质。在加强治理污染源的同时,合理调度水资源,提出了"外挡、内控、引清、调活"的治水思路,进一步修订和完善了原有的分片综合治理规划	《上海市城乡接合部区域性水利规划》

至1990年,全市共疏拓开挖了35条骨干河道,在沿江沿河地带兴建了63座节制闸、56座船闸和套闸、9座水利枢纽工程和2座大流量翻水泵站。全市水闸共有1 685座,其中小型水闸1 631座,中型水闸54座;建成圩区450余个,纯排和排灌结合的泵站装机1 199台套,总动力为57 000 kW。

2. 20世纪90年代至2022年

20世纪90年代,上海进入城市化快速发展阶段。在此期间,城乡接合部许多河道被填没、堵塞,大量建筑、道路和广场的建成致使不透水面积大幅增加,降雨径流原本的自然平衡能力被削弱,甚至完全丧失。在城市绿化建设过程中,绿地标高被抬高,这使得防汛受灾风险转移到了相邻区域。而在新兴城镇化地区,一部分新建的城市雨水排水系统直接将水排入内河河道,进一步加重了水利片内河道的压力。这些建设行为导致涝害问题愈发严重,灾害损失不断增加。为了应对河道调蓄能力降低与外河水位日益上涨所引发的内涝问题,90年代大力加强了防洪除涝设施建设,不断疏浚河道、建设新堤防、加高加固原有堤防,开展泵闸工程建设并扩大控制范围,以期通过工程手段减轻涝害,水利分片综合治理就此进入城乡兼顾的新时期。这一时期主要有两大工作重点:一是重点提升西部低洼圩区的除涝能力,改造沿海夹塘地区的水系,以此保障农业稳产高产;二是着重新辟、开发、利用和保护黄浦江和长江城市供水水源地,同时治理解决城市化进程中日益严重的水污染问题以及城乡接合部的防洪除涝问题。

1998年11月,上海市政府批复同意《上海市城市防洪排水规划报告》。在城市区域除涝方面,按照20年一遇最大24小时面雨量、1963年雨型及相应潮型作为规划设计标准,划分出具有相对独立水系的5个自然区(蕴南片、淀北片、淀南片、浦东片一部分、嘉宝北片一部分)的排水格局工程规划,总面积按 1 333 km² 考虑。在西部低洼地区,水利控制片一般由外围一线堤防、水闸、泵站、片内河道和圩区组成。圩区是水资源调节的基本独立单元。水利控制片内的圩区由二线堤防、水闸、泵站、圩内河道组成。控制片与圩区组成两级排涝系统,二者相互配合,可控可合,从而改善和提高排水除涝的能力与效率。在新兴城市化地区,水利控制片由外围一线堤防、水闸、片内河道组成,还要接纳若干市政雨水排水系统。市政雨水排水系统通常由 1 个至数个市政雨水排水泵站组成,部分直接将水流排向外河,部分则排向片内河道,并与控制片组成两级排涝系统。

2011 年,全市 14 个水利片合计面积为 6 158.62 km²(据上海市第一次水利普查暨第二次水资源普查数据,未含 1984 年后新圈围土地),水利片占全市总面积的 97.1%;全市过闸流量在 1 m³/s 及以上的水闸有 2 203 座,总过闸流量达 65.17 万 m³/s;排涝泵站 1 499 座、水泵 2 359 台,总装机流量为 3 114.62 m³/s。全市区域除涝能力总体处于 5～15 年一遇范围,其中城市化区域和近郊区域各片的除涝能力处于 10～20 年一遇范围,远郊区域各片的除涝能力处于 5～15 年一遇范围,蕴南片、商榻片、太北片和崇明岛片的除涝能力达到 15～20 年一遇。

2020 年,根据《上海市除涝能力调查与评估报告》,采用水文模型计算圩区除涝能力,结果显示在 283 个圩区中,59.0% 的面积除涝能力超过 15 年一遇,圩区平均除涝能力处于 15～20 年一遇。浦南西片的除涝能力为 15～20 年一遇,商榻片的除涝能力为 ≥20 年一遇。2020 年圩区除涝能力综合评估结果见表 7-12。

表 7-12　2020 年圩区除涝能力综合评估结果

现状能力	圩区面积/hm²	面积占比	圩区数/个	个数占比
<5 年一遇	1.26	9.0%	48	17.0%
5～10 年一遇	3.65	26.1%	63	22.3%
10～15 年一遇	0.83	5.9%	15	5.3%
15～20 年一遇	3.46	24.7%	61	21.6%
≥20 年一遇	4.81	34.3%	96	33.8%
总计	14.01	100.0%	283	100.0%

在工程管理方面,为规范水闸行业管理、保障工程运行安全,上海市以国家相关法律法规为依据,出台了一系列规范性文件和专项规划,详见表 7-13。

表 7-13　上海市水闸行业规范文件及规划

年份	规划管理
2002	上海市人民政府令第 114 号发布《上海市水闸管理办法》
2011	上海市水务局第一次发布《上海市水闸安全鉴定工作管理办法》
2012	上海市水务局制定《上海市水利控制片水资源调度实施细则》
2014	上海市水务局第一次编制印发了《上海市水闸安全鉴定专项规划(2013—2020 年)》

(续表)

年份	规划管理
2018	修订《上海市水闸管理办法》
2019	修编《上海市水资源调度管理办法(试行)》(沪水务〔2019〕1403号),各区依据《办法》自行编制水资源调度实施细则
2020	编制印发《上海市水闸、水利泵站安全鉴定规划(2021—2030年)》

3. 新一轮规划推进情况

2020年,上海市发布《上海市防洪除涝规划(2020—2035年)》。该规划提出到2035年,上海市要基本建成城乡一体、洪涝兼治、安全可靠、水岸生态、人水和谐、管理智慧具有韧性的现代化防洪除涝保障体系。具体防御标准设定为:流域防洪达到"100年一遇"标准,区域防洪达到"50年一遇"标准;城市防洪中,黄浦江市区段达到"1 000年一遇"标准,海塘达到"200年一遇"标准;区域除涝中,主城区重要地区基本达到"30年一遇"标准,其他地区基本达到"20年一遇"标准。

该规划基于上海滨江临海地理区位和河口湾区潮汐特点,提出构建由"2江4河、1弧3环、1网14片"组成的行洪、挡潮和除涝的防洪除涝体系和布局。其中,"2江4河"千里江堤防洪体系主要用于防御流域、区域和城市洪水。"2江"指黄浦江和吴淞江,"4河"指太浦河、拦路港—泖河—斜塘、大蒸塘—圆泄泾、胥浦塘—掘石港—大泖港4条黄浦江上游主要支流。同时,还将深化黄浦江河口闸技术研究和闸址预控。"1弧3环"千里海塘防潮体系主要防御沿江沿海的高潮位,"1弧"是指上海市大陆弧形主海塘,"3环"是指崇明三岛环形主海塘。"1网14片"所涵盖的河、湖、泵、闸、堤防等工程是全市防洪除涝体系的基础。"1网"是指覆盖全市的一张河网,"14片"是指14个水利分片。在规划除涝标准水情下,按照相关水利片规划河湖水系布局与规模、河湖水面率、除涝设计面平均高水位和除涝设计预降水位要求,全市各水利片规划外围水闸总孔径为4 165 m,较2020年的2 948 m增加了1 217 m;规划外围泵站总流量为2 871 m^3/s,较2020年的1 146 m^3/s增加了1 725 m^3/s。

(三) 典型工程

1. 吴淞路闸桥

吴淞路闸桥位于苏州河和黄浦江交汇处,距离河口275 m。它是按照"1 000年一遇"高潮位(黄浦公园站5.86 m)的防御标准设计建造的,是市区防汛工程的重要组成部分。由于挡潮闸的结构布置与吴淞路桥的建设紧密相连,故被称为吴淞路闸桥。挡潮闸为单孔开敞式,闸孔净宽60 m,底板面高程为-3.0 m,底坎顶高程为-2.5 m,底板两端搁置在沉井闸墩上,在底板上下游两侧打一排防渗钢板桩。翼墙为预制钢筋混凝土拉锚式板桩结构。闸顶架设着一座4车道加1匝道的钢结构桥梁,该桥梁北接吴淞路,南连中山东一路。钢桥为三跨连续钢箱梁,梁底标高为7.0 m。桥下安装了17扇悬挂式钢板闸门,每扇闸门都配备卷扬机,可单独进行启闭操作。平时闸门平伏于钢桥中跨两根箱梁之间,桥下可通航100 t级船只。汛期遭遇高潮侵袭时,便可关闭闸门拒潮水于闸外,从而使得苏州河两岸50多km防汛墙无须按"1 000年一遇"标准进行加高加固。同时,桥上照常通车行人,有效改善了外滩地区的交通条件。

吴淞路闸桥于1989年10月开工建设,1991年5月投入运行,在2009年底因外滩综合改造被拆除,至此圆满完成了它的历史使命,其功能随后由苏州河河口水闸所取代。

2. 苏州河河口水闸

苏州河河口水闸位于苏州河河口,距离黄浦江约100 m,毗邻外白渡桥、上海人民英雄纪念碑等知名建筑。苏州河河口水闸工程等别为Ⅰ等工程,按照"1 000年一遇"高潮位防御标准设计建造,通航标准为Ⅵ级航道,抗震按基本烈度Ⅶ度设防。水闸主体结构位于地面以下,门型采用液压底轴驱动水下卧倒式翻板钢闸门,单孔净宽100 m,高9.76 m,采用计算机集中控制,由两路10 kV互为备用的独立电源供电。

苏州河河口水闸于2003年5月开工建设,2006年8月投入运行。苏州河河口水闸是苏州河环境综合整治二期工程中的标志性工程,具有双向挡水功能,也是上海市重要的防汛工程,保障了苏州河沿线8个区的防汛安全,在中心城区的调水工作中发挥着举足轻重的作用。

3. 淀东水利枢纽

淀东水利枢纽位于上海市闵行区,是上海市通航时间最长、拥有水利设施最为齐全的工程,具有防洪挡潮、排水除涝、水资源调度和船舶通航等综合功能。淀东水利枢纽由排涝泵闸、引水泵闸和船闸组成,其中排涝泵闸和船闸位于淀浦河上,引水泵闸位于淀浦河支流杨树浦河的河口。淀东水利枢纽是上海青松水利控制片唯一的东排口门。淀东船闸通航等级为100 t级,闸室长200 m、宽16 m,闸门宽12 m,采用钢结构三角闸门。该工程于1975年9月开工,1978年完工并投入运行。

淀东排涝泵闸由泵站和节制闸组成,在拆除原淀东节制闸后,在其上游100 m处改建完成,工程等别为Ⅰ等。该排涝泵站的设计流量为90 m^3/s,采用三台30 m^3/s斜式轴流泵;节制闸为2孔,每孔净宽12 m。淀东引水泵闸同样由泵站和节制闸组成,泵站的设计流量为20 m^3/s,节制闸为1孔,净宽5 m,该引水泵闸于2017年改建完成。

4. 蕰藻浜东闸

蕰藻浜东闸位于上海市宝山区顾村塘桥西侧的白杨村,东距黄浦江约12.5 km,占地面积0.22 km^2(含水域)。蕰藻浜东闸为Ⅰ等中型水利工程,抗震按基本烈度Ⅶ度设防。该闸的主要建筑物由节制闸、船闸和公路桥组成。节制闸为3孔,每孔净宽10 m,其中中孔为上卧式平面钢闸门,边孔采用有胸墙的平板直升门。上游设计最高控制水位为4.05 m,最低控制水位为1.5 m;下游设计最高控制水位为6.27 m,最低控制水位为-0.25 m。船闸的通航等级为300 t级,闸室有效长度为300 m、宽20 m,闸门宽12 m,采用上卧式平面钢闸门,内闸底板高程-1.8 m,闸门顶高程4.6 m;外闸底板高程-1.0 m,闸门顶高程6.8 m。节制闸和船闸均采用液压启闭,并使用计算机集中控制。公路桥净宽5 m、长144 m,汽车荷载等级为汽-10级。电源由沪北供电所提供一路10 kV线路供电,低压进户,并备有88.2 kW柴油发电机一台。管理范围内的绿化面积约为36 500 m^2。

蕰藻浜东闸于1978年12月开工建设,1982年6月竣工,是上海市嘉宝北片最重要的水利枢纽工程,主要承担着嘉定、宝山地区的防汛排涝、水资源调度、水位控制、挡潮和通航等综合功能。

5. 大治河西闸

大治河西闸位于闵行区浦江镇闸航路4219号,西距黄浦江约800 m,占地面积约0.24 km²。大治河西闸为Ⅰ等中型水利工程,抗震按基本烈度Ⅶ度设防,主要由节制闸、船闸和公路桥组成。节制闸有三块底板,共6孔,每孔净宽10 m,其中中间4孔为非通航孔,设有胸墙,闸门采用直升平面钢闸门,闸底板高程−2.0 m,闸门顶高程5.1 m。上游设计最高控制水位为3.96 m,最低控制水位为1.80 m;下游设计最高水位为4.40 m,最低水位为0.46 m。船闸通航等级为300 t级,内外闸首采用钢筋坞式轻型结构,闸室有效长度300 m、宽20 m,闸门宽12 m,采用升卧式平面钢闸门;内闸底板高程−0.7 m,闸门顶高程4.0 m;外闸底板高程−1.2 m,闸门顶高程5.1 m。节制闸、船闸均采用液压启闭,使用计算机集中控制。公路桥宽7 m、长188 m,汽车荷载等级为汽−20级。电源由闵行供电所提供一路10 kV线路供电,低压进户,并备有88.2 kW柴油发电机一台。管理范围内的绿化面积约48 000 m²。

大治河西闸于1977年12月动工建设,1979年12月竣工,是浦东片最主要的水利枢纽工程,承担着防汛、调水、通航等综合功能,也是上海市垃圾外运的主要通道。

6. 张家塘泵闸

张家塘泵闸位于上海植物园北侧的张家塘港上,距黄浦江1.5 km,占地面积约0.05 km²(含水域)。张家塘泵闸为Ⅰ等中型水利工程,抗震按基本烈度Ⅶ度设防,主要建筑物由一座单孔节制闸和一座泵站组成,采用泵闸单边布置形式。节制闸底板高程−0.5 m,闸门宽8 m,闸门顶高程5.0 m,采用直升式平面钢闸门。泵站规划为4台水泵,一期工程装有2台单泵流量为15 m³/s、叶轮直径2.5 m的斜27°轴流泵。高压电机(YXZ630-36)由上海电机厂生产,轴流泵(2500ZXB15-3)由江苏无锡水泵厂生产,电源由闵行供电所提供两路10 kV线路供电。绿化面积约8 866 m²。

张家塘泵闸于1998年3月开工建设,1999年12月竣工,是淀北片调水、排涝、防汛的主要工程之一,对改善徐汇、长宁、闵行区的水环境具有重要作用。

7. 龙华港泵闸

龙华港泵闸位于徐汇区龙华港与黄浦江交汇处,东距黄浦江河口约236 m,占地面积约1 666.67 m²。龙华港泵闸为Ⅰ等水工建筑物,抗震按基本烈度Ⅶ度设防,工程主要建筑物由一座泵站和一座单孔节制闸组成,采用"泵+闸+泵"对称布置形式。该工程采用钢筋混凝土结构,顺水流方向总长度为137 m,其中泵闸主体尺寸为34 m×40.6 m,内河消力池与闸室结合布置,内河海漫段长30 m,内河防冲槽长5 m;外河消力池长20 m,外河海漫段长40 m,外河防冲槽长8 m。节制闸闸门形式采用中铰上翻门,宽12 m,采用液压系统控制;闸底板采用整体式结构,底板顶高程−2.0 m,闸门顶高程6.9 m,重约48 t。内河设计最高水位3.80 m,最低水位1.80 m,外河设计最高水位5.87 m,最低水位0.39 m。泵站设计流量为90 m³/s,单侧泵房宽度为14.3 m,每侧布置2台,设计泵组中心线间距为6.5 m,一期安装有2台流量为22.5 m³/s的斜式轴流泵;泵站进水池侧设清污机。泵组进水池底板顶面高程为−3.5 m,出水池底板顶面高程为−2.0 m。泵闸设交通桥一座,布置在泵闸内河侧,净宽5.6 m。闸区绿化面积864(470) m²。

龙华港泵闸于2006年开工建设,2011年7月建成,是淀北片主要的防汛排水通道,在闵行、长宁、徐汇区的调水工作中发挥着重要作用。

8. 虹口港泵闸

虹口港泵闸位于虹口港水系南端,东大名路桥南。其设计排水流量为 30 m³/s,反向引水流量为 10 m³/s,水闸口门净宽 8 m。泵闸合建于东大名路桥南侧,新闸建成后原虹口港老闸被拆除,另外原东大名路老桥拆除后按道路规划断面新建了一座桥梁,同时,新建泵闸管理区等配套设施。

虹口港泵闸于 2014 年 8 月开工建设,2016 年 6 月建成并投入运行,虹口港水系整治工程的重要组成部分,与水系北端的西泗塘泵闸、郝桥港泵闸一起共同担负着水系的防汛排涝及南引北排等重要功能。

9. 崇西水闸

崇西水闸是崇明区第一大闸,位于枯水期咸水影响最小的崇明岛西南端绿华镇境内,即南横引河与北横引河交汇点处(南横引河与北横引河贯通后即为环岛运河),是全岛 27 座沿岛水闸之一。崇西水闸工程是Ⅰ等工程,为 3 孔 12 m 节制闸。该水闸主体建筑有闸首,内、外河消力池,内、外河翼墙,水文站和水闸管理区。崇西水闸创造了两个"最大":其一,近 2 500 m³ 闸首底板大体积混凝土浇筑在上海市水务系统内是规模最大的一次;其二,闸孔宽度达 36 m,是崇明岛上最大的一个水闸。崇西水闸的成功建设为上海水利工程建设增添了浓墨重彩的一笔。

崇西水闸于 2002 年 11 月 20 日开工,2003 年 12 月底竣工,是崇明水利枢纽,也是环岛引河的咽喉,具备西水东调、引淡除涝、优化配置淡水资源的功能,在崇明生态岛的建设过程中发挥着不可替代的作用。

四、城镇排水

城镇排水是指城镇排水系统收集、输送、处理、排放城镇污水和雨水的排水方式。在城镇排水系统建设方面,中心城区以强排模式为主、自排模式为辅,其他地区则以自排模式为主、强排模式为辅。截至 2022 年底,全市建成区已全面消除排水系统空白,排水能力达到雨水排水系统设计暴雨重现期"1 年一遇"标准,部分达到"3～5 年一遇"标准,中心城基本实现了"标准以内不积水,标准外积水少,退水快"的目标。

(一) 排水系统概况

截至 2022 年底,上海市已建的城镇排水系统强排系统 373 个,服务面积达 776.65 km²,泵排能力为 4 996.85 m³/s。其中,已建合流制系统(均为强排)有 65 个,服务面积为 119.9 km²,泵排能力为 787.85 m³/s,约占现状总泵排能力的 15.8%。

城镇公共排水管道总长为 28 297.69 km,其中雨水管长度为 16 175.63 km、污水管长度为 10 370.29 km、合流管长度为 1 751.77 km。公共排水检查井 80.50 万座,雨水口 65.25 万座。公共排水泵站共计 1 518 座,其中雨水泵站、污水泵站、合流泵站和立交泵站的数量分别为 287 座、675 座、79 座和 477 座。城镇污水处理厂 42 座,总处理能力为 896.75 万 m³/d。

(二) 建设过程

1. 21世纪之前

上海开埠前,城区建有传统的排水沟渠,雨水、污水就近排入河道。开埠之初,租界在修建道路时,会在路旁挖掘明沟或暗渠。1862年起,英租界率先从当时的中区(近黄浦区东部)开始规划和建设雨水管道。19世纪70年代,法租界也开展了此项工作。南市、闸北等地从20世纪初才开始改建排水管道。管道都是以黄浦江、苏州河等河道作为排水去向。到20世纪中叶,除少数路面埋设的管道口径稍大外,绝大多数都是小型管道,排水不畅,暴雨时期很多地区会出现严重积水的情况。至1949年中华人民共和国成立前,上海雨水管道总长为531.5 km,雨水泵站11座,排水能力仅为16 m³/s,排水系统不健全。

20世纪50年代,上海防汛排水系统建设确立了"围起来,打出去"的防汛排水方针。至1962年,新建和改建了诸如肇家浜、武夷、周塘浜等排水泵站61座,初步形成50多个排水系统。1962—1978年,又对市区积水严重和排水设施不健全的地区进行系统改建,先后建成凤城、宛平、康定等19个排水系统和泵站,平均每年建成一个系统。1978年,市城建局会同有关单位制定了《上海市市区雨水排水系统规划》,以建成区为主,规划布局85个排水系统,服务面积共计141.94 km²,并计划建设110座排水泵站。1986年,上海修编了该规划,规划排水系统扩大到110个和排水泵站扩展至163座。1978—1995年,先后新建了芙蓉江、周家渡、新客站等74个排水系统的泵站和管道,每年4~5个排水系统投入使用,城市排水系统逐步健全。

2000年,全市排水泵站增加到160座,市政排水管道长度达到3 920 km。2003年12月,上海市政府批复《上海市城镇雨水排水系统专业规划(2020年)》,该规划将排水系统进一步扩大到365个,排水能力达到4 316 m³/s。

21世纪之前排水系统建设过程见表7-14。

表7-14　21世纪之前排水系统建设过程

时间	主要特征描述或防御标准	
开埠前	排水沟渠	雨水、污水就近排入河道
中华人民共和国成立前	小型管道居多	排水不畅,暴雨时期很多地区积水严重
20世纪50年代和60年代	确立"围起来,打出去"的防汛排水方针	初步形成50多个排水系统
20世纪70年代	制定《上海市市区雨水排水系统规划》	规划布局85个排水系统,服务面积共141.94 km²,建设110座排水泵站
20世纪80年代和90年代	持续开展排水系统建设	先后新建74个排水系统,城市排水系统逐步健全

2. 21世纪之后

至2010年,全市建成防汛泵站301座,排水能力达到2 962 m³/s,市政排水管道总长度为11 488 km。在2012年第11号台风"海葵"、2013年第23号台风"菲特"以及"9·13"暴雨等历年暴雨积水事件中,部分区域由于存在排水系统空白区而出现积水现象。自"十一五"起,上海市结合中心城建成区排水系统空白点消除和城市更新配套需求,大力推进排水系统建设和提标改造工作。

"十一五"期间,上海新建、改建了58个排水系统,中心城区新增雨水排水能力达到700 m³/s,完成了市区道路积水点改善工程108条段。

"十二五"期间,上海持续推进城镇排水系统建设及达标改造工作,新增泵排能力166 m³/s。2017年1月,上海市政府通过了由市水务局、市发展改革委制定的《上海市水资源保护利用和防汛"十三五"规划》。

"十三五"期间,按照规划总体要求,为消除中心城建成区空白点,上海完成了28个雨水排水系统的建设,基本实现中心城建成区排水系统全覆盖。在已建排水系统完善方面,5个提标改造项目中,桃浦、龙水南、汉阳二期3个项目开工建设,新临平泵站处于选址控规调整阶段,大名泵站项目建议书评审待批。在郊区规划新建的16个雨水排水系统中,建成了11个,1个在建,4个处于前期研究阶段。此外,上海还积极推进苏州河深层排水调蓄管道系统工程试验段建设,苗圃和云岭综合设施开工建设。"十三五"末全市新增雨水泵排能力约738 m³/s,中心城建成区约16%的面积达到3~5年一遇排水能力,全市建成区基本不低于1年一遇排水能力,排水能力得到较大提升。

"十四五"期间,上海推进23个排水系统建设,至2022年底,建成3个,在建13个,7个处于前期研究阶段。2021—2022年,新增泵排能力约66.2 m³/s,截至2022年底,中心城建成区约19%的面积达到3~5年一遇排水能力。

21世纪之后排水系统建设过程见表7-15。

表7-15　21世纪之后排水系统建设过程

时间	规划管理	工程建设	防御标准
21世纪初至2010年	制定《上海市城镇雨水排水系统专业规划(2020年)》	至2010年,全市建成防汛泵站301座,排水能力达到2 962 m³/s,市政排水管道总长度为11 488 km	全市154个排水系统达到36 mm/h的1年一遇标准
2010—2020年	制定《上海市水资源保护利用和防汛"十三五"规划》《上海市排水"十四五"规划》《上海市城镇雨水排水规划(2020—2035年)》	持续推进上海市城镇排水系统建设及达标改造工作,推进苏州河深层排水调蓄管道系统工程试验段建设,苗圃和云岭综合设施开工建设	全市新增雨水泵排能力约738 m³/s,中心城建成区约16%的面积达到3~5年一遇排水能力,全市建成区基本不低于1年一遇排水能力,排水能力得到较大提升
2021—2022年	对排水系统布局及模式进行深化,推进区级城镇雨水排水规划编制	推进23个排水系统建设,至2022年底,建成3个,在建13个,7个处于前期研究阶段	新增泵排能力约66.2 m³/s;中心城建成区约19%的面积达到3~5年一遇排水能力

3. 新一轮规划情况

2020年6月,上海市政府批复同意《上海市城镇雨水排水规划(2020—2035年)》。该规划提出要"形成布局合理、安全可靠、环境良好、管理有效、智慧韧性的现代化雨水排水体系。排水系统基本达到 3～5 年一遇能力，50～100 年一遇内涝可控"的总体目标。明确了"十四五"实现"全市城镇约 25% 面积达到 3～5 年一遇排水能力，中心城 35% 左右面积达到 3～5 年一遇排水能力"的规划目标。至 2035 年，全市规划建设强排系统 402 个，服务面积达 945.51 km^2，泵排能力达 6 380 m^3/s，其余为自排地区。

根据新一轮规划，未来排水系统的构建思路转变为"蓄排"结合，即践行海绵城市理念，坚持因地制宜，将源头削峰、过程蓄排、末端消纳、管理提质增效进行有机融合，防汛安全和生态环境并重，形成一套综合性雨水管控措施。这些措施具体可概括为"蓝、绿、灰、管"四项。

"蓝"指的是充分发挥河网水系蓄排作用，依托全市 1 张河网、14 个水利综合治理分片、226 条骨干河道及多座泵闸，提高河网槽蓄库容，畅通水系，加强涝水外排能力，消纳雨水。

"绿"指的是海绵设施的运用、深化和拓展，主要是在源头建设雨水蓄滞削峰设施，以发挥控制源头雨水径流、降低雨水峰值规模、减少外排雨水总量、净化雨水水质、提升城市景观等功能。

"灰"指的是市政排水设施，包括管网、泵站以及大型调蓄设施，其主要功能是衔接源头地块和末端河道，承担雨水输送、调蓄和排放任务，是应对汛期集中降雨、治理合流制溢流污染必不可少的托底设施。

"管"指的是排水精细化、智慧化管理措施，旨在保证蓝色、绿色、灰色设施正常发挥功能，提升城市韧性。具体措施包括完成城市排水管网健康普查，并针对性地实施管道检测修复；按照国际先进水平提高养护频次，减少管道积泥；按照一网统管的"观、管、防、处"新要求建设智能化排水运管平台，完善应急管理系统等。

（三）积水改善工程

由于排水系统建设周期长、所需投资大，部分地区因缺乏整体开发条件，暂不具备整体提标条件。为切实解决群众急难愁盼的问题，有效应对台风、暴雨等极端天气暴露出的积水问题，相关部门采取"拔点"攻坚行动，滚动实施易积水点改善工程，优先解决局部地区内涝现象，以发挥"打通一点、惠及一片"的工程效益。

1. 道路积水改善工程

自 1998 年起，在大力推进城市排水系统建设的同时，相关部门同步开展"短、平、快"的道路积水改善工程。这类工程与相关道路工程同步实施，具有工期短、见效快的特征，对排水系统建设起到"突破瓶颈、拾遗补缺"的作用，能有效缓解局部区域的暴雨积水问题。截至 2022 年底，道路积水改善工程已持续开展了 25 年，累计实施了 344 个项目，新敷设排水管道总长度达 175.5 km。其中，2015—2022 年，连续 8 年里共有 84 个道路积水改善工程被列为上海市为民办实事项目，新敷设管道长度约 45 km。经过对 10 余年来（自 2010 年起）实施的 164 个道路积水改善工程进行综合效益评估，结果显示，144 个路段改造后从未出现积水情况，9 个路段仅在超标准降雨时产生短时积水，5 个路段因所在排水系统设防标准偏低而出现短时积水，6 个路段则因区域地势低洼造成短时积水。经计算，项目实施有效率约为93.3%。这一数据充分说明道路积水改善工程大大缓解了中心城区的道路积水状况。

2. 下立交积水改善工程

2019年起,相关部门对沪宁铁路嘉松北路、闵行区光华地道(杨更浪)等35座下立交实施了工程改造,对13座下立交实施了专项维修提升,对全部下立交(603座)装设积水监测设备(电子水尺)。

3. 小区积水改善工程

2021年11月,相关部门启动实施了易积水居民小区防汛能力提升三年行动计划,对2019—2021年期间66个暴雨积水问题严重、老百姓反映强烈、小区规模较大且近期没有动拆迁计划、需要通过工程性措施综合治理的小区实施改造。截至2022年底,已完成56个小区的改造,剩余小区在2023年底全面完成改造,约6万户居民从中受益。

(四)初期雨水调蓄池

全市计划在"十四五"期间增加调蓄能力225万 m^3。截至2022年底,全市已建成22座调蓄设施,总调蓄能力为489 700 m^3(调蓄设施分布情况详见表7-16)。合流制调蓄设施不仅在雨天能够发挥截流调蓄的作用,在旱天还可用于排水干线高峰流量的调节。虽然,部分已建成的调蓄设施尚未达到规划规模,但已基本实现规划标准内不排水,泵站在雨天排水时,污染控制效果较为显著。

表7-16 调蓄设施分布情况(2022年)

序号	所属类别	调蓄设施名称	所属排水系统	排水体制	所属行政区	服务面积/km^2	容积/m^3
1	污水厂	虹桥	虹桥厂	污水	闵行区	—	50 000
2		泰和	泰和厂	污水	宝山区	—	150 000
3		石洞口	石洞口厂	污水	宝山区		80 000
4	干线	蕴藻浜	西干线	污水	宝山区		20 000
5	控污	成都路	成都路	合流	黄浦区	3.06	7 400
6		新昌平	康定、昌平	合流	静安区	3.45	15 000
7		梦清园	宜昌、叶家宅	合流	普陀区	1.39	25 000
8		万航	万航、江苏路	合流	长宁区	1.64	10 800
9		芙蓉江	芙蓉江	分流	长宁区	6.78	12 500
10		新师大	新师大	合流	普陀区	2.08	3 500
11		蒙自	蒙自	分流	黄浦区	1.88	5 500
12		后滩	后滩	分流	浦东新区	0.87	2 800
13		浦明	浦明	分流	浦东新区	2.50	8 000
14		南码头	南码头	分流	浦东新区	1.03	3 500

(续表)

序号	所属类别	调蓄设施名称	所属排水系统	排水体制	所属行政区	服务面积/km²	容积/m³
15	控污	大定海	大定海	合流	杨浦区	4.25	7 700
16		新宛平	宛平	合流	徐汇区	3.13	9 000
17		大武川	武川	分流	杨浦区	4.04	13 000
18		月浦城区	月浦城区	分流	宝山区	2.95	11 000
19		张华浜东	张华浜东	分流	宝山区	2.88	15 000
20		肇嘉浜	肇嘉浜	合流	徐汇区	7.36	10 000
21		泗塘	泗塘	分流	宝山区	3.15	11 000
22		长桥	石龙及铁路二客站	分流	徐汇区	3.80	19 000
合计						56.24	489 700

(五) 排水行业管理

在排水行业管理方面，以生态韧性城市建设为主线，将排水行业发展置于贯彻落实中央深入打好污染防治攻坚战和加强城市内涝治理的大局中谋划与推进，从加强排水管道检测修复改造、雨污混接监督检查等五个方面（表7-17）推动排水行业实现高质量发展。

表7-17 排水行业发展新机制

序号	要求	相关文件	具体做法
1	加强排水管道检测、修复和改造	2022年2月21日，市水务局出台《上海市水务局关于加快本市排水管道检测、修复和改造工作的意见》（沪水务〔2022〕128号）	全面排查全市排水管道结构状况，加快损坏管道修复或改造，有效提升污水收集处理和雨水排放效能，牢牢守住城市运行安全底线，改善水环境质量
2	开展居住区排水设施雨污混接监督检查	2022年3月14日，市水务局和市房管局联合出台《关于进一步加强本市居住区排水设施雨污混接监督检查工作的通知》（沪水务〔2022〕295号）	建立健全居住区排水设施雨污混接日常巡查和溯源整治的监督检查工作机制，预防和整治雨污混接，充分发挥设施效能，减少小区污水冒溢和积水
3	开展雨水排水系统提标	2022年3月19日，市水务局出台《上海市水务局关于推进本市雨水排水系统提标工作的意见》（沪水务〔2022〕176号）	全面提升全市雨水排水能力，维护城市安全运行，结合《上海市水系统治理"十四五"规划》，指导各区推进雨水排水系统提标工作
4	建立排水热线专项治理制度，提升行业公共服务	2022年4月25日，市水务局出台《关于印发〈上海市水务局（上海市海洋局）深入推进热线工作高质量发展三年行动计划（2022—2024）〉的通知》	不断提升全市水务海洋系统热线工作水平，为市民群众提供更加便捷高效的热线服务，助力提升行业管理规范化、精细化、智能化水平。印发《排水行业井盖类工单快速处置制度》和《排水行业疑难工单专项治理工作制度》，建立排水热线集中问题专项治理制度

(续表)

序号	要求	相关文件	具体做法
5	加强排水管网维护监管	2022年6月7日,市河长制办公室出台《上海市河长制办公室关于印发〈进一步加强排水管网维护监管工作的指导意见〉的通知》(沪河长办〔2022〕14号)	进一步加强全市排水管网维护监管工作,保障城市防汛排水安全和水环境持续改善

(六) 典型工程

1. 20世纪60—70年代现役市属防汛泵站

早期的排水泵站排水能力相对较小,一般采用"半年一遇"(即27 mm/h)的设计标准。1963年以前,上海市区除了老肇嘉浜泵站和老中山西路泵站的排水能力超过10 m³/s外,其余泵站的排水能力大多在10 m³/s以内。随着经济社会的不断发展,市政排水设施经历了快速更新迭代。1978年,上海对市区排水系统进行了全面规划,采用"老市区排水用雨污合流,新市区用雨污分流"的新方式。至70年代末,全市共有95座排水泵站,这些泵站直接将水排入江河,总排水能力达290.57 m³/s。

截至2022年,在市排水公司管理的178座市属防汛泵站中,仍有11座是建成于20世纪60—70年代且仍在运行的泵站。其中,建成于60年代的6座泵站分别是普善、江西北、大名、松潘、西藏中和群众;建成于70年代的5座泵站分别是水电、乌鲁木齐、水产、吴淞大桥和汉阳。

1) 普善泵站(1963年)

普善泵站位于普善路310号,1963年建成,为合流制泵站,属于普善排水系统,服务面积为1.00 km²。2014年完成对该泵站的改造,截流量得以增加。目前,该泵站装有3台雨水轴流泵,雨水排入彭越浦、东菱泾,单机流量为2.65 m³/s;污水截流部分设有3台潜水泵,单机流量为1.00 m³/s,设计截流能力为3.00 m³/s,截流污水被输送至合流一期,总排水能力为10.95 m³/s。

2) 江西北泵站(1963年)

江西北泵站位于江西北路2号,1963年建成,为合流制泵站,属于江西北排水系统。经过改造后,目前该泵站装有3台雨水轴流泵,雨水排入苏州河,单机流量为1.00 m³/s;污水截流部分设有3台截流泵,单机流量为0.30 m³/s,设计截流能力为0.60 m³/s,截流污水被输送至合流一期,总排水能力为3.90 m³/s。

3) 大名泵站(1964年)

大名泵站位于九龙路237号,1964年建成,为合流制泵站,属于大名排水系统,服务面积为0.49 km²。经过改造后,目前该泵站装有3台雨水泵,雨水排入虹口港,单机流量为0.62 m³/s;泵站截流方式为泵前截,截流污水被排入污水三期,总排水能力为1.86 m³/s。

4) 西藏中泵站(1965年)

西藏中泵站位于西藏中路725弄20号,1965年建成,为泵前截合流制泵站,属于中央商务区排水系统,服务面积为1.86 km²。该泵站装有3台雨水泵,雨水排入苏州河,单机流量为 1.50 m³/s。截流污水被输送至合流一期。

5) 松潘泵站(1966 年)

松潘泵站位于宁国南路 77 号,1966 年建成,为合流制泵站,属于松潘排水系统,服务面积为 0.80 km²。该泵站装有 3 台雨水泵,雨水排入黄浦江,单机流量为 1.50 m³/s;泵站截流方式为泵前截,截流污水被排入污水三期,总排水能力为 4.50 m³/s。

6) 群众泵站(1967 年)

群众泵站位于邢家桥南块,1967 年建成,为合流制泵站,属于武进排水系统,服务面积为 0.15 km²。该泵站装有 2 台雨水轴流泵,单机流量分别为 0.62 m³/s 和 0.31 m³/s,雨水排入俞泾浦,总排水能力为 0.93 m³/s。泵站目前处于待报废停运状态。

7) 水电泵站(1970 年)

水电泵站位于水电路 25 号,1970 年建成,为合流制泵站,属于广中排水系统,服务面积为 0.59 km²。该泵站装有 3 台雨水轴流泵,雨水排入俞泾浦,单机流量分别为 1.00 m³/s(1 台)和 0.62 m³/s(2 台);污水截流部分设有 4 台潜水泵,单机流量为 0.32 m³/s,设计截流能力为 0.96 m³/s,截流污水被输送至合流一期干线,总排水能力为 3.52 m³/s。

8) 乌鲁木齐泵站(1973 年)

乌鲁木齐泵站位于复兴西路 9 号,1973 年建成,为肇嘉浜排水系统的中途泵站,属于肇嘉浜排水系统。该泵站装有 3 台雨水泵,单机流量为 1.85 m³/s,泵站无排口,雨水经肇嘉浜泵站排入黄浦江。

9) 水产泵站(1979 年)

水产泵站位于军工路 334 号(上海理工大学内),1979 年建成,为合流制泵站,属于周家嘴排水系统,服务面积为 1.64 km²。该泵站装有 4 台雨水泵,单机流量为 2.30 m³/s,雨水排入复兴岛运河;泵站截流方式为泵前截,截流污水被排入污水三期,总排水能力为 9.20 m³/s。

10) 吴淞大桥泵站(1979 年)

吴淞大桥泵站位于淞浦路 611 号,1979 年建成,为合流制有截流设施防汛泵站,属于吴淞地区排水系统,服务面积为 0.90 km²。2016 年完成对该泵站的改造;2021 年再次完成改造,增加了截流设施。该泵站装有 4 台雨水泵,单机流量为 1.50 m³/s,总排水能力为 6.00 m³/s;泵站截流设施于 2021 年启用通水,污水截流部分设有 2 台干式泵,单机流量为 0.05 m³/s,设计截流能力为 0.05 m³/s。雨水排入蕴藻浜,截流污水被输送至西干线。

11) 汉阳泵站(1979 年)

汉阳泵站位于东汉阳路 199 号,于 1979 年建成,为合流制泵站,属于汉阳排水系统,服务面积为 0.91 km²。该泵站装有 3 台雨水泵,雨水排入虹口港,单机流量分别为 1.50 m³/s(2 台)和 1.00 m³/s(1 台);泵站截流方式为泵前截,截流污水被排入污水三期,总排水能力为 4.00 m³/s。

2. 2000 年后建设的排水泵站

1) 肇嘉浜泵站

肇嘉浜泵站位于瑞宁路 3 号,2003 年建成,为合流制有截流设施泵站,属于肇嘉浜排水系统。该泵站的排水标准为 1 年一遇,径流系数为 0.67,服务面积为 7.36 km²,是上海泄水范围最大的排水系统。

泵站服务范围:东起鲁班路、思南路、茂名南路,西至漕溪北路、华山路、兴国路,南起肇嘉浜路、瑞金南路、斜土路,北至华山路、巨鹿路。雨水排入日晖港,截流污水被输送至污水二期。

泵站内安装9台雨水潜水泵,每台的配置功率为500 kW,单机流量为3.27 m³/s;污水截流部分设有4台潜水离心泵,每台的配置功率为170 kW,单机流量为1.20 m³/s。泵站的总装机功率为5 180 kW,总排水能力为34.23 m³/s。

2) 云岭西泵站

云岭西泵站位于蔡家浜4号,2019年建成,为分流制有截流设施雨水泵站,属于云岭西地区排水系统。该泵站系统的设计暴雨重现期为1年一遇,径流系数为0.60,服务面积为2.96 km²。

泵站服务范围:东至木渎港,南至苏州河,西至祁连山南路,北至西虹江。雨水排入苏州河,截流污水被输送至合流一期。

泵站内安装8台雨水潜水泵,每台的配置功率为400 kW,单机流量为2.79 m³/s;污水截流部分设有2台潜水泵,每台的配置功率为16 kW,单机流量为0.09 m³/s。泵站的总装机功率为3 232 kW,总排水能力为22.49 m³/s。

3) 虹许虹梅泵站

虹许虹梅泵站位于上海市闵行区虹桥镇合川路,这里曾是上海市中心城区原有的28个排水空白点之一。

泵站服务范围:东起宋园路以西100 m,西至新泾港,南起蒲汇塘,北至延安西路和占羊路南侧红线,服务面积约为5.17 km²。

虹许虹梅泵站工程配置10台雨水泵、3台污水泵,泵站的设计流量为35.0 m³/s。工程包括雨水泵房、进水箱涵、进水闸阀井、进水渐扩管、出水渐扩管、进水阀门井、压力井、新建防汛墙、回笼水管、污水截流管等相关设施。工程还同步实施了吴中路、翠钰南路和吴中路雨水排水干管以及泵站至合川路截流污水出水管工程等。

4) 松潘泵站

松潘泵站位于杨树浦路、临青路口南侧,2019年建成,为合流制有截流设施雨水泵站,属于松潘排水系统。该泵站的排水标准为1年一遇,径流系数为0.60,服务面积为1.41 km²。

泵站服务范围:北起长阳路,南至黄浦江,西起杨树浦港、锦州路、宁国路、杨树浦路,东至临青路。雨水排入黄浦江,截流污水被输送至污水三期。

泵站内安装6台雨水潜水泵,每台的配置功率为365 kW,单机流量为2.92 m³/s;污水截流部分设有3台潜水泵,每台的配置功率为40 kW,单机流量为0.3 m³/s。泵站的总装机功率为2 310 kW,总排水能力为18.42 m³/s。

5) 龙华机场泵站

龙华机场泵站位于丰谷路36号甲,2016年建成,为分流制有截流设施防汛泵站,属于龙华机场排水系统,服务面积为2.31 km²。

泵站服务范围:东起黄浦江,西至龙吴路,南到龙耀路,北至龙华港。截留污水被输送至污水二期,雨水排入黄浦江。

龙华机场泵站装有 6 台雨水泵,单机流量为 2.64 m³/s,总排水能力为 15.84 m³/s;污水截流部分设有 3 台潜水离心泵,单机流量为 0.047 m³/s,设计截流能力为 0.094 m³/s。

6) 大定海泵站

大定海泵站位于平定路 21 号,2014 年建成,为合流制有截流设施雨水泵站,属于大定海排水系统。该泵站的排水标准为 1 年一遇,径流系数为 0.60,服务面积为 4.25 km²。

泵站服务范围:东起运河,西至临青路,南到黄浦江,北至周家嘴路。雨水排入黄浦江,截流污水被输送至污水三期。

泵站内安装 6 台雨水潜水泵,每台的配置功率为 520 kW,单机流量为 3.45 m³/s;污水截流部分设有 4 台潜水离心泵,每台的配置功率为 75 kW,单机流量为 0.43 m³/s;调蓄池部分设有 2 台潜水离心泵,每台的配置功率为 75 kW,单机流量为 0.18 m³/s。泵站的总装机功率为 3 570 kW,总排水能力为 22.78 m³/s。

7) 丹东泵站

丹东泵站位于规划安浦路 501 号-2(临),2019 年建成,为合流制有截流设施雨水泵站,属于丹东排水系统。泵站系统设计暴雨重现期为 3 年一遇,径流系数为 0.60,服务面积为 1.09 km²。

泵站服务范围:东起怀德路、杨树浦路、杨树浦港,西至大连路,南到黄浦江,北至平凉路。雨水排入黄浦江,截流污水被输送至污水三期。

泵站内安装 6 台雨水潜水泵,每台的配置功率为 290 kW,单机流量为 2.33 m³/s;污水截流部分设有 3 台潜水泵,每台的配置功率为 32 kW,单机流量为 0.20 m³/s。泵站的总装机功率为 1 836 kW,总排水能力为 14.58 m³/s。

8) 民星南泵站

民星南泵站位于军工路 1146 号,2018 年建成,为有截流设施雨水泵站,属于民星南排水系统。该泵站的排水标准为 1 年一遇,径流系数为 0.60,服务面积为 3.82 km²。

泵站服务范围:东起黄浦江、复兴岛运河,西至白城路、何杨支线,南到海安路、黄浦江,北至共青森林公园西侧边界、嫩江路。雨水排入黄浦江,截流污水被输送至污水三期。

泵站内安装 4 台雨水混流泵,每台的配置功率为 450 kW,单机流量为 3.5 m³/s;污水截流部分设有 3 台潜水泵,每台的配置功率为 21 kW,单机流量为 0.069 m³/s。泵站的总装机功率为 1 863 kW,总排水能力为 14.21 m³/s。

第二节　防汛减灾非工程措施及成效

防汛减灾非工程措施是在已有的工程性措施基础之上,为防范洪涝灾害,并将灾害造成的损失降到最低而采取的一系列措施,通常包括法律法规、行政管理和科学技术等多种手段。从世界各国的实践情况来看,非工程措施作为减少洪涝灾害的综合措施之一,正受到越来越多的关注与重视。

为切实有效防御风暴潮洪灾害,上海市从组织和制度保障、查险排险、汛情监测、"四预"(预报、预警、预案、预演)措施、防汛信息系统、宣传引导、抢险与救灾七个方面入手,持续推进非工程措施体系的建设与完善,以高层面推动、高密度督察、高标准备汛、高质量宣传和高效率处置为目标,不断提升城市防汛应急管理能力。这些非工程措施在保障城市运行安全、平稳、有序方面发挥了重要作用,成功经受住了历次洪涝灾害的考验。

一、组织和制度保障

上海市始终高度重视防汛组织体系与工作制度的建设,建立了以行政首长负责制为核心的各类防汛责任制,切实做到防汛责任横向到边、纵向到底。

(一) 组织保障

上海市防汛指挥机构成立于1956年。1963年明确市防汛总指挥部为常设机构,下设总指挥部办公室。

自1987年起,在乡、镇、街道一级普遍设立了防汛指挥部机构,为基层单位做好防汛工作提供了组织保障。

2004年,上海市应急联动中心正式启用,市防汛办与市应急联动中心实现联网,防汛系统融入全市应急处置体系,从"测、报、防、抗、救、援"六个方面,不断探索并建立起符合特大型城市特点的灾害综合管理新模式。

2014年,依据修订后的《上海市防汛条例》,街镇一级的防汛机构和专职人员首次以地方性法规的形式予以明确,形成了"横向到边、纵向到底、不留死角"的防汛工作责任体系,长期以来困扰防汛管理工作的"难点在基层"问题得以有效解决。

2018年11月,机构改革,市防汛指挥部(包括办公室和3名工作人员)被划入新成立的市应急局。2019年,市防汛指挥部根据国家应急体制改革新要求,在保持全市防汛体制机制"三个不变(全市原有防汛体制机制不变、市防汛办工作运转机制不变、全市防汛信息系统保障不变)"的基础上,由市水务局、市应急局联合组成市防汛办,各区防汛指挥部也及时调整完善区级联合防汛机构,形成了全市防汛"统一指挥、统一办公、统一值守、统一应对"的工作体系。

2020年,体制机制持续优化,市防汛指挥部总指挥和防汛行政责任人由市长担任(之前为历任分管防汛工作的副市长)。这一调整更好地发挥了防汛指挥部的应急指挥协调作用。各成员单位、各区、各街镇也相应地进行了调整,由主要负责同志担任防汛责任人,进一步提升了防汛指挥机构的权威性。同时,结合上海实际情况,将市防汛办设在市水务局,由市水务局和市应急局局长共同担任市防汛办主任。

(二) 法律法规

1991年7月2日,根据《中华人民共和国水法》,国务院制定的《中华人民共和国防汛条例》正式施行。该条例对防汛的方针、任务、组织、职责等作出了明确规定。上海市因地制宜地制定了市防汛指挥部领导成员单位、各级防汛指挥部指挥工作职责,对市、区、县防汛指挥部,对各级防汛领导小组以及各有关专业局的具体工作均作了明确分工;发布防汛警报和防范措施的规定,在警报种类和标准、各级警报发布后的防范措施等方面作出了具体规定。

2003年,《上海市防汛条例》正式施行,该条例将每年编制修订防汛预案作为对市和区(县)防汛机构及有关部门和单位的基本要求,并要求汛前检查抢险队伍和物资储备落实情况,适时开展防汛演练,做好汛后工作总结回顾。

2010年、2014年、2017年、2021年,《上海市防汛条例》经历了四次修订,对防汛管理体系、防汛规划和预案编制、防汛工程设施建设管理、防汛抢险、保障措施、法律责任等都作出了较为完整的规定。其中,2014年《上海市防汛条例》中明确规定,区县人民政府对可能受到灾害严重威胁的人员,可实施强制性撤离。据此,2015年,市防汛指挥部出台了《上海市防御台风等灾害人员避险转移及强制撤离指导性意见》,在组织人民群众避险转移时,坚持以人为本、生命至上,充分展现了上海基层防汛组织主动作为、勇挑重担、敢于担当、甘于奉献的时代精神。

(三) 工作制度

自1987年起,明确各级行政首长防汛责任制,并将防汛工作作为干部考核的一项重要内容。

1990年,市防汛指挥部要求全市各级防汛组织和有关单位在汛期建立24小时值班制度。

1997年,市防汛办印发《对上海市区(县)防汛指挥部办公室实行防汛目标责任管理考核办法(试行)的通知》,建立以行政首长负责制为核心的工作管理制度,实行防汛工作目标责任管理考核。同时,建立汇报制度,规定凡遇较大汛情、灾情,报告时间一般不得超过1小时。

2000年4月,上海市将原有的汛期时间(每年5月1日—10月20日)调整为6月1日—9月30日。其中,2010年,为确保上海世界博览会的防汛安全,汛期临时调整为5月1日—10月31日。

自2004年起,每年汛前,市防汛指挥部都会在上海主要媒体上公布各区县防汛责任人名单,接受社会和市民的监督。各区县也在当地媒体上公布各街道、乡镇防汛责任人名单,进一步增强各级防汛责任人的责任意识。

2006年,市防汛办印发《上海市防汛工作规范(试行)》,明确上海防汛工作分为行政首长负责制、分级责任制、分包责任制、岗位责任制和技术责任制5种责任类型。同年,市防汛办还印发了《上海市防汛突发险情灾情报告管理办法(试行)》。

2011年,市防汛办发布《关于印发上海市防汛工作目标责任管理考核办法(试行)的通知》,考核工作分为各区(县)防汛办自评、分片互评和市防汛办考评三个环节,以百分减分制方式来确定考核成绩。2012年考核工作正式实施,有效提升了各区(县)防汛办的工作水平。

2016年汛前,《上海市防汛督察实施细则》出台,并落实了两名市防汛指挥部督察专员。此后,先后开展了对区防汛工作的例行督察、对工程建设效能的专项督察以及对台风灾害防御工作的应急督察,这标志着防汛督察工作全面启动。

近年来，上海持续对以行政首长负责制为核心的各级各类防汛责任制进行修订完善，督促各级防汛部门严格执行防汛防台各项制度，进一步规范防汛救灾工作。

（四）协同机制

2006年，防汛工作"四个机制"建立并不断完善：一是中心城区"市区联手、泵管联动"的排水工作机制；二是市政排水与市容环卫"行业联合、协同作业"的量放水工作机制；三是水利行业"条块结合、信息共享"的堤防网格化巡查工作机制；四是绿化、电力、房管等方面"部门协同、合力抢险"的应急处置工作机制。

2007年，秉持"服从全国大局、服从流域调度"原则，上海主动加强与水利部太湖流域管理局及江苏、浙江两省的沟通联系，形成"信息共享、抢险互助、边界联防"的防汛联动沟通协商机制。

2014年，市气象局、市公安局、市绿化市容局、上海申通地铁集团有限公司（以下简称"申通集团"）等进一步完善灾害天气联合会商机制和应急处置工作细则。

2016—2018年，相继建立了防汛联合值班机制、太湖流域沟通协作机制、部队联合抢险机制；全力推进了"两水"（水安全、水环境）平衡工作机制、"排水三护行动"（排水管道设施养护、维护、保护）工作机制、环卫排水"行业互动、协同作业"机制；不断深化了防汛气象预警会商机制、"办司处"[①]工作机制和下立交"三联动"（公安、路政、排水部门）积水处置工作机制。

2019年之后，围绕防汛工作中的市区协同、条块结合，市防办积极探索，不断总结防汛工作中的做法和存在的问题，持续优化完善协同机制。防汛-气象应急会商直通车机制：防汛和气象部门通过"早期预测、内部通报"，实现同步研判、同步会商、同步决策。下立交积水"三联动"积水处置工作机制：交通部门负责常规处置，公安部门负责交通管控，排水部门协助积水抢排，当积水达到20 cm时启动交通限行，当积水达到25 cm时立即封闭下立交禁止通行，落实专人值守，加强积水抢排和交通疏导。道路积水环排联手应急处置机制：排水与市容环卫部门建立联动机制，在暴雨天，环卫工人协助清理道路雨水口垃圾、树叶等杂物，确保道路排水畅通。极端灾害性天气"六停"机制：当上海市发布台风、暴雨、暴雪、道路结冰等任意一类灾害红色预警信号时，或者虽未达到红色预警等级，但已发生重大险情、灾情或预判城市将出现大范围、普遍性、严重灾害时，可实施（或部分实施）停课、停工、停运、停航、停园和停业等措施。小区积水应急处置"五组工作法"：台风"烟花"影响期间，金山区朱泾镇新农片区积水达40～50 cm，严重影响生产生活。朱泾镇成立专业电工、人员转移、应急抢险、排水清淤、宣传安抚5个专门工作组分区分域开展行动，取得良好成效。市防汛办总结经验并在全市推广。专业抢险与企业志愿者协同机制：推动形成以专业抢险为主，社会力量为补充的应急抢险队伍。同时，依托行业协会和国有企业等机构组织，吸纳具备积水抢排救援能力的社会企业力量参与防汛抢险。例如，申通集团成立了志愿者队伍，主要支援地铁站点周边区域积水抢排。

---

① 办司处：指上海市中心城区防汛排水服务保障联动合作组织，由市区两级防汛办、原市排水管理处、原市水利管理处、市城市排水有限公司组成。

二、查险排险

在查险排险方面,坚持以防为主,将隐患整改贯穿始终,建立问题台账并滚动销项,致力于消除度汛风险隐患。

2002年,在防御台风"威马逊"时,市防汛办提出"四不放过"要求:没有检查过的地方不放过,薄弱环节和隐患原因没有搞清楚的不放过,责任单位和责任人不落实的不放过,整改措施不落实的不放过。

2004年,"四不放过"要求被修订为"五不放过",即增加了"检查中发现隐患和薄弱环节的不放过"。在开展各类防汛检查的同时,组织专项大检查和重点督察,对一线堤防、城镇排水管网、地下空间、旧房简屋、低洼地区、高空构筑物、建设工地进行防汛检查与问题整改督办,确保防汛责任和各项应急措施落实到位。

2012年,《上海市防汛安全检查办法》出台,"五不放过"被调整为"六不放过",即增加了"发生人为责任事故的责任部门和责任人没有处理的不放过",进一步强化防汛责任,促进各级防汛部门加强防汛隐患排查。

自2019年起,市防汛办专门成立了五个督察组,围绕"基层能力、隐患排查、两水平衡、物资储备、高空坠物"等方面深入组织开展督察检查。

2020—2022年,逐步建立防汛隐患滚动排查机制,通过各区各行业自查、第三方抽查、市级督察,力求将隐患风险消除在"萌芽"状态。

三、汛情监测

上海市的汛情监测工作从20世纪80年代后期起步。1987年,市区水情遥测网开始建设。经过多年建设,逐步建立起了覆盖全市和流域的水雨情、海洋、工情、灾情监测体系,并通过信息共享的方式进一步补充完善,为防汛预报预警提供重要支撑。

(一)水雨情监测

1949年以前,全市雨量站屈指可数,其中以徐家汇气象站的雨量记录时间最长,自1873年起便开始连续记录。自1950年起,上海市的雨量站、水位站数量不断增多。

1987年,上海市水文总站启动市区水情遥测网建设,对市区12个雨量站和2个水位站(同时具备雨量监测功能)进行实时监测,并收集汇聚了68个水情报汛站的报汛数据,初步形成现代化的水情信息采集系统。

1990年汛前,黄浦公园水位站实现自动测报。1991—1996年,《上海市防汛自动测报系统》(一期)工程开始实施,上海市郊遥测网得以建立,实现了对长江口、沿东海和杭州湾的主要水闸及黄浦江干流水文站的水文气象实时监测,同时,建设了13个微波通信塔用于数据传输通信。

1999—2000年,原市区水情遥测网系统进行改造与扩建,监测站点数量扩充至20个。1999—2004年,通过水情信息采集系统二期工程建设,水情遥测站数量进一步增加到81

个。该系统于2004年3月移交给市水文总站管理。

2010—2013年,水情遥测系统升级改造,监测站点采用双通道通信方式,形成了1个中心、12个分中心、320个测站的体系,达到每个乡镇、水利控制片、重要地区、城市化程度高的地区都有测站的标准。在2013年上海"9·13特大暴雨"以及台风"菲特"应对过程中,该系统发挥了重要作用。

2013年起,市水文总站逐步规范水情系统分级管理和考核管理,陆续出台和修订了《上海市水情自动测报系统运行管理办法》《上海市水情自动测报系统运行管理考核实施细则》等规范性文件。

2020年,全市自动测报站扩容至389个站点,分布在全市16个区(表7-18)。这些站点每5分钟采集一组水雨情信息,并同步发送至1个中心和12个分中心,为各级防汛部门提供服务,为上海市防汛防台提供了有力的技术支撑。

截至2022年,389个自动测报站中,雨量监测点有367个,潮(水)位监测点有210个(其中,潮位47个,水位163个),风速风向监测点有25个。风速风向站主要布设在长江口、杭州湾等沿江沿海一带,其所采集的实时风力风情是水情预报中增减水的重要参考依据。

表7-18 上海市行政区测站密度统计

行政区域	面积/km²	测站数量/个	站网密度/(km²·站⁻¹)	雨量站密度/(km²·站⁻¹)
中心城区	289.44	52	5.6	5.8
浦东新区	1 210.41	71	17.0	17.8
闵行区	370.75	23	16.1	17.7
宝山区	270.99	27	10.0	11.8
嘉定区	464.20	24	19.3	21.1
金山区	586.05	20	29.3	30.8
松江区	605.64	32	18.9	18.9
青浦区	670.14	44	15.2	15.6
奉贤区	687.39	31	22.2	24.5
崇明区	1 185.49	65	18.2	19.4
全市	6 340.50	389	16.3	17.3

注:中心城区包括黄浦、徐汇、静安、虹口、长宁、普陀和杨浦这7个区。

(二) 海洋监测

2016年11月29日,为提升上海市海洋防灾减灾、海洋生态保护以及海洋资源调查能力,上海市海洋环境监测预报中心开始独立运行。2019年7月,该中心更名为上海市海洋监测预报中心,主要负责上海市海洋观测预报、海洋灾害预警、海洋生态监测、海洋调查和滩涂测绘等工作。

截至2022年,上海市海洋监测预报中心已建成1套海床基、3对地波雷达、3个海洋站和11套海洋浮标。该中心积极探索应用多源卫星遥感数据解译和无人机遥感反演技术,共建共享涉海部门海洋资源,初步构建起"岸-海-空-天"一体化观测体系。在上海沿海地区先后建设了佘山、大戢山、滩浒岛、芦潮港、小衢山、东海大桥 B 平台、小洋山、五好沟和崇明 9 个海洋站(点),开展海洋水文、气象的观测工作。观测要素包括水温、盐度、潮位、波浪、温湿度、气压、风、能见度、降雨等。年均实时数据接收率和数据有效率均达到 98% 以上。

(三) 水闸泵站监测

2003—2004 年,上海市水闸泵站自动监测系统建成,该系统能够对 91 座主要的水闸泵站工程实现内外水位、闸门运行高度、水泵开关和运行工况进行实地与远程实时图像监控,实现信息实时采集、上传和汇总,以及信息资源共享和调水设施的集中管理。

2003 年,市水利排灌处建设了松江区新浜镇圩区水闸泵站实时监测系统,机构改革后该系统由市水利管理处负责管理。该系统实现了对新浜镇 4 个圩区中 28 座水闸和 23 座排涝泵站的自动监控,确保圩区内水位不超过 2.8 m。

2014 年,水闸泵站自动监测系统进行升级改造,实现对 8 个水利控制片 128 座重点水闸泵站的水情工情信息、36 座船舶通航水闸运行情况的实时监测。

截至 2022 年底,实现对 14 个水利控制片 197 座除涝泵闸的内河水位、外河水位、闸门及水泵运行情况的实时监测。

(四) 排水及积水监测

2002 年,市城市排水有限公司启动"上海市市区排水信息系统"建设,对中心城区的 118 个泵站和 23 个积水监测点开展自动监测。

2010 年起,上海市实施道路积水自动监测项目,利用道路积水监测设备实时监测易积水点的道路积水深度,同时兼顾雨水管管道水位监测,以便实时掌握监测点道路积水和管道水位情况。道路积水监测点分五期建设,其中中心城区一期(2013 年)建设 30 处,二期(2017 年)建设 58 处,三期(2018 年)建设 60 处,四期(2019 年)建设 82 处,五期(2020 年)建设 126 处(含 9 处流量监测站点)。小区积水监测点于 2017 年试验建设了 32 处。

2010 年,下立交积水监测点建设完成 37 处,并于 5 月 1 日世博会开幕前上线,主要覆盖市区中环及主要干道;2012—2013 年,监测覆盖市区交通流量大的主要交通干道;2015—2017 年,基本实现全市下立交积水监测点全覆盖。

2015—2020 年,建设完成防汛应急排水调度指挥系统,包括 82 套移动排水泵车定位、运行工况采集,以及 32 套车载视频监控,实现防汛排水工作的智能分析及联动协同。

截至 2022 年,共建成下立交积水监测点 443 处,道路积水监测点 356 处,小区积水监测点 32 处。监测系统在城市内涝灾害发生期间,为防汛决策指挥、道路积水风险预警和避险交通管制提供了及时的数据支撑。

(五) 信息共享

近海水情共享。上海市水务局通过与国家海洋局东海分局、上海海事局联网,接入海洋系统佘山、芦潮港、大戢山、滩浒岛、东海大桥、崇明、滩浒岛 7 个站的实时潮位、风速风向数据,以及海事系统黄浦公园、吴淞、横沙、中浚、南槽东、绿华山、吴泾、长兴、石洞口、马迹山和鸡骨礁11个站的实时潮位数据。这些数据每5分钟更新一次,能够为全市防汛防台应急处置提供决策依据。

长江流域水情共享。上海市水务局通过与水利部长江水利委员会联网,接入长江干流汉口、九江、大通、南京、徐六泾5个水文站的报汛信息。这些信息会报送各站逐小时实测水位以及汉口、九江、大通站的流量等数据,为上海了解长江中下游水情,评估长江洪水影响以及枯水季咸潮入侵风险提供依据。

太湖流域水情共享。上海市水务局通过与水利部太湖流域管理局联网,接入江苏、浙江两省在太湖流域主要河流、湖泊上设置的81个水位站、59个雨量站的实测数据和太湖平均水位数据,涉及的站点包括江苏省瓜泾口、望亭、西山、太浦闸、浏河闸、望虞闸等和浙江省小梅口、王江泾、嘉善、平湖等。数据每5分钟更新一次。

气象信息共享。上海市水务局通过与市气象局联网,接入气象部门发送的与防汛相关的大量实时观测信息和预报、预警,包括上海市境内233个气象站观测到的雨量、风向、风速、温度、气压、湿度等数据,雷达云图,气象卫星云图,地面天气图,有编号的热带气旋和台风信息;每日定时四次气象报告、不定期灾害性天气过程专题报告、即时和短时天气预报、中长期天气预报;台风、暴雨、大雾、高温、低温、雷电等预警信息。

四、"四预"措施

强化预报、预警、预演、预案等措施是全力防范和应对水旱灾害风险的重要支撑。上海市在工作实践中,不断加强跨部门预报会商,优化防汛预警发布和各类各级防汛预案,并通过防汛演练,切实提高水旱灾害的防御和应急处置能力。

(一)预报

预报方面,强化气象、水务、海洋、防汛等部门预报信息共享和会商研判,做好强对流、暴雨、台风等突发性、灾害性天气滚动递进式预报,以及正常潮位预报和风暴潮预报,提高预报的及时性和准确度。

汛情预报包括气象和水情预报,其中雨量、风情等气象预报由上海中心气象台提供,水情预报则由市防汛信息中心、国家海洋局海洋预报台、市水文总站、市海洋监测预报中心等单位提供。

潮位预报是水情预报的重要组成部分,主要针对沿海以及江河河口和感潮河段受天文潮、风暴潮影响的水位预报。其预报内容主要包括正常潮位短期预报和风暴潮预报等。正常潮位短期预报是指在天文潮位的基础上考虑气象因素及江河来水的影响,对实际出现的潮水位进行预报,一般以预报高低潮的潮高、潮时为主。风暴潮预报主要是对在强烈气旋影响下潮水位的净增加值进行预报。在一次气旋过程中,预报可能的增水幅度,并叠加天文潮位,从而预报出潮高、潮时。

上海的潮位预报主要是对黄浦江干流潮位进行预报。黄浦江潮位预报始于1918年,当时上海浚浦局根据吴淞站潮位资料,应用调和分析方法进行天文潮预报。1954年,上海河道工程局(上海航道局前身)开始发布黄浦江苏州河口(黄浦公园站)潮位预报。1986年,汛期潮位预报任务移交给市水文总站实施。1997年，潮位预报任务又移交给市防汛信息中心。1998年起，增加了黄浦江下游吴淞、上游米市渡两个站点的潮位预报。2010年，预报站点由黄浦江干流三站扩展到沿江沿海六站（增加了沿杭州湾的芦潮港、金山嘴及长江口高桥三个站点），同时预报时间由汛期扩展为全年。2022年，预报任务再次移交至市水文总站。黄浦江潮位一般预报24小时内高、低潮的潮高、潮时。预报成果主要通过防汛专用网站、政府网站、电台、声讯服务和微信微博等新媒体向社会发布。高潮位预警还通过电视、移动电视、新媒体等渠道向公众发布。黄浦江正常潮位短期预报每天发布两次，分别在上午10时和下午3时发布。

潮位预报站点及时间变化过程见表7-19。

表7-19 潮位预报站点及时间变化过程

年份	潮位预报站点	预报时间范围
1954—1997	黄浦公园站高潮位	汛期预报
1998—2009	黄浦江干流三站高潮位	汛期预报
2010年至今	黄浦江干流三站、杭州湾芦潮港站两高两低潮位预报以及台风期间长江口高桥及杭州湾金山嘴站高潮位预报	全年预报

风暴潮预报主要遵循经验预报与数值预报相结合的原则，在数值预报的基础上，结合数理统计公式、专家经验及历史台风分析等手段，对风暴高潮位进行预测。目前，上海已建立了高潮位与气压、风速、风向、距离等因素相关的数值预报方案，创建了历史台风、风暴潮综合数据库，同时还搭建了沿海地区及黄浦江风暴潮数值预报模型。

上海应对风暴潮灾害的工作有着悠久的历史。1992—2022年持续向相关单位发布风暴潮预警报。在2016年之前，预警发布依据的警戒潮位为单一警戒值，预警级别取决于高潮位超警程度。2016年，《上海市防汛指挥部关于调整颁布米市渡等六个站防洪特征值和金山嘴等三个站警戒潮位值核定成果的通知》（沪汛部〔2016〕9号）颁布，将上海沿海的警戒潮位细化为四色警戒，预警级别由高潮位达到的警戒潮位等级来决定，自此风暴潮警报发布依据逐渐清晰且实用。2021年，更新了部分站点的四色警戒潮位值，风暴潮警报的发布更加贴合实际防御能力。30年来，平均每年向政府决策部门和相关企事业单位发布百余份风暴潮预警报，为应对风暴潮灾害提供了必要的决策辅助，也为涉海企事业单位处置风暴潮灾害提供了强有力的技术支撑。

在2018年之前，上海海域的海洋日常预报由国家海洋局东海预报减灾中心提供。自2016年起，市海洋监测预报中心逐步开发风暴潮、咸潮、海浪、温盐流、溢油搜救等数值预报模型。从2018年6月起，该中心常态开展海面风、海浪、海温、海流、潮位等日常预报，并开展警戒潮位核定。

水情预报的及时与准确在历年防汛防台风工作中发挥了重要作用。2021年第6号台风"烟花"影响期间，上海遭遇了台风、暴雨、高潮、洪水"四碰头"的严峻形势。市防汛信息中心依托风暴潮数值预报模型、历史汛情回溯、经验预报等多种方法，科学预报出黄浦公园站最高潮位将达5.50 m，上游米市渡站最高潮位将超历史纪录。7月26日黄浦公园实测潮位 5.49 m,误差仅 1 cm。这种精准化的预报为防汛决策提供了重要的技术支撑。

(二) 预警

在预警方面,上海市不断优化面向全社会的防灾减灾预警和应急响应发布机制,着力扩大预警发布的覆盖面,确保预警信息能够在第一时间发送到点、到人。充分发挥防汛信息系统、新闻媒体和各种通信工具的作用,拓宽预警信息传播的渠道和范围,以此提高全社会对预警信号的知晓率,增强广大市民的避险自救意识。

预警包括气象、水文、海洋预警和防汛应急响应行动。其中,台风、暴雨等气象预警信息由上海中心气象台提供,黄浦江高潮位、风暴潮和海浪预警由上海市水务局(上海市海洋局)提供。市防汛指挥部根据预警信息和汛情发展,适时启动防汛应急响应行动。

1. 防汛应急响应行动

1984 年 5 月,市防汛办印发《上海市发布防汛警报和防范措施的规定》,明确了警报种类和警报发布后应采取的防范措施。当预计可能发生现有防汛墙不能抗御的风、暴、潮等灾害情况时,由市防汛指挥部上报上海市委和市政府,经确定后发布防汛紧急警报。台风预报的发布分为台风消息、台风警报、台风紧急警报三种类型。

除了公开警报,还采用内部通知的方式提前预警并部署防汛准备工作。例如,1997 年,为了能够尽早做好防御第 11 号台风的工作,市防汛指挥部针对可能产生的影响和存在的薄弱环节,有重点地进行分类督促指导,采取内紧外松的方式提前进行内部通知,以便各方能够早作准备。上海中心气象台共发出 25 次关于 9711 号台风的情况报告,及时通报台风的路径和未来走向。承担潮位预报的市防汛信息中心迅速调整并充实预报力量,请来防汛水文专家会商,并根据最新的台风路径和强度进行追踪预报;国家海洋局东海分局也及时向防汛部门提供风暴潮预报,为领导指挥决策提供了可靠依据。

2005 年 7 月,国务院办公厅印发的《国家防汛抗旱应急预案》明确规定,我国自然灾害预警实行"蓝、黄、橙、红"(由低到高)四色预警和"Ⅳ、Ⅲ、Ⅱ、Ⅰ"(由低到高)四级响应制度。上海市防汛指挥部据此制定了《上海市防汛防台应急响应规范》,经上海市政府批准后,于 2006 年汛期开始实施。该规范明确了灾害等级、响应行动,对信息发布、避险引导、人员撤离和应急抢险等内容进行了细化。特别是按照以人为本的原则,以"防御提示"的形式,对普通市民在不同预警信号和应急响应级别下的避险自救行动进行了具体指导。截至 2022 年,已对该规范进行了 6 次修订。

2006—2022 年,上海市共发布防汛应急响应 441 次,其中Ⅳ级响应 181 次、Ⅲ级响应 223 次、Ⅱ级响应 34 次、Ⅰ级响应 3 次,具体年度分布如图 7-2 所示。

2. 黄浦江高潮位预警

2006 年 11 月 2 日,市质量技术监督局正式通过《黄浦江高潮位预警图形符号》这一地方标准。该标准明确制定了黄浦江高潮位的预警等级、预警标准、预警图形符号以及预警颜色,并于 2007 年 1 月 1 日起正式施行。根据《上海市防汛防台专项应急预案》和《上海市防汛防台应急响应规范》的要求,黄浦江高潮位预警信号的发布和解除由市防汛信息中心组织实施。当未来 12 小时内,黄浦江的吴淞站、黄浦公园站、米市渡站预测潮位超过预警标准时,便通过电视、电台、网站等媒体向社会发布预警;当预计或实际潮位低于预警标准时,

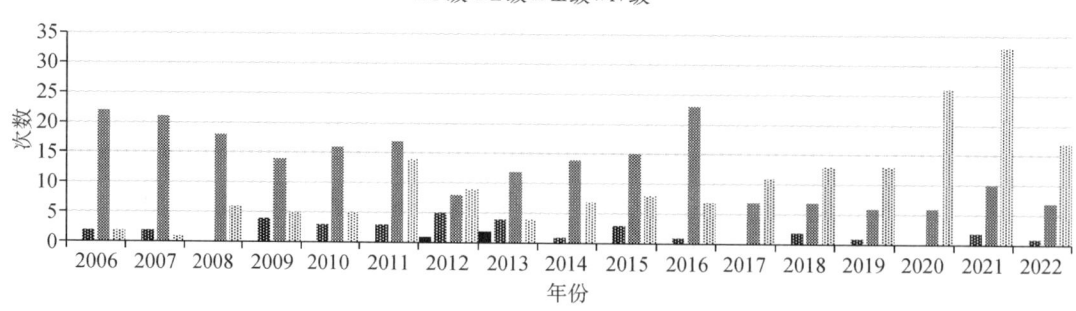

图7-2 2006—2022年防汛防台应急响应发布情况统计(2006年起实施)

解除警报。2021年,台风"烟花"进入48小时警戒线后,市防汛信息中心预测黄浦江7月24日至26日凌晨子潮将连续出现超警戒高潮位,于是在23日10时发布了黄浦江高潮位蓝色预警信号;24日9时将预警信号升级为高潮位黄色预警信号;25日9时进一步升级为高潮位橙色预警信号。25日下午,根据台风形势及增水动态,预测26日凌晨黄浦公园站子潮将高达5.50 m,市防汛信息中心于15时将高潮位预警信号升级为最高等级——红色,并通过上海市突发事件预警信息发布平台、防汛短信平台、网站、微信等方式,迅速向各级防汛机构、社会公众发布。这是自2007年实施《黄浦江高潮位预警图形符号》以来首次发布高潮位红色预警信号。

近30年来,黄浦江上游干流沿线各站实测高潮位明显增高,且平均每年超过原定警戒水位的次数也有所增加,同时,黄浦江两岸堤防(防汛墙)的实际防御能力也有了提升。为使黄浦江沿线各站的防汛警戒水位能更好地服务和支撑各级防汛指挥决策,市防汛指挥部分别于1996年10月、2016年5月两次对黄浦江干流三个代表站的防汛警戒潮位进行了调整(表7-20)。

表7-20 黄浦江干流三个代表站警戒潮位

年份	吴淞站警戒潮位/m	黄浦公园站警戒潮位/m	米市渡站警戒潮位/m
1981—1996	4.70	4.40	3.30
1997—2016	4.80	4.55	3.50
2017年至今	4.80	4.55	3.80

2007—2022年,黄浦江高潮位(含上游)预警共发布24次,其中黄浦公园站19次,上游米市渡站5次。在黄浦公园站19次预警中,蓝色预警16次,黄色预警1次,橙色预警1次,红色预警1次;在上游米市渡站5次预警中,蓝色预警3次,橙色预警2次。具体预警统计如图7-3所示。

3. 沿海风暴潮预警

自2019年起,上海市海洋监测预报中心全面履行海洋灾害预警职能。2019—2022年,共发布上海沿海风暴潮预警45次(图7-4)。其中,长江口堡镇站20次(蓝色13次,黄色5次,橙色2次);杭州湾芦潮港站31次(蓝色14次,黄色9次,橙色6次,红色2次);杭州湾金山嘴站30次(蓝色14次,黄色7次,橙色7次,红色2次)。

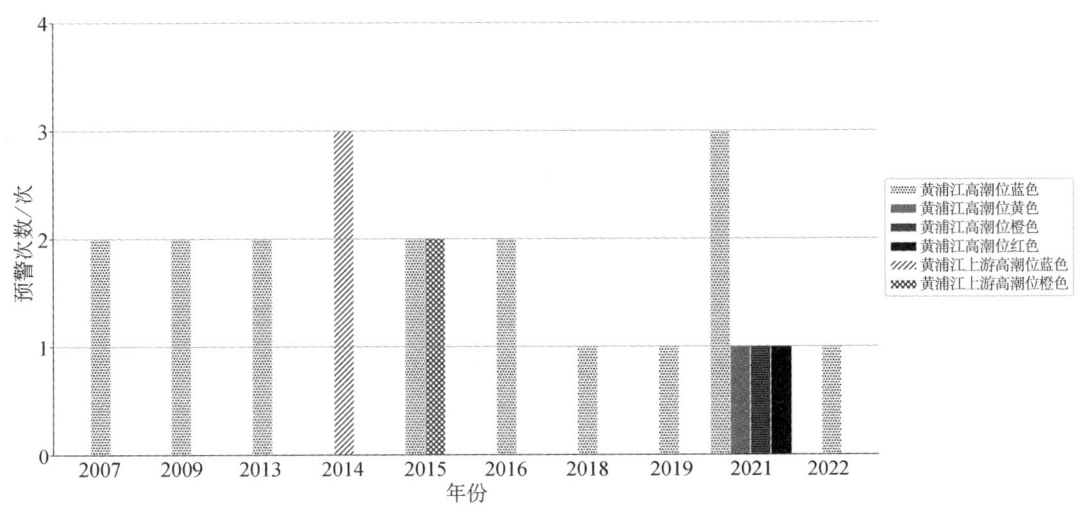

图 7-3 2007—2022 年黄浦江高潮位(含上游)预警信号发布统计(2007 年起实施)

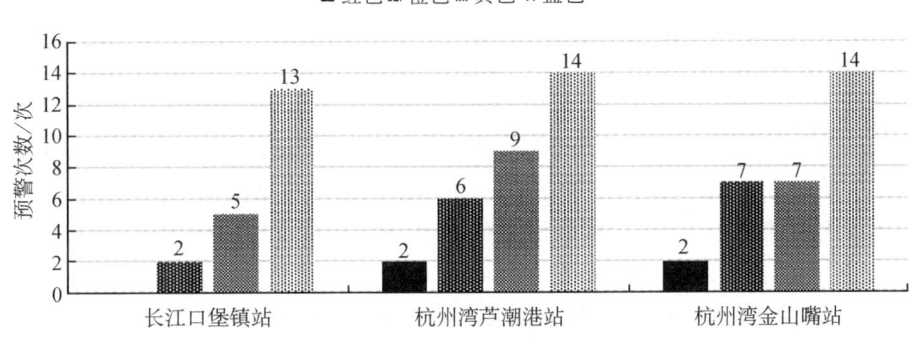

图 7-4 2019—2022 年上海沿海风暴潮预警发布情况统计

2019—2022 年,共发布上海近岸海域海浪预警 218 次(图 7-5)。其中,长江口外海域 108 次(蓝色 64 次,黄色 25 次,橙色 13 次,红色 6 次),长江口内海域 103 次(蓝色 68 次,黄色 24 次,橙色 11 次),杭州湾北海域 37 次(蓝色 30 次,黄色 6 次,橙色 1 次),洋山港海域 8 次(蓝色 5 次,黄色 1 次,橙色 2 次)。

2021 年台风"烟花"影响期间,市海洋监测预报中心及时发布上海市首次风暴潮、海浪双红警报,为防汛指挥决策提供可靠的技术依据。7 月 25 日,台风"烟花"在浙江省舟山普陀沿海登陆后,在岛上滞留了 5 小时,之后在杭州湾滞留长达 11 小时。26 日,台风"烟花"在浙江平湖沿海再次登陆后移动速度依旧非常缓慢。受其影响,芦潮港站测得极大风速为 37.9 m/s(13 级),海洋预警 5 号浮标测得极大风速为 31.5 m/s(11 级);长江口外海域 2.5 m 以上的大浪持续时间约 144 小时,4 m 以上的巨浪持续时间约 44 小时,6 m 以上的狂浪持续时间约 22 小时,在 25 日 4 时 30 分达到 7.4 m 的最大值,超红色预警;上海沿海出现一次明显的风暴潮过程,过程最大增水 1.60~1.92 m,芦潮港和金山嘴两站在 24 日、25 日的子潮潮位接连超红色预警,接近 9711 号台风的历史极值。

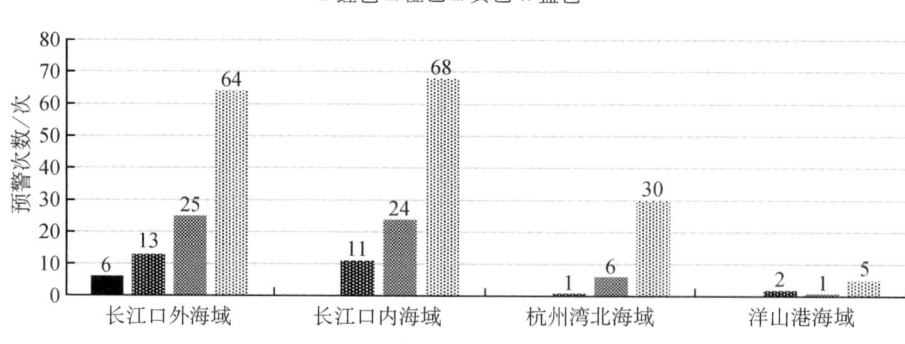

图 7-5 2019—2022 年上海近岸海域海浪预警发布情况统计

(三) 预案

上海各级防汛部门一直以来都高度重视防汛预案的编制工作，每年都会依据本地区、本部门的实际情况(一般在汛前 2 月)对防汛预案进行修订，使预案能够适应不断变化的新情况，不断增强预案的针对性，突出其操作性。按照"以人为本、以防为主"的方针，构建起了"横向到边、纵向到底"的防汛防台预案体系。这一体系包括市、区、街道(乡镇)三级防汛应急预案，各级防汛指挥部成员单位的行业防汛应急预案，以及其他部门和单位的防汛自保方案。

1992 年，市防汛指挥部在组织各区、县和重点局制定应急措施的基础上，要求各单位根据去年防汛工作的经验教训，对《防御特大洪涝灾害和台风灾害的应急预案》进行修订。

1995 年，依据《中华人民共和国防汛条例》，市防汛指挥部组织编制了《上海市防汛防台应急预案》。同年 7 月，市政府审议通过了该预案。

1998—1999 年，市防汛指挥部两次发文对各区、县防汛防台应急预案编制进行规范，提出"统一名称、统一内容、统一上报部门"的要求。2003 年 9 月，《上海市防汛条例》实施后，市防汛指挥部将每年编制修订防汛预案作为对市和区(县)防汛机构及有关部门和单位的一项基本要求。

从 2005 年起，防汛预案由上海市市政府或市政府办公厅印发。

2006 年，市防汛指挥部进一步修订和规范了上海的防汛预警、响应机制，制定了《上海市防汛防台专项应急预案》和《上海市防汛防台应急响应规范》。该规范将汛情、灾情严重状况、紧急程度及应对措施分为四级，对防汛培训、灾情险情报告、信息发布等作出规定，并针对暴雨、台风、雷雨大风、高潮这 4 种主要灾害制定了相应的响应行动，明确了市、区(县)两级防汛指挥部门、各相关成员单位、抢险队伍、驻沪部队、武警上海总队和新闻媒体的工作职责。同年，市防汛办印发《关于发布杨树浦港等四条内河沿线泵站应急调度预案的通知》，对河道沿线泵站排水调度作出了规定。

2007 年，市防汛办、市地下空间管理联席会议办公室、市人民防空办公室联合印发《关于进一步做好本市地下工程防汛防台工作的通知》，对全市地下工程防汛防台工作提出具体要求。

2018 年，为做好首届进口博览会防汛安全保障工作，市防汛指挥部在汛前组织编制了

《进口博览会防汛防台安全保障工作方案》,进一步延长防汛应急保障机制时间,从常态汛期一直持续至11月进口博览会结束。

2022年,对市级、区级和行业防汛防台应急预案进行了修订,重点完善了应对"风、暴、潮、洪"四碰头极端灾害天气的应急预案,以及越江隧道、轨道交通、地下变电站等城市生命线工程防御极端天气的预案,完成了极端天气下"六停"(停工、停业、停课、停园、停运、停航)措施细则的研究和细化工作,持续健全预案体系。同年,进一步完善风险薄弱位置"一点一预案",针对30 km黄浦江堤防薄弱岸段、32座病险水闸、66个易积水小区,按照"一段一预案、一闸一方案、一小区一预案"的要求,严格落实各项措施,确保防汛安全。

(四)预演

为了提高抢险队伍的防汛实战能力与抢险业务水平,促进各应急组织间的相互协作,进一步完善防汛预案,增强公众对突发重大事故救援及突发事件处置的信心和应急意识,提升城市运行和市民出行的安全保障能力,上海市每年都会开展防汛演练工作。

防汛演练分为市级演练、区级演练和专业部门(单位)演练。其中,市级演练由市防汛办牵头组织,各区和各级成员单位参与;各区自行牵头组织开展本区的防汛演练;市公安局、市交通委、市住建委、市绿化市容局、市水务局、驻沪部队、武警官兵、市路政局、市电力公司、市城投水务集团、市排水公司及其他有防汛任务的单位,则结合自身实际,组织本部门或本单位的防汛演练。

自21世纪初起,市、区(县)防汛办一般每年都会进行防汛抢险演习。2006年6月29日,市房地资源局在徐汇区举行了一场针对地下车库积水的专项防汛演练。

2007年7月15日,市市政工程局针对中环路(浦西段)7条地道易积水的情况,开展了集排水、抢险、救治于一体的综合应急演练。

2009年5月20日,市防汛办组织堤防、排水、水文等行业开展了"迎世博、保安全——2009年上海市防汛防台演练"。2010年4月9日,市防汛办和市世博局联合组织了"2010年上海市防汛防台风演练",情景假设世博园区遭遇台风、暴雨、高潮"三碰头"特大灾害,导致白莲泾地区道路严重积水、防汛墙出现缺口和管涌、白莲泾泵闸闸门发生故障等情况。市防汛办通过现场图像传输、指挥中心远程指挥等方式,调集各抢险队伍100多名人员与多部抢险设备赶赴现场进行排险演练。

2015年,为进一步检验防汛抢险队伍、提高应急反应能力,市防汛办分别组织排水行业和堤防行业开展了全市性、大规模的防汛应急抢险演练。在演练形式上,充分运用了信息化手段;在演练对象上,首次将武警水电二总队作为上海市防汛应急抢险力量;在演练组织上,深化与公安部门的联动,强化应急情况下的交通保障措施;在演练内容上,把小区、下立交、地下车库积水等防汛整改任务作为重点演练项目,充分体现出演练的先进性、针对性和实效性。各区县及各相关单位组织开展了形式多样的防汛专项演练,成效显著。浦东新区组织开展了防汛模拟推演;市容绿化局组织全市环卫系统开展了未事先通知的集结演练,有效检验了队伍的反应速度;申江集团坚持每年举行防汛应急演练。

2019年,市防汛办不仅开展了全市防汛应急抢险演练,还组织了红色预警专项演练,并采用"四不两直"方式,开展了三次突击应急演练。

2020年,全市共组织开展超标洪水、泵站失电、积水抢排等防汛演练332次,参与人数近8 000人次。

2021年,全市共组织开展防汛防台专项演练512场,参与人数达1.6万人次。

2022年,市防汛办联合相关区、部门组织开展黄浦江中上游超标洪水防御、西藏南路隧道防御极端灾害天气、地铁18号线应急抢险、道路下立交积水抢排等演练。全市共组织开展各类演练1 439次,参与人数达2.6万人次。

五、防汛信息系统

上海市防汛信息化从20世纪80年代的水雨情自动监测起步,至今已有40年的发展历程。回顾其发展轨迹,主要经历了信息化、数字化、智慧化这三个阶段。随着信息技术与防汛工作逐步深度融合,防汛信息化在信息采集、信息发布、决策支持、指挥会商等多个方面得到了广泛应用,为全市各级防汛部门全面掌握信息、预报预警、科学决策提供了有力支撑。

信息化阶段以汛情自动监测和网络互联互通为主要特征。1987年起,市区水情遥测网开始建设,1991—1996年建设了上海市郊遥测网,1999—2000年对原市区水情遥测网系统进行改造和扩建。同年,市水务局启动建设防汛水务专网,该专网由1个中心(市防汛信息中心)和53个对端联网单位组成。至2004年,全市共建有81个水情遥测站,基本实现15分钟内收集全市各类防汛信息并及时发布警报。

数字化阶段以数据整合共享和业务网上流转为主要特征。2004年4月,上海市水务公共信息平台投入使用,这标志着上海防汛信息化迈入集约化新阶段。该平台汇聚整合了气象、海洋、海事、水文、水利、供水、排水等行业信息,构建起综合防汛应用数据库,实现了基于网络地理系统的防汛信息发布和应用。2005—2006年,防汛短信集群发送系统、传真平台、值班系统相继建设完成,大幅提升了防御预警和指令的发送效率。2007—2010年,防汛"一网四库"①应急管理系统建成,实现防汛应急管理资料基于网络的规范流转,极大提升了防汛应急精细化管理水平。2010—2015年,汛情、灾情自动监测进一步扩展,基本实现"一镇一站"水雨情自动测报和主干道下立交积水自动监测,初步建成水情预报辅助决策和风险图管理系统。

智慧化阶段以部门政务协同和指挥"一网统管"为主要特征。大约从2015年开始,网络基础、数据平台、应用系统基本建成,防汛信息化工作逐步转向基于物联网技术的防汛"一张网"感知监测、基于云计算技术的信息化设施虚拟化管理、基于大数据技术的决策支持系统和基于城市"一网统管"理念的防汛指挥系统升级。防汛信息化逐渐从信息的初级整合向深度整合发展,从单部门信息化向跨部门协同闭环处置发展,从简单数字化向辅助决策和智慧赋能发展。

(一)信息采集系统

信息采集和传输是防汛工作的基础。上海市实施了大量的水情、雨情、灾情、工程建设

---

① 一网四库:防汛工作联络网、基础资料信息库、防汛专家资源库、预警预案管理库和抢险队伍物资库。

和设施运行信息的自动监测,基本形成覆盖全市的防汛信息采集网。

(1) 建成互联互通的基础网络。数据采集网络从监测点到数据中心主要依赖于公共移动通信网络。从 2G 到 5G,移动通信技术不断发展,为数据传输奠定了网络基础。在支撑节点间的数据传输和业务应用方面,全市建成了由 54 个节点构成、带宽为 2M、覆盖市区两级的防汛专网,并逐步接入市政务外网(向街镇延伸),实现国家、流域、市、区、街镇五级网络的互联互通。

(2) 建成水情监测"一镇一站"。2022 年,全市拥有雨量监测项目 367 个,潮(水)位监测项目 210 个(其中潮位 47 个,水位 163 个),风速风向监测项目 25 个。测站数量高于"一镇一站"标准,做到每个乡镇、水利控制片、重要地区、城市化程度高的地区都设有测站。

(3) 实现海洋观测数据标准化采集和存储。上海市制定了《上海市海洋自动监测系统数据传输规约》,并开发了海洋观测数据统一采集平台。截至 2022 年,实现对 1 套海床基、3 对地波雷达、3 个海洋站和 11 套海洋浮标进行数据采集、实时监控和通信控制。

(4) 建成全市积水点监测网络。自 2012 年起,上海市开始建设下立交及道路积水监测系统。截至 2022 年,共建成下立交积水监测点 443 处、道路积水监测点 356 处、小区积水监测点 32 处,基本实现全市下立交积水和易积水路段监测点的全覆盖。

(5) 实现水闸泵站等工情自动监测。上海市建设了水闸泵站监测系统,通过该系统能够对 14 个水利控制片的 197 座除涝泵闸的内河水位、外河水位、闸门及水泵运行情况进行实时监测。

(6) 建成防汛综合数据库。2007 年起,市水务局通过全市地理数据共享,建立了以基础电子地图和遥感影像为基础的地理数据平台。随着电子政务系统、防汛信息系统、水资源实时监控与管理信息系统的逐步建设完善,覆盖全市防汛和水务业务的数据中心基本建立。截至 2022 年,防汛信息系统基本形成防汛基础设施、市区街镇三级组织指挥体系的"数字化一张图"。该系统以防汛需求为导向,实现全社会信息的汇聚,整合流域机构及测绘、气象、海洋、海事、住建、生态环境、公安、交通等部门的相关信息。

(二) 业务应用系统

1. 防汛信息服务网

市防汛指挥部门户网起源于防汛信息服务网。1998 年,市水利局建立了上海市防汛信息服务网,该网站以静态信息为主,主要涵盖新闻动态、台风路径图、雨量柱状图等信息。

自 2001 年起,市防汛指挥部门户网的服务对象由原来的市、区两级防汛部门扩展至市、区(县)、街道(乡镇)三级防汛部门。2006 年,上海市防汛信息服务网接入上海市政务外网,成为接入政务外网最早的应用之一,同时,服务群体扩展到全市所有防汛相关部门,为其提供防汛相关的气象、水情、雨情、工情和灾情等信息。

2015 年起,防汛信息服务网的相关信息不再单独以网站信息的方式发布,而是逐步整合到上海市水务海洋公共信息平台的"水安全"专栏,以及微信"上海防汛"公众号和"上海防汛水务海洋"企业号之中。

2. 短信传真平台

为满足上海市防汛应急指挥以及市区两级防汛指挥信息即时发送的需求,2005 年防汛短信集群发送系统建设完成并开通。在应对2005年第9号台风"麦莎"、第15号台风"卡努"的过程中,该系统发挥了积极作用。2006年,市防汛信息中心开发完成防汛传真平台,实现了防汛传真集群发送。

短信传真平台的开通,大大提高了短信传真的发送速度,同时降低了发送失败率,有力地支撑了防御预警信息和指令在防汛工作部门之间的快速传输,在历次防御台风、暴雨的工作中都发挥了重要作用。2021年应对第6号台风"烟花"期间,通过短信传真平台,全市共发送预警信息传真896份、短信29.5万条。

3. "一网四库"应急管理系统

2006年,上海市进一步规范了防汛工作联络网、基础资料信息库、防汛专家资源库、预警预案管理库和抢险队伍物资库这"一网四库"(具体内容清单见表7-21)的信息收集工作,按照统一标准进行数据库的设计与建设,并启动"一网四库"应急管理系统建设。该系统以动态化、地图化的方式,为市、区(县)、街道(乡镇)三级防汛指挥提供了直观便捷的辅助决策工具。2007年6月28日,时任上海市委书记习近平在调研上海防汛工作时,高度肯定了基于"一网四库"开展防汛精细化管理的做法。

表7-21 "一网四库"具体内容清单

序号	模块	具体内容
1	防汛工作联络网	市、区(县)、街道(乡镇)三级工作联络网、防汛责任人
2	基础资料信息库	四道防线、海塘薄弱段、堤防薄弱段、病险水闸、易积水点
3	防汛专家资源库	市级、区级防汛专家
4	预警预案管理库	市、区和市成员单位预案体系、撤离点、安置点
5	抢险队伍物资库	防汛抢险队伍(央企、市级、区级和街镇级)、防汛物资(市级、区级和街镇级)、专业救援队伍(排水突击队、水旱海洋灾害专业救援、水文海洋应急监测、堤防泵闸抢险队)

4. 水务海洋公共服务平台

水务海洋公共服务平台原名为"上海市水务公共信息平台"。2004年4月,上海市水务公共信息平台投入使用。该平台汇聚整合了气象、海洋、海事、水文、水利、供水、排水等行业的10个实时监测系统、10个管理信息系统、1个视频会议和1个视频监控系统,构建起综合防汛应用数据库,实现了基于网络地理系统的防汛信息发布和应用。

2004—2010年,随着全市水情、雨情、工情数据实时采集范围的不断扩大,以及防汛业务应用系统和决策支持系统的建设,上海市水务公共信息平台的数据和栏目不断丰富,功能也不断升级。2007年3月,上海市水务公共信息平台在上海市政府公众信息网管理中心服务管理平台上线。在台风、暴雨、高潮位期间,该信息平台开始为市、区(县)、街道(乡镇)等各级政府部门提供丰富的防汛信息。该平台于2008年荣获中国GIS优秀工程金奖,2009年获得大禹水利科学技术二等奖。2010年,该平台建设了"世博水务综合信息服务"专栏,为全市防汛部门提供围栏区和保障区范围内40余个实时水情、雨情、工情监测信息,从而有力地保障了世博水务应急服务。

2010年后,上海开启了水务海洋信息化一体化建设阶段,水务公共信息平台增加了"海洋管理"专栏,相应的范围和功能得到了进一步升级。经过十余年的发展,平台更名为"上海市水务海洋公共服务平台"。2018年起,建成的"进博水务安全保障"专栏为进博会防汛保障工作提供了重要支撑。截至2022年底,上海市水务海洋公共服务平台扩展为包含水安全、水资源、水环境、海洋管理四个板块和多个专题应用的综合平台,其中水安全板块以防汛需求为导向,实现了全社会信息的汇聚。

(三) 辅助决策系统

1. 水情预报辅助决策系统

1978年开始,市水利局便开展常规的水情预报工作。20世纪80年代后期,结合实际业务需求,逐步开发建立了黄浦江水情预报辅助决策系统。该系统实现了水情实测、预报、气象等实时信息的可视化展示,同时具备信息录入、预报发布、打印等功能。

2006—2021年,市防汛信息中心多次对水情预报辅助决策系统进行升级改造,不断完善系统功能,以满足实际水情业务的需求。最终,建立起了基于浏览器/服务器体系结构,以水情决策数据库为基础,集水情预报、水情预报业务考核、黄浦江水位拟合等功能于一体的水情辅助决策系统。该系统不仅提高了水情预报业务的工作效率和预报精度,也为防汛指挥决策提供了有力的技术支撑。2021年,鉴于信息化和水情预报职能的调整,该系统被移交至市大数据中心进行建设运维,由市水文总站负责使用管理。

2. 风暴潮预报系统

1978年,市水利局开始开展风暴潮预报。20世纪80年代后期,开展了"上海港风暴潮数值预报"研究,建立了天文潮、风暴潮综合水位二维数值模型,采用经验与数值模型相结合的预报方法,有效提高了上海港的风暴潮预报精度。

1993年,市水利局与欧洲共同体(现欧盟)合作建设"上海市防汛自动测报决策支持系统一期"项目。该项目除了建设遥测网、微波通信、遥测站之外,其决策支持系统部分还可对防汛自动采集数据进行分析,对台风路径和台风风暴潮增水进行预测。

1998年10月,市防汛信息中心与上海气象科学研究所合作研制"上海港台风风暴潮历史资料库管理系统"。通过该系统收集整理了1921年以来对上海有重要影响的台风路径数据和水情数据,并建立了天文潮、风暴潮综合水位二维数值模型,用于上海和江浙沿岸灾害性台风风暴潮的预测。

2011年,市防汛信息中心以东中国海二级嵌套和长江口局部精细模型为基础,建立了适用于长江口复杂多变水下地形的风暴潮数值预报模型,并采用客户端/服务器体系结构,开发了基于WebGIS的"上海沿海风暴潮预报信息系统",以满足台风风暴潮预报业务的需要。

随着风暴潮预报及信息技术的不断发展,上海沿海风暴潮预报信息系统也在持续完善升级。2017年,系统增加了台风集合预报路径的功能,可用于多机构预报路径的风暴潮集合预报。2020年,系统被改造为云平台支撑下的浏览器/服务器体系结构。

2017年,市海洋监测预报中心以FVCOM模型为基础,建立了温带风暴潮数值预报系统,从而有力地支撑了风暴潮预警预报工作。自2018年起,对该系统持续进行更新优化。

2021年,新增ECMWF风场源,可实现多源风场接入。

3. 风险图管理系统

1997年初,国家防汛办印发《关于将上海市列为全国城市洪水风险图试点的批复》,将上海市列为全国城市洪水风险图编制试点城市。市防汛办和市防汛信息中心按照批复要求,对上海主要致灾因子及其风险进行了初步分析研究,并手工绘制了台风风暴潮、城市暴雨积水和上游洪水风险图。

1999年,市防汛信息中心与中国水利水电科学研究院、河海大学等一起合作开展"上海市防汛风险辅助决策支持系统研究",利用计算机技术、网络技术、GIS技术、分析及决策模型技术,并融合上海地理、社会、经济、暴雨、洪水和风暴等信息,进行各种防灾预警分析决策。该系统于2004年获上海市科技进步三等奖。

2005—2006年,建立了多个防汛风险决策支持系统,包括地理信息系统、计算机网络、遥测通信、遥感、大型数据库等,以实时反映防汛水雨情,并在此基础上应用水动力数值模型对城市暴雨积水、台风风暴潮和全市河网水动力进行预测预报、模拟分析和评估,为市、区(县)两级防汛指挥中心提供防汛信息决策支持。

2011—2015年,通过公益性科研专项"上海市防汛风险动态预警应急指挥系统研究"和全国重点地区洪水风险图编制项目"上海市(不含崇明)洪水风险图编制(2013—2015年)",上海市开发了覆盖中心城区、浦东新区和嘉宝片范围的洪水风险动态分析系统。至此,已基本形成静态洪水风险图全覆盖,重点区域实现动态洪水风险实时分析评估,实时预报范围覆盖了中心城区、浦东新区、闵行区、嘉定区和宝山区,在支撑汛期积水处置和防汛决策等方面发挥了重要作用。

2017—2022年,风险图系统经过逐年优化完善,不仅实现了实时动态洪水风险图分析,还能够自动生成成果简报。该系统能够实现暴雨内涝的自动触发和滚动模拟分析,同时,将洪涝风险图的分析预测成果接入"一网统管"防汛防台指挥系统和水务海洋公共服务平台。

4. "一网统管"防汛防台指挥系统

2020年起,为贯彻落实全市加强"一网统管"工作的新要求,市水务局着手建设"一网统管"防汛防台指挥系统(图7-6),围绕"高效处置一件事",加快形成跨部门、跨层级、跨区域的运行体系,以提升防汛防台指挥的联勤联动和智能化水平。同时,在2020—2022年的防汛实战中不断迭代升级该系统。按照防汛工作"横向到边、纵向到底、智能指挥、应急处置"的总体要求,上海市防汛防台指挥系统围绕"观、管、防"体系进行全面升级,以GIS地图和时间轴时空联动的方式,生动呈现"防汛防台"实战场景,并重点强化"洪涝灾情数据直报全覆盖、积水处置智能应用全闭环、街镇防汛防台指挥系统全贯通、历史汛情数据分析全回溯、防汛指令智能覆盖全社会"五大功能。该系统从全社会参与、服务全社会的角度出发,将与防汛关联的汛情、灾情、工情、舆情、社情全量整合到防汛综合屏,通过接入46余家单位109类数据,实现9 595个神经元信息汇聚,做到"全行业全域全量数据应归尽归"。系统聚焦上海防汛中的暴雨积水、高空坠物等六大重点风险,建立了风险发现、处置、评估、销项制度,并通过应用系统或数据接入的方式能接尽接,不断提升城市风险管控精细化水平和预报预警能力。同时,系统对值班值守、预警响应、灾情直报、积水处置等工作流程进行了优化,重点实现对暴雨积水的预报预警和闭环处置。从"预报预警"到"感知发现、报警联动、抢险处置、反馈解除",形成人与业务系统协作的全流程、智能化协同模式。此外,同步建设了16个区大屏基本版,为各区、街镇城运大屏提供支撑,实现"多场景、多终端、多层级"应用。这有助于跨部门信息共享和基层事件处置,通过信息化手段为基层快速发现和处置问题赋能。

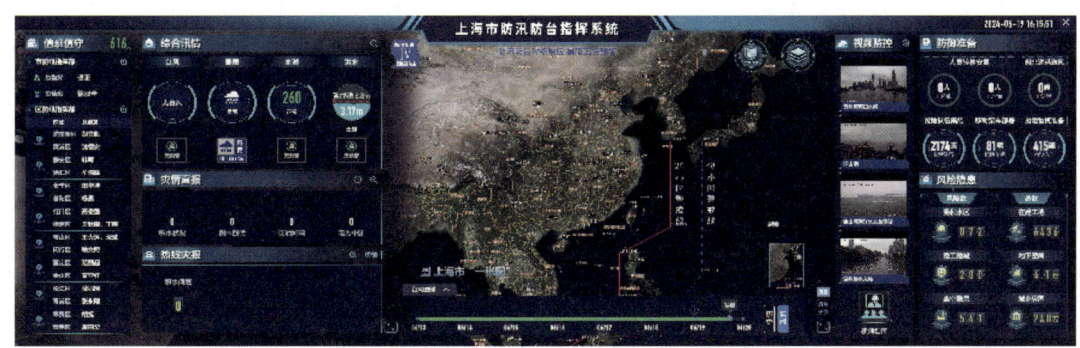

图7-6 "一网统管"防汛防台指挥系统

(四)会商指挥系统

1996—2000年,市水利局在银波大厦10楼建设了具备投影、语音等会议功能的防汛指挥会议室,该会议室大约可容纳100人。

2000—2002年,市水务局在华隆大厦24楼建设了具备计算机、网络、视音频功能的防汛指挥会议中心和防汛值班室,同年,建成视频会商系统。该系统由1个中心会场、防汛值班室、19个区(县)防汛办分会场及11个其他相关单位分会场组成,以上海防汛水务专网和上海市政务外网作为网络平台,实现了标清视频会议功能。2002—2003年,各区(县)建设了区(县)防汛视频会商系统。

2004年初,市防汛办和市防汛信息中心搬迁至水务大厦,并建设完成防汛指挥大厅。该大厅配备了32块等离子电视屏和18块DLP数字背投屏,为防汛应急指挥、决策调度提供了良好的工作环境。同时,建成上海市防汛会议指挥系统,该系统集计算机技术、网络技术、通信技术、视音频等多媒体处理技术于一体,为防汛指挥决策提供会商决策环境和多方面的信息支持。同年,市水利处、市水文总站、市堤防处等单位也初步建设了行业指挥会商设施。

2005年,依据水利部国家防汛抗旱指挥系统工程项目办《关于做好国家防汛抗旱指挥异地会商视频会议系统项目实施工作的通知》,上海启动异地会商视频会议系统建设工作,将已有的市、区两级视频会议系统接入国家防汛抗旱指挥异地会商系统。

2008年,市水务局将视频会商系统的21个分会场从标清视频效果提升为高清效果,同时连接了国家防总、水利部太湖流域管理局的视频会场,并新增气象局、海事局等单位的视频分会场。

2013—2015年,逐步实现8个区会场的"中心会场-区会场-街镇会场"三级视频会议双向互联互通。截至2015年,全市17个区会场及辖属街镇均已具备与中心会场双向互联互通的条件，其中6个区视频会议纳入市平台统一管理。2017年，16个区的系统全面达到1 080 P高清图像质量，实现了视频会议平台核心设备的冗余备份。

六、宣传引导

上海的防汛宣传工作始终围绕城市安全大局展开，以提高防汛信息质量为目标，注重抓好防汛信息基础工作，以此带动全市防汛宣传工作整体水平的提升，并取得了显著成效。

1986—2018年，市防汛办先后编写了四版《上海市防汛工作手册》。前两版为内部资料，第三版于2008年由上海科学普及出版社出版，第四版于2018年由复旦大学出版社出版。手册内容丰富，涵盖台风、暴雨、高潮、洪水等相关知识，江海堤防、城市排水、水闸泵站、河道、圩区等防洪除涝工程设施的情况，防汛信息系统（报汛系统）、防汛预案、防汛应急响应等非工程措施的情况，以及有关法律法规、规章文件等内容。

2000年，市防汛指挥部建立了新闻发言人制度，全市防汛防台重要情况统一由新闻发言人对外发布，重大防汛防台新闻由新闻发言人组织新闻发布会，由市防汛指挥部或市防汛办领导发布。

为贯彻全市防汛宣传"主动发声"的要求，上海不断加强信息和社会宣传工作，主要从以下四个方面发力：一是落实工作责任、讲评考核和跟踪检查，通过健全工作机制，保障信息工作平稳推进；二是在工作中加强信息员培训，把握信息工作主动权，严格稿件会商审核，不断提升信息采编能力；三是顺应媒体发展新趋势，拓展信息渠道，扩大防汛宣传效应；四是坚持信息公开，按照政府信息公开的要求，所有防汛信息在上报的同时，除依法应保密的内容外，一律按照规定通过不同方式向社会公开。

近年来，市防汛办每年在中央及上海市媒体上刊发防汛信息超过200篇次，被国家防办及上海市委、市政府等上级部门录用的信息达100多篇次，在新浪网开设的"上海防汛"微博和"上海防汛"微信公众号上发表微博微信千余篇，总粉丝数超过30万。这一举措发挥了信息在领导决策、服务基层、沟通上下、联系左右等方面的重要作用，实现了防汛防台社会动员的"五上十进"（上电视、上广播、上报纸、上网络、上手机，进街道、进小区、进乡村、进学校、进工地、进码头、进机场、进车站、进企业、进家庭）。此外，还总结提炼《防汛"三件套"避险"五还要"》[①]安全提示，充分发挥电视、广播、报纸、网络以及电子屏幕、手机短信等各类宣传媒体的作用，有效增强了市民群众的避险自救和邻里互助意识。在台风影响期间，道路交通流量和市民出行明显减少。

七、抢险与救灾

市防汛指挥部在市政府领导下，是负责指挥调度全市防汛抗灾工作的权威性机构。抢险救援体系主要由抢险物资和抢险救援队伍构成。一旦发生汛情、灾情，可统一调度抢险

---

① 三件套：听预报、识风险、备物资；五还要：房屋进水还要及时断电、阳台花盆还要及时收回、危棚简屋还要及时撤离、积水路段还要避开绕行、高空坠物还要避开远离。

救灾队伍。备用的抢险物资也按需存储,随时可供调度使用。

在防汛过程中,市、区各有关部门和单位,特别是各区政府在组织协调和应急处置工作中发挥了重要作用。水务、应急、公安、住建、交通、消防、经信、商务、绿化市容、教育、体育、文旅、通信、农业、电力、城投等部门以及各区各单位和人民解放军,闻讯即动,密切协同,条块互动。全网发布提示短信,及时落实设施运行调度,组织交通排堵保畅,开展积水抢排、电力抢修、行道树加固、店牌店招隐患排查整治工作,有效落实安全生产监管、农业抗灾等措施,切实保障了人民群众生命财产安全,维持了城市的正常运行。

(一) 物资仓库

2006年之前,市、区(县)两级防汛部门不设专用的防汛物资仓库,防汛物资采用供销商代储形式,市防汛部门每年汛前会派员进行抽查,并根据实际需要及时调运。

2006年,徐汇区在遭遇2005年台风"麦莎""卡努"的侵袭后,建立了区级防汛物资仓库,在淀浦河北侧龙吴路桥堍下建设了面积达1 200 m^{2}的防汛物资仓库,配置了防汛墙抢险、市政排水抢险、绿化抢险三大类物资。

2007年起,从"防大汛、抗大灾"角度出发,市防汛指挥部决定建立市级防汛物资储备体系,针对海塘、一线堤防的防汛抢险,要求市堤防(泵闸)设施管理处、崇明县防办、浦东新区防办、金山区防办落实建设防汛物资储备仓库基地。

至2011年,4处市级防汛专业物资储备基地陆续建成,包括市堤防(泵闸)设施管理处的车墩基地,以及浦东新区、金山和崇明等地的基地。同年,市防汛办进一步谋划防汛物资仓库的科学布局,初步编制了《上海市市级防汛专业物资储备仓库布局规划》。

至2018年,松江、崇明、杨浦和排水、隧道、建工等一批市级防汛物资基地相继建成,同时还设立了240个区级和街镇级防汛物资仓库。

至2022年,全市已建成市、区、街镇共377个防汛物资仓库,三级防汛物资储备体系得到进一步完善。

(二) 抢险队伍

1978年起,市、区(县)两级防汛部门逐步组织建立抢险队伍,包括施工企业、民兵组织、消防队伍和驻沪部队等。

1997年,《上海市防汛防台专项应急预案》规定,全市抢险队伍按三个层次建立。第一层次是地处沿江沿河第一线的企事业单位、机关、学校等,包括地势低洼单位,均单独或联合附近单位建立抢险队伍;第二层次是各区建立的抢险组织,由各区(县)防汛指挥部统一调度,汛期随时待命;第三层次是市级抢险组织,在前两类抢险队伍的基础上,以驻沪三军、武警部队、公安、消防,及水利、市政、公用、房管、电力、园林、公用、交通、医疗、化救等专业队伍为主,在紧急抢险救灾时调用。

2000年起,上海水务部门全面负责市区段堤防的综合治理和养护管理,逐步建立起针对千里江堤、千里海塘的应急抢险队伍。至2022年,共组建了4支"一江一河"应急抢险队伍、10支区级海塘抢险队伍,能够及时有效地处置突发险情,保障全市堤防、海塘的防汛安全。

2005年,《上海市防汛防台专项应急预案》对抢险队伍构成、调度流程等作出明确规定,清晰界定了市级防汛抢险队伍、专业抢险队伍和区县抢险队伍的组成和职责。

2010年,上海排水以16辆移动排水泵车为班底,组建起第一支防汛排水突击队,这支队伍成为覆盖全市城镇化地区,集专业化排水与综合性应急处置于一体的防汛应急排水突击力量。至2022年,防汛排水突击队扩充至150支,成为保障防汛排水安全的城市名片和重要力量。

至2012年,按照修订后的预案要求,全市电力、绿化市容、消防、燃气、交通、通信、水务等部门落实各类专业抢险队伍约10万人,防汛抢险救援队伍的力量大大增强。

2019年,进一步强化专业保障队伍建设,落实了包括消防总队、建工集团、隧道集团、安能集团和厚天救援在内的2 000多支队伍。

至2022年,防汛抢险救援队伍体系进一步扩展和完善,全市2 200余支各类抢险队伍随时待命。同时,除机动抢险队伍(建工集团、隧道股份)、突击抢险队伍(驻沪部队、武警、消防和公安干警)、专业抢险队伍(防汛指挥部各成员单位)外,还逐步开展防汛抢险志愿者队伍的建设工作。

(三) 抢险物资

2009年之前,上海市防汛物资储备借助市重要物资储备领导小组办公室(由市发改委、市商务委、市财政等部门组成)的储备体系,共代储备了约800万元的防汛物资,主要包括钢材、木材、冲锋舟、草包、救生衣、救生圈等。市水务堤防、泵闸、排水部门主要依托下属养护管理单位在备品备件及行业保障方面少量储备了应急抢险物资。

2006年,市水利定额站编制了《上海市防汛物资储备定额(2006)》,填补了本市防汛抢险物资储备规范的空白。该定额针对一线防汛设施(指海塘、黄浦江及上游一线堤防、泵闸工程)及城市地下公共设施,以定额形式明确了防汛物资的储备量和价格。

随着市级防汛物资仓库的逐步建成,2009年首次落实了市级专业物资储备。为迎接和保障2010年世博会,在市600天行动计划中安排1 000多万元资金,购置了16辆移动排水泵车,并落实了1 200万元的专业物资储备,分别储备在崇明区、浦东新区、金山区和堤防处车墩仓库。

截至2015年10月,全市移动排水泵车增加到38辆,其中市集中采购24辆,各区县自行购置9辆,排水突击队企业自购5辆。2015年汛后,为进一步提高城市防汛排水应急处置能力,市防汛办采用融资租赁方式租入42辆移动排水泵车,实现不少于80辆移动排水泵车的配置(按城市化地区每10 km^{2}配置一辆泵车的标准),供全市统一调度使用。

2014年,市防汛办结合水利部发布的《防汛物资储备定额编制规程》和《防汛储备物资验收标准》以及上海防汛抢险任务及特点,对《上海市防汛物资储备定额》进行修订。之后,随着相关区和专业单位物资仓库的建设,防汛专业物资得到进一步补充。至2018年底,全市共储备了75个品种、总价为3 450万元的防汛专业物资,装备了102辆移动排水泵车。

至2022年,全市377个防汛仓库落实了价值2.15亿元的各类防汛物资。同时,加强防汛物资现代化管理研究,加快先进技术装备社会资源的统筹、预置和应用。

(四)应急抢险

全市坚持军民联手、区域联动,在市委、市政府的领导和市防汛指挥部的统一部署下,全市军民、公安干警、消防官兵全力以赴奋战在防汛防台的第一线,迅速传递灾情信息,协助转移群众,维护社会治安,帮助抢排积水。

1997年,受第11号台风影响,上海遭遇台风、暴雨、高潮"三碰头"的情况,潮灾尤为严重,防潮水利工程遭受重创。各级防汛组织按照应急预案,迅速组织落实抢险人员、物资和器材,并及时撤离新围海塘和危房内的人员。解放军驻沪部队、武警部队积极支援抢险救灾工作。上海警备区出动部队官兵1140人次、车辆60台次、民兵20710人次、预备役官兵675人次,紧急完成2500 m堤防的抢修;驻沪海军、武警总队分别派出300名官兵支援驻地防汛防台;驻沪空军根据防汛部门的要求,安排240名官兵和10多台车辆待命,随时准备抢险;全市5万名公安干警、消防官兵全力以赴奋战在防汛防台第一线,协助转移群众,维护社会治安,帮助抢排积水。杨浦区发生内河堤防决口事故后,市、区、街镇各级部门迅速赶到现场联合抢险,公安干警和消防官兵携手将1200多名居民从齐腰深的潮水中安全转移。

1999年,在抗御百年未遇梅雨过程中,市、区(县)领导亲临第一线指挥,各级防汛机构按照预案要求开展抢险救灾。上海警备区出动1800多名官兵投身青浦商榻进行堤防抢险,与当地干部群众一起对堤防进行加高加固。武警上海市总队出动800名官兵参加青浦、闵行、松江和宝山等地的抢险。市消防局出动50多辆消防车、500多名官兵分赴严重积水区协助排水。在这次抗洪抢险中,调用了大量市级备用抢险物资,如市储草包10.3万只、编织袋17余万只、水泵10台等。

2003年,先后发生地铁4号线事故和黄浦江油污染事故。地铁4号线浦东南路至南浦大桥区间位于董家渡隧道施工处,发生流沙事件引起地面沉陷,造成了历史上从未有过的黄浦江堤防严重下沉,大量江水涌入。上海中心城区防汛面临前所未有的巨大安全威胁,必须在下一次天文大潮来临前的十几天内,在仍在不断发展的沉陷区上筑起一道基本达标的临时抢险围堰。市防汛指挥部及时启动《上海市防汛防台应急预案》,紧急调集防汛抢险队伍和武警官兵共数百人到现场抢筑临时防汛抢险围堰;紧急征调草包、编织袋等各类抢险物资,在黄浦江上征用运沙船等必需的防汛抢险基本材料。全市力量支持配合,各级防汛部门紧急支援大量防汛物资,采取了有效的抢险措施:①不惜一切代价控制险情(险情一开始还在不断发展,"不惜一切代价"是指以暂时牺牲地铁4号线隧道为代价);②全力以赴消除险情(筑临时围堰需要大量的防汛抢险物资,"全力以赴"是指倾全市之力征集物资,包括由水上管理部门在黄浦江上征用砂石料运输船,由江南、沪东船厂连夜加工大型阻滑桩等);③从容不迫加固临时围堰(在临时围堰达到标高后,再对围墙结构进行深度加固,使之与周边堤防结构连成一统一标准的整体)。黄浦江油污染事故虽与防汛关系不大,但影响水源地安全,故动用了许多防汛物资。在这两次事件的应急处置中,市防汛指挥部以最短时间先后调集各类抢险物资达12种,其中仅编织袋和草包就分别高达36万只和20万只。

2005年,台风"麦莎""卡努"严重影响上海,上海市、区各部门、各单位及时启动防汛防台预案,采取一系列有针对性的防御措施,创造了本市防汛历史上的两个"第一次":一是在台风"麦莎"影响前,对一线海塘外施工作业人员和危旧房屋、工棚临房、茅屋棚舍内人员,成功组织实施21.6万人的避险大撤离;二是在台风"卡努"来临前,果断决策全市中小学校和幼儿园停课一天。大部分地区在人员撤离上都创造性地采取了集中安置或投亲靠友、就近分散安置等有效方法,撤离工作有序、到位且及时。实践证明,在台风到来之前,及时采取人员避险撤离、暂停群体性户外活动等措施是非常必要的。比如,浦东新区一处建筑工棚在风雨中倒塌,所幸300多人提前撤离,成功避险。防御台风期间,全市各有关方面各司其职、全力以赴,为抗御台风、减轻损失作出了努力。

2012年,台风"海葵"影响期间,全市10万军民进岗到位,各级防汛部门及其成员单位恪尽职守、通宵达旦,全力确保广大人民群众生命财产安全,努力减少各类损失,保障全市的正常安全运行。警备区派出1.3万所属部队和民兵预备役人员协助浦东新区、奉贤区、金山区做好人员转移撤离工作;武警总队派出10个支队、3个梯队做好抢险准备;各级公安机关组织近9 000名警力开展交通疏导、治安巡查、抢险救灾等工作。公安消防部门出动车辆2 000余辆次、指战员17 000余人次针对台风过境后倒伏的行道树开展应急处置,确保主要干道交通顺畅;电力部门出动抢修人员20 000余人次、抢修车近7 000台次抢修供电故障。

2013年,为尽力减少第23号台风"菲特"造成的损失,全市各行各业、各条战线约10万军民进岗到位。各区县排水部门和市城市排水公司等单位出动8 000多名暴雨巡查人员、量放水人员和突击排水人员在雨中、雨后突击抢排积水;电力部门落实抢修人员2 000余名、应急抢险车辆500余辆、应急发电车33辆和高架车38辆,确保抢修资源充足到位;消防部队出动官兵8 000余人次、车辆800余辆次,帮助低洼道路、小区抢排积水,营救、疏散被困人员;交港、海事部门启动全天候值班机制,加强船舶监管,引导1 921艘船舶进入安全水域避风。全市各级公安机关投入6 000余名街面巡逻警力,组织3 500名警力备勤,开展交通疏导、治安巡查、抢险救灾等工作;市容绿化出动1万余名环卫工人,清除道路窨井口落叶垃圾,防止堵塞下水道进口。部分堤防出现漫堤险情后,市水务局调动市堤防处4支专业抢险队伍250人参与千步泾、北沙港及彭渡生态园等出险岸段抢险;各区堤防管理部门调出所辖堤防养护队伍排除局部险情;武警上海市总队紧急出动5个支队763名兵力、29台车辆,携带抢险救灾器材,赶赴松江、闵行、金山、青浦、浦东新区等地,执行封堵决口、加固加高堤坝、装填搬运沙袋、转移疏散群众等任务;上海警备区180名官兵参加枫泾地区堤防抢险;武警水电二总队官兵参加了朱泾地区堤岸加高加固抢险。军地协作抢险,各项灾情及时得到处置。

2021年,考虑到台风"烟花"可能造成的严重风雨影响,提前转移安置危险区域人员36万余人,引导1 600艘船只进港避风。各区、各部门20余万名防汛工作人员不辞辛劳、连续作战,5万余名公安民警、2.7万余名环卫工人、3 000余名量放水人员、2 000余支抢险队伍、100多支排水突击队、88辆移动排水泵车,以及广大解放军、武警官兵、消防救援队伍集结待命,300余个防汛物资仓库彻夜值守。其间,共出动抢险队伍13.6万人次、抢险车辆7 000余辆次,调用各类编织袋58.8万余只,块石、砂石料、钢材等1.4万t。

2022年,受台风"梅花"影响,全市部分区域出现道路积水和居民家中进水、树木倒伏或折断、广告牌(店招店牌)损坏或坠落、电力中断等情况。市防汛办增派2个工作组在中心城区检查灾情处置情况。全市2.7万余名环卫工人全员上岗,第一时间清扫路面,处理倒伏树木。5万余名干警迅速上岗,做好社会面管控和交通疏导。上海地铁地面和高架区段于9月15日6时起逐步恢复运营。140支电力抢险队伍迅速行动,快速处置并恢复了中断的电力供应。各类灾情均在第一时间得到有效处置,城市秩序也得以迅速恢复。

第三节　旱情监测预报和抗咸供水保障

上海市气候湿润,但降雨季节分配不均,年际变化较大。一旦降雨减少,就易形成干旱性天气。而且这种干旱性天气持续时间越长,扩展的范围就越广,产生的影响也就越大。在农业方面,中华人民共和国成立后,随着水利工程建设不断加强,全市抗旱能力明显增强,农业生产没有受到明显影响。在因旱造成咸潮入侵进而影响供水保障方面,对灾害性天气的监测、咸潮入侵监测预报以及抗咸供水保障能力也在逐步提升。

一、干旱天气监测

灾害性干旱天气监测主要包括两个方面:一是雨量监测,本地降雨量监测以徐家汇站为代表站;二是流量监测,针对长江下游流量的监测以徐六泾站和大通站为代表站。

二、咸潮入侵监测预报

(一) 监测

1. 水文监测

水文监测包括三峡至长江口干流,洞庭湖、鄱阳湖水系以及清江、汉江、滁河、青弋江、水阳江等一级支流主要控制站的水位、流量监测。

2. 引调水监测

在枯水期对长江下游干流大通站以下沿江主要引调水工程的引水流量监测。

3. 长江口盐度监测

截至2022年底,东海预报中心共设有12个盐度在线监测点;长江委水文局长江口局在长江口布设了10个监测站点;上海市海洋监测预报中心在长江口共布设了15个盐度在线监测点,以开展咸潮监测预报工作;原水企业在长江口水源地沿线共设有26个氯化物在线监测点,在水源地水库内布设了11个氯化物在线监测点,还在内河布设了13个氯化物在线监测点。这些监测点能够对水源地及邻近水域的氯化物浓度进行实时监测,确保在咸潮发生时,相关部门能够快速察觉,并及时调整水源地的运行模式。

(二) 预报

1. 大通流量预测预报

长江口咸潮入侵强度与上游径流量、长江口潮汐动力、海域风场等因素有关。上游径流量大则径流动力强,可抑制盐水线上移。大通站作为长江流域的总控制站,控制着长江下游各大小支流和洞庭湖、鄱阳湖两湖地区以及各区间的来水。在枯水季节,两湖及区间来水较少,此时三峡水库的出库水量对大通流量有一定影响。因此,开展非汛期长江大通流量预报,对有效应对长江口咸潮入侵引发的供水问题具有重要意义,同时也是进行长江蓄淡抗咸应急调度操作的重要技术支撑。大通流量预测预报信息主要包括短期水情预报、中期流量过程预报和长期流量特征值预报。

短期水情预报:每日8时开始分析长江上、中游来水及长江中下游区间水雨情,10时30分之前发布预见期为5天的大通流量预报。

中期流量过程预报:每旬末发布下一旬大通日平均流量过程预报。

长期流量特征值预报:每月末发布下月大通月平均、月最大、月最小流量预报。

2. 全市原水清水需水量预报

市供水调度监测中心每日发布全市的原水水量和清水量,并根据近几日供水量、用水量数据,综合考虑温度、节假日等因素的影响,对未来一周内的需水量进行趋势预测,以实现预报预警的目的。

需水量监测和预报可以同步跟踪并指导供水企业的日常调度运行。在2022年咸潮入侵期间,水量预报为全市的原水清水一网调度提供了技术支撑,而且对于抗咸潮保供水期间的内河应急取水补给量也有直接的指导意义。

3. 咸潮入侵趋势预测与预报

每年咸潮来临之前,在8月底9月初启动咸潮入侵趋势预测与短时预报。市供水调度监测中心联合市海洋监测预报中心,结合大通流量、天气情况(风场等)、流域水情、三峡蓄水情况以及各在线监测点的盐度情况等,开展咸潮预测,且每天进行滚动预报,同时开展咸潮中长期预报,建立咸潮预测联动机制,实现咸潮预测信息的同步共享,不错过水库的每一个取水窗口期,为水库抢水赢得更充足的准备时间。

市海洋监测预报中心聚焦长江口水源地原水保障,实现咸潮入侵预报方式转型升级,形成"短期预报+中期态势+长期趋势"的咸潮入侵预报产品体系。针对2022年流域特枯、上游来水减少等因素引发的极端咸潮入侵事件,该中心及时启动咸潮灾害预警预报工作,精准研判灾情发展态势,准确预报取水窗口,为城市原水保障工作提供了有力的支撑和服务。此外,该中心还实施了针对浦东、宝山、崇明等区16处水闸的咸潮专项预报服务,为水闸引水调度与农业生产用水需求提供了切实的帮助。

(三)预警

1. 大通流量预警

根据国家防总批复的《长江口咸潮应对工作预案》,以及《上海市处置海洋灾害专项应急预案》和《上海市水务局水旱灾害防御应急预案(试行)》等相关文件,同时结合多年工作经验,以大通流量作为预警触发条件,通过市供水调度信息系统实现自动报警功能。

2022年9月1日,大通流量为14 700 m^3/s,低于触发预警条件(15 000 m^3/s)。随后,进一步对大通流量进行同期横向比较(图7-7)。经比较分析发现,该流量仅约为前十年同期大通流量平均值的38.3%。

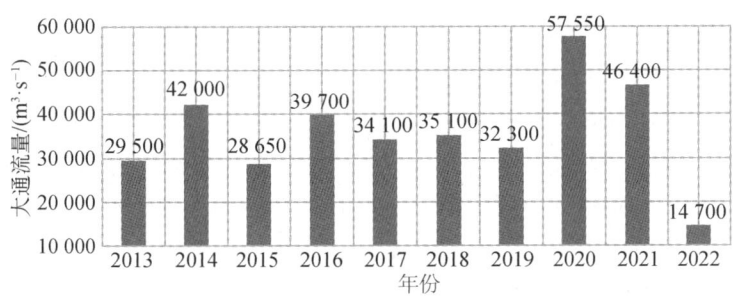

图 7-7 近十年大通流量同期比较（9月1日平均值）

2．水库水位预警

对长江口三大水源地的水库水位进行实时监测，确保水库水位始终处于历史最高和最低运行水位区间内。密切关注水库水位的变化情况，有助于对咸潮形势作出预判，从而能够及时采取有效的咸潮应对措施。

3．咸潮预警

2022年6月，市海洋局组织制定了《上海市海洋局海洋灾害防御应急预案》。该预案将咸潮灾害预警级别由低到高划分为蓝色、黄色、橙色和红色四级，分别对应一般（Ⅳ级）、较大（Ⅲ级）、重大（Ⅱ级）和特别重大（Ⅰ级）咸潮入侵灾害等级。具体分级标准如下：

(1) 蓝色警报。因咸潮灾害影响导致以下情况之一，且预计咸潮灾害还将持续发展：①青草沙水库咸潮入侵时间大于连续12天；②陈行水库咸潮入侵时间大于连续6天；③东风西沙水库咸潮入侵时间大于连续8天。

(2) 黄色警报。因咸潮灾害影响导致以下情况之一，且预计咸潮灾害还将持续发展：①青草沙水库咸潮入侵时间大于连续16天；②陈行水库咸潮入侵时间大于连续8天；③东风西沙水库咸潮入侵时间大于连续12天。

(3) 橙色警报。因咸潮灾害影响导致以下情况之一，且预计咸潮灾害还将持续发展：①青草沙水库咸潮入侵时间大于连续30天；②陈行水库咸潮入侵时间大于连续10天；③东风西沙水库咸潮入侵时间大于连续18天。

(4) 红色警报。因咸潮灾害影响导致以下情况之一，且预计咸潮灾害还将持续发展：①青草沙水库咸潮入侵时间大于连续68天；②陈行水库咸潮入侵时间大于连续12天；③东风西沙水库咸潮入侵时间大于连续25天。

三、抗咸保供措施及成效

(一) 抗咸潮保供水工程措施及成效

上海市水资源战略规划提出，不断健全"两江并举、三域（流域、区域、市域）共保、多库联动（多源互补）、急备兼顾"的水源地发展战略布局。从全市层面和全局角度进行通盘谋划、统筹考虑，以提升长江陈行和青草沙区域水源地及原水系统安全保障能力为出发点，结合全市水源地原水系统远期需求以及上海城市四大水源地的特点，提出水源地"两江多源"连通工程方案。

随着2016年金泽水库的建成，上海四座水源地，即长江青草沙水库、陈行水库、东风西沙水库和黄浦江上游金泽水库全部建成并投入运营，这标志着上海"两江并举、集中取水、水库供水、一网调度"的原水供水格局基本形成。在非咸潮期，上海市城乡供水水源中四分之三来自长江，四分之一源自黄浦江。在咸潮期，黄浦江上游原水系统反向为青草沙原水系统供水，这在一定程度上缓解了长江口三大水源地遭遇咸潮入侵期间的供水压力。尤其是在2022年，长江口遭遇罕见咸潮入侵，受其影响，青草沙水库、陈行水库和东风西沙水库均择时关闭取水口，并开展青草沙、陈行和金泽三大原水系统的动态切换工作。彼时，黄浦江上游原水系统供水水源占全市四分之三。

1. 青草沙-陈行水库连通工程

青草沙-陈行水库连通工程有库库连通工程和库管连通工程两个方案。

"库库连通"方案：建设青草沙与陈行两座水库之间的连通管，由青草沙水库向陈行水库直接输水。库间输水采用重力流方式，所建设的输水盾构长度约14.7 km，到达陈行水库接收井后，再通过新建的陈行输水泵站，联合现有输水泵站向陈行原水系统输水。同时，规划新建一路原水干管，自陈行输水泵站至泰和水厂。

"库管连通"方案：建设青草沙水库与陈行原水系统之间的连通管，由青草沙水库向陈行原水系统输水。青草沙水库至浦东陆域采用重力流方式，所建设的输水盾构长度约7.7 km，到达浦东滨江森林公园附近登陆后，再穿越黄浦江，经规划中的吴淞输水泵站提升后进入现有陈行原水系统。同时，规划新建一路原水干管，自吴淞泵站至泰和水厂。

这两个方案各有优势，在宏观战略上均予以保留，而在实施层面上优先考虑"库管连通"方案。2024年6月，"库管连通"工程可研方案获批。

2. 原水西环线工程

原水西环线工程（图7-8）自泰和水厂起，沿S20、S4新建一路原水管至闵行颛桥地区，与黄浦江上游引水渠道相接。该工程的建设将首先实现陈行、黄浦江原水系统的直接连接，使黄浦江具备直接向陈行原水系统输水补给的能力，进而提升陈行原水系统的抗咸能力。原水西环线工程由原水西环线南段工程和原水西环线北段工程组成。原水西环线南段工程的设计规模为120万 m^3/d，主要建设内容为新建一根19 km长的DN3000原水管线以及新建虹桥原水泵站；原水西环线北段工程的设计规模为200万 m^3/d，主要建设内容为新建一根19 km长的DN3400原水管线以及新建泰和西原水泵站。

该工程于2023年启动立项，预计"十五五"期间完成。原水西环线工程与青草沙-陈行库管连通工程连接，共同实现青草沙、陈行及黄浦江上游原水系统的双向输送与补给。

青草沙-陈行水库连通工程和原水西环线工程实施后，将极大地增强原水一网调度的灵活性，提升系统抵御风险的能力和恢复能力，可全面保障两江水源、多库联动的原水系统供水安全。

（二）抗咸潮保供水非工程措施及成效

抗咸潮保供水非工程措施以优化调度方案为主，包括流域以三峡水库为核心的压咸补淡优化调度方案和区域原水系统优化调度方案。

图 7-8 原水西环线工程和库管连通工程示意

1. 长江流域压咸补淡优化调度方案

长江口压咸补淡调度策略主要是通过水库群补水与引调水工程流量控制来有效增加长江的入海流量,以降低长江口水源地取水口的氯化物浓度,下压咸潮上溯边界,延长水库取水时间。

以 2022 年长江口地区遭遇严重咸潮入侵为例,为有效缓解长江口地区咸潮上溯影响,在水利部的统一指挥下,长江水利委员会启动以三峡为核心的水工程压咸补淡应急调度。自 10 月 2 日起,调度三峡水库增加下泄水量,日均下泄流量由 7 000 m³/s 加大至 12 800 m³/s 左右,并在 12 000 m³/s 以上的流量水平持续 8 天。从 10 月 2—11 日共增加向下游补水量 41.53 亿 m³(其中三峡补水 40.63 亿 m³),协同大通以下主要引调水工程压减取水,有效增加了长江中下游干流沿线水量补充,增加了大通站流量。大通站日均流量最大增加约 4 000 m³/s,大通站流量最大涨至日均 13 700 m³/s(10 月 15 日),12 000 m³/s 以上流量持续时间达 9 天左右,10 000 m³/s 以上流量持续时间达 17 天左右,有效保障了补水关键期大通站流量的稳定。此次调度为长江口水库水源地创造了取水窗口,陈行水库的取水时间增加了 8 天左右,东风西沙水库的取水时间增加了 4 天左右,上述两座水库均完成了取水并蓄满;同时,还将青草沙水库最低氯化物浓度由 750 mg/L 降至 250 mg/L 左右,为水库取水争取了有利时机,应急调度效益显著。

2022 年 10 月中下旬,上海三大水源地水库自长江共取水约 5 400 万 m³,按最低供水量(上海市实施供水应急响应,主要供水水源切换至黄浦江之后,三大水源地的供水规模压减至日均 130 万 m³ 左右)可增加供水时间约 40 天,显著提高了全市供水保障能力。

2. 区域原水系统优化调度方案

1)陈行水库与宝钢水库联动调度

宝钢水库位于长江口南岸边滩,与陈行水库相邻。该水库于1985年建成并投入使用,2018年再次实施加高加固工程,最高蓄水位升至8.10 m,总库容增至1 349.60万 m³。宝钢水库主要负责提供宝钢厂区内的工业及生活用水。宝钢股份每天的用水量约为20万 m³。咸潮期运行水位为7.20~5.80 m,水库设计最低运行水位为0.50 m;非咸潮期运行水位为5.00~4.00 m,出于设备设施安全运行的考虑,水库最低运行水位保持在3.30 m以上。目前,宝钢水库配备有6台向陈行水库应急翻水的泵站,具备每天向陈行水库应急借水60万 m³的能力。根据拟定的宝钢水库与陈行水库借水协议,在咸潮入侵严重期间,当宝钢水库在满足自身生活和生产工业用水的基础上,且水位高于4.50 m时,陈行水库可以从宝钢水库调水。

考虑陈行水库和宝钢水库应急联动调度方案,宝钢水库可向陈行水库应急调水60万 m³/d,在宝钢水库现有库容和自身供水能力不降低的前提下,可满足向陈行水库13天的应急调水,这将使陈行水库增加780万 m³的调水量。

2)长江水源与黄浦江水源联动调度

实施原水水源切换,切换青草沙水源至黄浦江水源,压减长江原水系统供水量;实施清水一网调度,压缩长江原水系水厂供水范围,缓解长江原水系统的供应压力。

以2022年长江口地区遭遇严重咸潮入侵为例,在咸潮来临前,青草沙系统供水约480万 m³/d,陈行系统供水约170万 m³/d,黄浦江上游系统供水约230万 m³/d。咸潮期间,9月23日22时,水源切换全部完成,黄浦江上游系统全力支援青草沙系统,通过水源切换及清水调度等措施,将黄浦江原水供应比例从25%左右提高至80%左右,大大减轻了长江原水系统的压力。

3. 启用应急取水口,弥补原水缺口

启用墅沟、大治河、黄浦江、南横引河等内河应急水源,及时弥补原水水量缺口,优化河网水资源调度,保障内河应急取水需求。

同样以2022年长江口地区遭遇严重咸潮入侵为例,东风西沙原水系统启用南横引河应急取水口取水来降低东风西沙水库的供水量,使东风西沙水库供水量由20万 m³/d降至约10万 m³/d,从而延长了水库的可供水天数,大大减轻了东风西沙水库的供水压力。

第八章 对策与建议

党的二十大报告指出,必须坚定不移贯彻总体国家安全观,把维护国家安全贯穿于党和国家工作的各个方面全过程,明确要求提高防灾减灾救灾和重大突发公共事件处置的保障能力。水安全既关系到人民生命财产安全,也关系到资源安全、生态安全、粮食安全、经济安全、社会安全和国家安全,是国家安全的重要组成部分,更是关乎生存发展的基础性问题。高质量发展离不开高水平安全的支撑,国家现代化建设离不开强有力的水安全保障。2023年12月,习近平总书记考察上海时首次提出"全面推进韧性安全城市建设",并特别强调要重视极端气象条件下的城市安全韧性。近年来,党中央、国务院陆续发布《国家水网建设规划纲要》《关于推动超大特大城市加快转变发展方式的意见》《关于加强新时代水土保持工作的意见》《关于加强城市内涝治理的实施意见》等重要文件,为新时代新征程做好水安全工作指明了前进方向,提供了根本遵循。

上海作为全国"改革开放排头兵、创新发展先行者",在构建新发展格局中发挥着"国内大循环中心节点、国内国际双循环战略链接"的作用。目前,上海正聚焦建设"五个中心"的重要使命,努力在推进中国式现代化的道路上发挥龙头带动和示范引领作用。同时,上海也是一座拥有2 475.89万常住人口的超大城市,人口、建筑、经济要素和重要基础设施高度密集,致灾因素叠加,一旦遭遇台风、暴雨等自然灾害的侵袭,很有可能引发连锁反应,形成灾害链,这不仅会严重影响整个城市的平稳有序运行,甚至会波及周边区域。因此,维护上海城市的防汛安全,不仅事关发展,也事关民生,必须始终把保障人民群众生命财产安全放在首位,时刻保持忧患意识,强化大局观念,警惕"黑天鹅",防范"灰犀牛",真正把"功夫下在风雨到来之前",确保城市平稳安全运行。为切实做好防汛工作,主要抓好两个方面,一是认清当前面临的新风险与新挑战,二是落实新思维与新举措。

第一节 认清新风险新挑战

一、极端天气趋频趋强成为新常态

近年来,极端强降雨事件频发,全国多地遭遇极端强降雨,降雨量接连刷新历史纪录,造成重大洪涝灾害和人员伤亡。极端天气和罕见水旱灾害在每个地区、每个流域、每个年份都有可能出现,极端天气已从"非常态"逐渐演变为"新常态"。

从全球范围来看,世界气象组织(WMO)指出,1970—2021年间,极端天气、气候和水事件引发的灾害多达11 778次,导致200多万人死亡,经济损失高达4.3万亿美元。该组织认为,极端降雨事件将会变得越来越强烈、频繁和严重。2023年,西北太平洋共生成17个台风,尽管总量偏少,但强度偏大,其中超强台风有8个,是2016年以来数量最多的一年。地中海飓风"丹尼尔"给非洲东北部带来了史无前例的持续暴雨,利比亚德尔纳市遭到严重摧毁;受热带风暴"奥菲莉娅"影响,美国纽约州遭遇"9·29"大暴雨,局地降雨量打破历史纪录,肯尼迪机场单日降雨达203.0 mm,创下了1948年以来的单日降雨纪录。

从全国范围来看,《中国气候变化蓝皮书(2023年)》指出,中国平均年降水量呈增加趋势,极端降水量事件增多。2023年,受台风深入内陆等因素的影响,全国降雨呈现出时空高度集中的特点,尽管累计面雨量较常年偏少2%,但在局部时段和局部地区,降雨强度较大。例如,7—8月期间,面平均降雨量为118.0 mm,较常年同期偏多6%。其中,海河流域较常年同期偏多57%,北京市门头沟区清水镇在7月28日—8月1日期间累计最大点位雨量达1 014.5 mm。受台风"杜苏芮""卡努""海葵"等的影响,京津冀、东北以及珠三角区域均遭受了罕见的特大暴雨,多项纪录被打破(比如,深圳"9·7"特大暴雨为1952年以来最大,7项雨情纪录被打破;香港"9·7"特大暴雨刷新了1884年以来香港雨强纪录,香港天文台1小时雨量达158.1 mm)。根据水利部统计数据,全国因洪涝灾害造成受灾人口5 279万人次、死亡失踪309人、房屋倒塌13万间,直接经济损失达2 446亿元,这4个数据较近5年均值分别上升了5%、下降了18%、上升了57%和上升了38%(其中,水利工程设施直接经济损失达634亿元,较近10年均值上升了54%,其中京津冀3省市损失359亿元,约占全国总损失的57%)。

从上海的情况来看,近年来上海接连遭遇较强风雨的考验:2021年第6号台风"烟花"来袭,这是历史上第二次出现风、暴、潮、洪"四碰头"的情况,全市平均累计降雨量达283.8 mm,超过常年平均梅雨量(240.1 mm),接近常年平均雨量(1 244 mm)的1/4,刷新了上海市累计雨量纪录;2022年第12号台风"梅花"正面登陆上海,风力达12级,刷新了登陆上海台风的风力纪录;2023年"7·21"暴雨,有21个站点的小时雨量超过100 mm,普陀区武宁站的小时雨量达到144.7 mm,刷新了中心城区小时雨强纪录。根据上海市第一次水旱和海洋灾害风险普查结果,自1978年以来,上海暴雨呈现出频次增多、总量增大、强度增强的趋势。在暴雨频次方面,2000年以前年平均暴雨场次为12场,2000年以后场次明显增多,年平均达到18场。在暴雨总量方面,2000年以后,总暴雨量总体增多,尤其是近10年增多趋势更为明显,2011—2020年各区年暴雨量均值比10年前增加了61.7%,为154.5 mm。在暴雨强度方面,自1978年以来,最大24小时降雨量整体呈上升趋势,特别是1993年以后这一趋势更为明显,平均每10年增加约50 mm,大约从120 mm增至260 mm。上海气象局指出,近年来气候变化异常,副热带高压位置偏北、偏西,预计在关岛附近生成的台风登陆上海的可能性较大,上海极端降水总体呈现出增多增强的趋势(上海地区年平均气温每升高1℃,极端日降水量和极端过程降水量将增加约7%,极端小时降水量将增加约14%)。

二、城市防汛减灾工作面临新挑战

经过多年建设,上海已基本形成防御外洪和治理内涝并重、防汛工程和应急管理并举的防汛减灾体系,多次成功抵御风、暴、潮、洪等灾害的挑战。但在全球气候变化的大背景下,城市防汛仍然面临着诸多新的挑战。

一是防汛工程体系存在短板。"1弧3环"海塘防潮体系仍需加大攻坚力度。截至2022年底,达标率约为82.1%,余下89.2 km未达标段海塘需加快推进建设。"2江4河"江堤防洪体系尚未按规划全面建成,同时拦路港、长江干流浦东机场外侧岸段存在垮塌、崩岸风险,黄浦江中上游以及嘉宝北片、青松片区域仍将面临洪水的严峻考验。区域除涝能力不足,水利片外围除涝泵站实施率仅58%("十四五"规划目标≥65%),金山东部、奉贤等区域一旦遭遇暴雨内涝和流域洪水叠加影响,将会面临极大压力。雨水系统提标力度不够,截至2022年底,中心城仅有19.4%,全市仅有17.9%的区域达到3~5年一遇的雨水排水能力。此外,长三角区域经济快速发展,流域建设用地的不透水面积大量增加,防洪排涝工程建设迅速推进,流域水情工情发生新变化,上游来水显著增大,给地处下游的上海带来新的压力。

二是城市运行风险仍然存在。据不完全统计,上海8层以上的高楼有5.5万多幢,其中30层以上的高楼有1 900多幢,玻璃幕墙建筑达1.3万幢;户外广告以及店招店牌共有26.7万块;轨道交通运营里程达831 km,站点508座,出入口有1 591个;越江隧道18条;跨海大桥2座(杭州湾跨海大桥,桥梁总长35.7 km;上海长江大桥,桥梁总长16.63 km);地下空间4.5万处、下立交591处。各类要素密集,一旦遭遇较强风雨考验,极易引发灾害链,产生淹没、高坠等次生灾害。

三是应急处置能力有待提升。与日益严峻复杂的汛情相比,在以下三方面还有很大差距:综合防控能力不强,城市韧性措施的前瞻性研究不够,针对强对流天气引发的暴雨,应急处置的及时性和有效性还有待进一步提升;物资装备现代化程度不够,缺乏适应极端天气事件的物资装备,与北京、广州等同类城市相比还有较大差距;基层防汛力量不足,尽管基本完成了基层防汛机构"六有"(有组织机构、有工作制度、有防汛预案、有物资储备、有抢险队伍、有避灾场所)建设,但人员流动大,部分镇领导和防汛干部履职防汛工作的时间不长、经验不足,同时,"区水务所下沉乡镇"等改革举措,使得专业防汛人员调整幅度较大,防汛工作将受到不同程度的影响。

第二节　落实新思维新举措

习近平总书记强调,"要从新时代中国特色社会主义思想中汲取奋发进取的智慧和力量,熟练掌握其中蕴含的领导方法、思想方法、工作方法,不断提高履职尽责的能力和水平"。党的二十大报告指出,"要善于通过历史看现实、透过现象看本质,把握好全局和局部、当前和长远、宏观和微观、主要矛盾和次要矛盾、特殊和一般的关系,不断提高战略思维、历史思维、辩证思维、系统思维、创新思维、法治思维、底线思维能力,为前瞻性思考、全局性谋划、整体性推进党和国家各项事业提供科学思想方法。"这些重要论述为我们做好防汛工作提供了根本遵循。

一、用战略思维谋划防汛工作

推进防汛现代化是上海加快建成具有世界影响力的社会主义现代化国际大都市进程中的一项重要工作,必须深入谋划、扎实实施。

(一)在总体战略上分"三步走"

(1)"十四五"期间,重点解决城市内涝问题,基本形成绿色源头削峰、灰色过程蓄排、蓝色末端消纳、管理提质增效的现代化内涝治理体系,使排水防涝能力得以显著提升。到2025年,实现主城区重点道路在小时降雨58 mm的情况下不积水,并且将严重影响生活秩序的易涝积水点全部消除。遇到超标准降雨时,能够做到积水少、退水快,基本保障城市安全运行。同时,使海绵城市建设区域达到城市建成区的40%。

(2)到2035年,基本建成与上海社会主义现代化国际大都市定位相适应的防汛体系,防御极端天气灾害能力显著增强,总体消除防治标准以内的城市内涝问题。

(3)到2050年,全面实现防汛现代化。

(二)在总体布局上构建"五个体系"

(1)目标评价体系。健全完善防汛安全评价指数,深化成果应用,探索实施差异化绩效评价考核,将考核结果作为党政领导干部履行安全生产责任制的重要依据。

(2)工程防御体系。围绕"源头减排、管网排放、蓄排并举、超标应急"的要求,以落实《上海市防洪除涝规划(2020—2035年)》和《上海市城镇雨水排水专业规划(2020—2035年)》为抓手,加快完善千里海塘、千里江堤、区域除涝、城镇排水"四道防线",积极拓展空间韧性,有效强化工程韧性。

(3)预警预案体系。围绕提升应对极端天气灾害事件的能力,持续完善防御极端天气灾害的"四预"措施,制定针对城市"生命线"工程和重大基础设施防御超标准洪涝灾害的专项预案,确保城市能够平稳安全运行,最大程度减少人民生命财产损失。

(4)协调联动体系。以全面提升管理韧性和积极培育社会韧性为出发点,进一步优化体制机制,加强省市间、行业间、政企间和军地间的协调联动。在流域协作方面,重点加强预报预测和调度会商;在部门协同方面,重点加强物资共享;在政企合作方面,重点加强力量前置和技术支撑;在军地联合方面,重点加强抢险救援协同,努力做到联合行动高效、资源共用便捷、汛情处置有序。

(5)技术支撑体系。加大对"四新"(新材料、新工艺、新技术、新设备)的研究与应用力度,推广一批适应极端天气的应急救援物资装备。深入推进政务服务"一网通办"、城市运行"一网统管"建设,推动"智慧+"在河湖、排水、堤防和泵闸等领域的发展,深入探索智慧排水"一码通",打造数字孪生应用场景,不断完善防汛防台系统功能,努力实现态势智能感知、趋势智能研判、资源统筹调度、处置人机协同。

二、用历史思维研究汛情规律

习近平总书记指出,历史是最好的教科书,也是最好的清醒剂。总结历史经验、把握历史规律、认清历史趋势将有助于做好防汛工作。通过结合水旱灾害普查结果,对1978年以来水旱灾害的相关数据资料进行梳理后发现,上海水旱灾害呈现出以下特点。

(一) 厄尔尼诺发生次年易遭遇较强风雨考验

厄尔尼诺现象是指中东太平洋地区海洋表面异常增温,并且与低层大气相互作用,进而对天气产生显著影响的一种气候现象。自20世纪80年代以来,我国共发生12次厄尔尼诺事件。在这12次厄尔尼诺事件的第二年,天气气候均出现异常,而上海有11次出现了天气异常。

从汛情角度来看,呈现出以下特点:

(1) 年降雨量:90%的年份较常年偏多,73%的厄尔尼诺发生次年较厄尔尼诺发生当年偏多。

(2) 汛期降雨量:72%的年份较常年偏多,64%的厄尔尼诺发生次年较厄尔尼诺发生当年偏多,其中2019年偏多幅度最大,较厄尔尼诺发生当年偏多了116%。

(3) 梅雨量:50%的年份较常年明显偏多,66%的厄尔尼诺发生次年较厄尔尼诺发生当年偏多,尤其是2019年的梅雨量比2018年偏多282%。

(4) 汛期暴雨日:与厄尔尼诺发生年相比,暴雨日数相差不大,变化幅度在1~3天,但近几次暴雨日数有增多趋势,尤其2023年多达35天。

(5) 影响上海台风个数:仅有3次是厄尔尼诺发生次年比厄尔尼诺发生当年多(占比27%)。但2000年后,影响上海的台风个数比2000年前偏多。

(6) 高潮位:黄浦江苏州河口黄浦公园代表站年最高潮位,有7次比厄尔尼诺发生当年最高潮位高(占比64%),但偏高幅度不大,在0.03~0.26 m之间。

从灾情角度来看,呈现出以下特点:

(1) 2015年发生超强厄尔尼诺事件,次年(2016年)西北太平洋共生成26个台风,其中超强台风8个。"莫兰蒂"等4个台风因其严重危害性而被除名。太湖流域遭受持续31天的梅雨,发生超标洪水。

(2) 2018年发生厄尔尼诺事件,次年(2019年)西北太平洋共生成29个台风,其中超强台风6个。"利奇马"等4个台风因其严重危害性而被除名。上海遭遇"利奇马"台风侵袭,发生严重内涝,直接经济损失约1.26亿元。

(3) 2019年下半年,全球再次发生厄尔尼诺事件。次年(2020年)西北太平洋共生成23个台风,其中超强台风8个。台风"黄蜂"等4个台风因其严重危害性而被除名。上海遭遇超长梅雨、超强降雨、超标洪水、超高水位等"四超"考验。

(二) 西北区域内涝风险高

对2016—2020年期间全市(包括道路、下立交、小区)的积水情况进行研究,发现积水点

415个(积水记录767次)。其中,市政道路积水点330个、住宅小区积水点36个、村宅积水点19个、下立交积水点20个、农田积水点10个。通过综合积水次数和类型进行分析可以发现:郊区中,嘉定区的内涝风险较高,涵盖了全部的村宅积水、下立交积水,以及部分小区积水;在中心城区,普陀区、长宁区、徐汇区是道路积水和小区积水的主要集中区域。

综合考虑内涝风险区划、各灾害要素等,选取具有代表性的灾害成因与指标,构建全市内涝灾害积水点隐患评估指标体系,将内涝隐患分为低风险、中风险、高风险和极高风险四个等级。评估结果显示,极高风险和高风险点的分布呈现出一定规律:从类型来看,在郊区,这些风险点主要分布在村宅和下立交;在中心城区,则主要分布在市政道路和住宅小区;从区域来看,主要分布在嘉定区、长宁区、普陀区和徐汇区。

上述水旱灾害风险规律为新时期的水旱灾害防御工作指明了方向,也明确了工作重点。在标准层面,应对最高潮位(水位)抬升明显或者超警戒水位次数大幅增加的水文站所在区域进行实际防洪能力复核;对于防洪能力显著降低的区域,需制定提标规划,或者统筹考虑分洪措施。在工程层面,应加快推进黄浦江防洪能力提升工程、吴淞江工程等流域骨干水利工程建设,大力推进雨水系统提标和积水改善工程,特别是内涝易发区域(长宁、普陀、徐汇、嘉定)要优先安排且加大力度。在管理层面,应进一步强化"四预"举措,特别是要根据水情汛情的新变化来调整完善应急预案,优化应急抢险力量和物资布局。

三、用底线思维落实防范措施

随着极端天气事件趋多趋频趋强趋广,极端天气和罕见的水旱灾害在每年都有可能发生,比如,2021年郑州"7·20"特大暴雨、2023年北京"7·31"特大暴雨和深圳、香港"9·7"特大暴雨。近年来,上海也接连经受较强风雨的考验,这些灾害事件为水旱灾害防御工作敲响了警钟,我们必须未雨绸缪、防范于未然。

(一)明确工作方针

面对台风的频繁侵袭,习近平同志在浙江工作期间留下了一部实用管用的"一三四"防台宝典。"一"是指一个目标,就是"不死人、少伤人、少损失"。这一目标深刻表明,最大限度地保护人民群众的生命安全,是水旱灾害防御工作的根本要求和价值所在。"三"是指三个不怕,"不怕兴师动众,不怕'劳民伤财',不怕十防九空"。这三个"不怕"意味着,在危急关头,党员干部得听得起抱怨、担得起责任、扛得住压力,体现出一种不计个人得失、豁得出去的工作担当。"四"是指四个宁可,即"宁可十防九空,也不能失防万一;宁可事前听骂声,不可事后听哭声;宁可信其来,不可信其无;宁可信其重,不可信其轻"。这四个"宁可"贯通了"以工作确定性应对风险不确定性""做最坏的打算,尽最大的努力,争取最好的结果"的强烈底线思维,凸显了安全是"1",其他是"0","没有安全保障,其他一切发展无从谈起"的辩证思维,体现了"用大概率思维应对小概率事件""以万全之策确保万无一失"的科学方法。"一三四"防台宝典是基于防台工作实践总结出来的宝贵经验和规律认识,彰显了"人民至上、生命至上"的政治大担当、为民大情怀、干事大智慧,也蕴含着"凡事从坏处准备,努力争取最好结果"的底线思维和极限思维。

（二）研究针对措施

上海在推进雨水系统提标的同时，可遵循"平急结合、永临结合、远近结合"的方针，实施排水系统储能行动，以推进防汛物资现代化为抓手，构建由雨水系统提标＋移动泵车＋应急调蓄设施组成的"三驾马车"防汛体系，以此增强城市抵御极端灾害性天气的能力。2023年，市防汛办联合黄浦区开展试点，在半淞园路295号利用空旷场地建设了约300 m³的地埋式应急调蓄池。该设施的底座埋于地下，平日不影响正常车辆和行人通行。一旦气象部门发出强降雨预警，管理单位可快速安装，搭建地表应急调蓄池。当周边排水管网水位持续上升接近满管时，通过提升泵将排水管内的雨水抽入应急调蓄池，待雨过天晴后，再将调蓄池中的雨水回灌入雨水管，起到削峰调蓄的作用。目前，上海正积极探索两件事：一是组织开展各区防汛排水应急能力核算，结合历史数据，通过模型预估区域雨情和排水系统蓄排能力间的差距，进而确定配置移动排水设施和地表应急调蓄设施的优选位置和需求量；二是开展防汛物资现代化研究，更新现有防汛物资储备目录，完善应急抢险通行保障措施，着力打造一支人员精干、装备精良的现代化防汛抢险队伍。

四、用系统思维化解灾害风险

近年来，随着全球气候变暖，极端天气事件频发，全球各大城市都在积极谋划应对策略，形成了哥本哈根模式、纽约模式、东京模式等各具特色的解决方案。总体思路是：从过去刚性防御转变为韧性适应，即通过提升城市韧性来提高城市适应未来多灾气候环境的能力，强调城市灾害风险的系统应对。主要注重抓好以下几个方面。

一是城市空间韧性设计。荷兰、英国、日本等国提出要加强灾害风险评估，根据评估结果进行城市空间分类、分区管控；美国特别提出要打造城市韧性化模块空间，在受到洪涝灾害时可以自由转化；根据新形势更新应对灾害的响应措施，强化生命线工程的安全保障等。

二是工程治理软硬结合。从传统的修堤筑坝等"硬"工程对抗思维转变为具有弹性的"软"工程适应思维，强调运用基于自然的绿色解决方案从雨水源头控制和消纳，优化排水系统，增设调蓄设施等，特别强调河流廊道的承洪韧性，将"灾害抵抗"转变为"调和共生"，打破水绿空间界限，创造精彩水岸空间等。

三是基础设施绿色韧性。采用更高的设防标准、建设漂浮建筑等方式提高建筑对洪涝灾害的适应性；美国、英国、荷兰等国均提出建设绿色基础设施，以吸收雨水径流，保护生态环境。

四是管理体系健全韧性。建立健全管理体系、行政管理体制、多方参与的激励机制及区域合作的响应联动机制等，完善灾害预报、预警、预演、预案体系；特别强调要发挥社区在防范应对暴雨洪涝灾害中的作用；增强民众的防灾意识和能力；通过政府和社会资本共同参与，完善灾后风险转嫁和分散；加大科技研究和支撑等。与此同时，国内城市也开展了相关探索。2021年10月，北京发布《关于加快推进韧性城市建设的指导意见》，从统筹拓展城市空间韧性、有效强化城市工程韧性、全面提升城市管理韧性、积极培育城市社会韧性四个方面提出具体举措。

韧性城市建设是系统推进水旱灾害防御能力提升的重要抓手。党的二十大提出建设"宜居、韧性、智慧城市",《上海市城市总体规划(2017—2035年)》也将打造韧性生态之城作为目标愿景。2023年,习近平总书记考察上海时提出"全面推进韧性安全城市建设"的要求。上海城市内涝韧性治理目标应定位为:内涝有效应对,保障城市运行安全,保障人民生命安全。主要措施在于提升"四个韧性"。

(一) 实施提标改造,强化工程韧性

以落实2035年防洪除涝规划和雨水排水规划为抓手,加快完善"四道防线"工程体系,着力形成"源头减排、管网排放、蓄排并举、超标应急"格局。重点聚焦"千里江堤"和"城镇排水",重点推进"2+(1+3)"项目。其中,"2"是指吴淞江工程和黄浦江防汛能力提升工程这两项重大水利工程;"1+3"是指雨水系统提标以及"雨污混接普查和整治""排水清管""消除积水"专项行动。

1. 吴淞江工程

吴淞江工程西起太湖瓜泾口,向东经苏、沪两地至长江口,全长约126 km。其中,上海段长约69 km,江苏段长约62 km,省界约5 km左右岸交叉。该工程主要功能是流域行洪、区域除涝,同时兼顾水环境改善和航运。经模型计算,吴淞江工程建成后,首先有利于流域行洪,将增加太湖洪水出路,与现有的望虞河、太浦河一起加速洪水外排,从而降低太湖的最高水位,缩短太湖高水位的持续时间。模拟太湖流域遭遇100年一遇"99南部"设计暴雨时,造峰期①30天吴淞江可承泄太湖洪水3.1亿 m^3,日均最高水位可降低0.06 m。其次,有利于区域除涝,将从根本上改变嘉定、宝山区缺乏骨干排江通道、涝水排不出的被动局面。模拟上海遭遇"麦莎"等类似台风侵袭时,一天内可增排嘉定、宝山地区约1 500万 m^3 涝水入长江,河道高水位平均降低0.20 m。最后,有利于水质改善,可在上海西北部地区形成骨干引水通道,通过泵闸联动,引入水量丰沛、水质较优的长江过境水,实现活水畅流,形成苏州河—吴淞江双向引水调度,巩固和改善区域水质。

吴淞江工程上海段主要建设内容包括新开疏拓河道约69 km,新建改建蕰西、蕰东、新川沙泵闸及苏州河西闸这4座泵闸枢纽,新建改建沿线跨河桥梁36座,总投资约560亿元。具体实施结合流域重大水利工程和重大交通航运工程,其中,水利工程自下游而上,由水务部门牵头推进,先行实施下游新川沙河段,再实施中游罗蕰河,并在此过程中推进新川沙枢纽、苏州河西闸等工程的建设;水运工程自上游而下,由交通部门牵头推进,先行实施省界段,再实施蕰藻浜段,并在此过程中推进蕰西枢纽、蕰东枢纽等工程的建设。2024年,新川沙河段、省界段以及苏州河西闸工程已开工建设,力争在"十四五"末基本建成并发挥效益。

2. 黄浦江防汛能力提升工程

黄浦江是太湖流域唯一敞开的通江河道,承担着太湖流域49%的行洪量。台风"烟花"期间,黄浦江中上游段水文站实测水位均创当时历史新高,局部岸段发生漫溢、越浪险情。台风过后,市水务局立即启动黄浦江防洪能力评估及提升工程研究。

---

① 造峰期是指洪水持续上升达到峰值的时间。一般流域洪水持续时间较长,水位上涨比较慢,形成并达到水位最高值会有一个过程。

经评估,黄浦江防洪能力存在三方面不足。一是最高潮(水)位抬升趋势明显。近年来,黄浦江下游主要潮位站高潮位基本处于稳定状态,但上游年最高潮(水)位、平均高潮(水)位呈现明显的趋势性抬升,且越往上游抬升幅度越大。以米市渡站为例,1997年台风"温妮"、2005年台风"麦莎"、2013年台风"菲特"以及2021年台风"烟花"期间,最高潮位分别达到4.27 m、4.38 m、4.61 m和4.79 m。根据全球气候变化和流域水情工情变化趋势分析,未来黄浦江上游最高水位仍将持续抬升。二是现状防御能力已然不足。受全球海平面上升等因素影响,若将水文系列延长至2021年,1 000年一遇的高潮位较"84潮位"已发生较大变化,致使黄浦江堤防安全超高严重不足。89 km下游段(吴淞口—徐浦大桥)实际防潮能力已降至100~300年一遇;54 km中游段(徐浦大桥—千步泾)实际防潮能力已降至20~100年一遇;43 km上游段(千步泾—三角渡)实际防洪能力已降至10~20年一遇。当黄浦江防汛墙中下游段遭遇1 000年一遇高潮位、上游段遭遇50年一遇区域高水位时,沿线防汛墙会发生漫溢、越浪等险情。三是部分岸段防汛墙存在安全隐患。经检测评估,防汛墙一、二类(安全及基本安全)长度为156 km,占比约84%;三类(薄弱段)长度为30 km,占比约16%,主要集中在徐浦大桥以上的黄浦江中上游段。

目前,上海正积极推进黄浦江防洪能力提升工程,总体布局方案为"河口建挡潮闸与中上游堤防加高加固相结合",先期实施黄浦江中上游堤防防洪能力提升工程,加大黄浦江河口建闸建设推进力度。其中,黄浦江中上游堤防防洪能力提升工程已于2022年经水利部审批同意,一期工程已于2023年12月12日开工建设。

3. 雨水系统提标

围绕"十四五"末全市25%、中心城35%的区域达到3~5年一遇城镇雨水排水能力的目标,需提标面积不低于227 km²。"十四五"初,对照规划目标,梳理出了466项各类总管、泵站、调蓄设施项目。然而,由于提标项目需占用绿地,还涉及其他管线的搬迁工作,用地矛盾突出,导致各区在推进项目时面临很大困难。截至2023年底,已完成234项(涉及23个强排系统,投资约65.2亿元)。2024年1—3月,市水务局组织开展专题研究,学习借鉴海绵城市建设理念,统筹推进"466+X"工程性措施、雨水系统提标+移动泵车+应急调蓄设施的"三驾马车"防汛体系建设以及"千座公园·千座调蓄池"建设,以此实现雨水系统提标。2024年1—3月,已形成2024—2025年提标项目建设计划,拟推进257个项目,涉及65个雨水强排系统,计划完成233项、开工24项,预计投资226.5亿元。

4. 排水专项行动

城镇排水是当前上海水旱灾害防御工作中的薄弱环节,积水内涝和泵站放江问题一直是百姓的操心事、烦心事、揪心事。为解决这些问题,上海结合实际情况,积极推动相关排水专项行动。

"排水清管"专项行动。在实行"八率一量"运维管理的基础上,开展"三清三治"(即清源头垃圾、清管道积泥、清泵站淤泥、治设施隐患、治雨污混接、治违法行为),推动排水设施养护合格率达到90%以上,进一步畅通、洁净管网水,保障防汛安全,助力水环境改善。

"消除积水"专项行动。在近年来开展的小区、道路积水改善工程的基础上,充分利用水旱灾害普查成果和"12345"市民热线的数据分析,对积水高发区域进行系统梳理和分析,结合雨水系统提标工作实施新一轮的道路、下立交、小区(含地下车库)积水改善工程,进一步增强市民的获得感、幸福感和安全感。

(二)强化蓝绿统筹,提升空间韧性

优先考虑借助自然力量排水,强化城市竖向设计和空间管控,编制并落实内涝灾害防治区划,因地制宜地推进集中与分散相结合的雨水调蓄设施,统筹推进建筑小区、公园绿地等海绵建设项目,深入挖掘绿地、下沉式广场、地下停车库等低洼地的调蓄空间。根据蓝绿融合工作要求(水中有绿,绿中有水,或者平时有绿,灾时有水),研究落实具体方案。其中,"新城绿环水脉"是重点项目,着力将其打造成样板。

1. 新城绿环水脉

上海"十四五"规划纲要明确提出,加快形成"中心辐射、两翼齐飞、新城发力、南北转型"的空间新格局。其中,"新城发力"是指打造嘉定、青浦、松江、奉贤、南汇五个新城。在新城外围规划的森林生态公园带形成了"绿环",其位于临近新城的乡村地区,承担着城市安全、乡村示范、生态保护等功能,同时兼具一定的游憩功能。五个新城绿环有一特点,就是"以水为脉"。市领导要求在建设过程中,充分尊重乡村地区自然地理格局和文化基因,保留"田、水、路、林、村"等原生态郊野风貌和特色肌理,对山水林田湖草沙生命共同体进行一体化保护和系统治理,力求实现处处水田交融、林水相依的景象,筑牢新城的生态底色。

"十四五"期间,重点推进长 200 km、宽 100 m 的环形主水脉建设。该项目已于 2023 年一季度全面启动,计划每年完成每个新城 10 km、总计 50 km 的绿环水脉贯通。据估算,主水脉项目完成后,相关河网总库容将达到 4 824 万 m^3,较现状增加约 604 万 m^3,可调蓄库容增加约 353 万 m^3,能够有效提升区域的蓄滞洪能力。

2. 千座公园·千座调蓄池

2024 年 2 月,市政府办公厅印发《本市系统化全域推进海绵城市建设的实施意见》,要求大力推进海绵型地块、海绵型市政设施、海绵型公园以及重大工程"+海绵"建设,明确推广和平公园等"平急两用"调蓄设施建设理念。市水务局会同各区研究推进"千座公园·千座调蓄池"项目,着力将公园改造为能为周边服务的应急调蓄设施,充分发挥公园的"大海绵"作用。目前,和平公园已建成,普陀区光新路地道、虹口区江湾东系统应急调蓄等项目也在积极推进当中。

(三)健全体制机制,增强管理韧性

1. 织密防汛责任"一张网"

着重抓好"3+3"网格化防汛责任制落实工作。第一个"3"指的是"市、区、街镇"三级责任制,第二个"3"指的是全面落实"一塘两江四河"行政责任人、巡查责任人、技术责任人"三个责任人"机制。通过明确责任清单,建立督查机制,构建防汛责任矩阵,织密防汛责任网,进一步压紧压实各级各类防汛责任。

2. 完善重点任务"一张表"

针对近年来防汛工作中暴露出的问题,完善各级各类防汛预案,重点推动各行业"六停"实施细则的出台。紧盯住建、交通、卫健、电力等,优化城市"生命线"工程布局,落实落细风险防控工作。推进黄浦江防洪能力提升、吴淞江工程、黄浦江河口建闸、苏州河口泵站

建设、雨水系统提标等关键工程,以及未达标段海塘达标工程建设。

3. 落实风险隐患"一清单"

针对"头顶上""脚底下"的潜在风险以及汛期暴露的积水内涝、抢险调度等问题,持续开展水闸、泵站、海塘堤防、地下空间、易积水小区、高空构筑物、地铁、隧道等重点区域拉网式排查。对排查出的风险点进行风险因素辨识,开展风险评价,实施分类管控:对重大风险跟踪督办、对较大风险限期整改、对一般风险和低风险落实常态化管控,从而形成风险隐患清单,分级分类落实整改。

4. 打造联防联控"一平台"

强化"一网统管"防汛防台指挥平台作用,畅通防汛成员单位间沟通协作和数据共享,构建气象卫星(测雨雷达)、雨量站、水文站组成雨水情监测"三道防线",优化防汛气象岗位直通车、内涝风险预报等机制,完善洪水及内涝预报模型,进一步延长雨水情预见期,提升精准度。研究制定部门间信息数据共享使用管理办法,推动建设工地、地下空间、玻璃幕墙等数据的整合和分析研判,提升信息数据共建共享共治能力。

5. 绘制救援抢险"一张图"

完成风险点、抢险队伍、物资仓库、移动泵车、防汛抢险社会志愿者队伍等要素的"落图"工作;建立统一协调的全市抢险救援调度机制以及长三角区域互助抢险机制;推进防汛物资现代化;修订市级防汛专业物资储备管理办法及定额;完成防汛应急物资管理信息化平台建设;组织采购一批适用于极端天气的抢险物资,确保关键时刻拉得出、用得上。

(四) 加强引导管控,培育社会韧性

进一步丰富"五上十进"(上电视、上广播、上报纸、上网络、上手机,进街道、进小区、进乡村、进学校、进工地、进码头、进机场、进车站、进企业、进家庭)内容,将韧性城市理念、防汛防台常识和能力教育纳入中小学和高校的素质教育,大力开展社会公众应急基础素养培训。进一步健全完善社会动员机制,充分发挥基层党组织、居(村)委会以及志愿者队伍的作用,让更多社会力量参与到险情灾情应急处置中来。进一步完善舆情发布机制,加快信息甄别,及时回应社会关切,依法从严惩处扰乱社会稳定、破坏灾害防御等违法行为,增强全社会防汛理念,积极营造社会公众关心、支持并主动参与防汛工作的良好氛围。

参考文献

[1] 袁志伦.上海水旱灾害[M].南京:河海大学出版社,1999.
[2] 吴浩云,管惟庆.1991年太湖流域洪水[M].北京:中国水利水电出版社,2000.
[3] 《1999年太湖流域洪水》编委会.1999年太湖流域洪水[M].北京:中国水利水电出版社,2001.
[4] 马远东,宋解胜.上海城市防汛工作的几点做法与思考[J].中国给水排水,2013,29(2):1-7.
[5] 胡昌新,顾圣华,何金林,等.关注上海洪潮灾害[M].上海:上海交通大学出版社,2016.
[6] 王梦江,章震宇.上海防汛工作面临的挑战及对策思考[J].中国防汛抗旱,2017,27(6):24-29.
[7] 上海市防汛指挥部办公室.上海市防汛工作手册[M].上海:复旦大学出版社,2018.
[8] 章震宇.上海市传承上海防汛工作好传统好机制再创新时代防汛应急工作新辉煌[J].中国防汛抗旱,2019,29(6):55-56.
[9] 上海市地方志编纂委员会.上海市志·水利·水务分志(1978—2010)[M].上海:上海辞书出版社,2020.
[10] 水利部太湖流域管理局.2016年太湖流域洪水[M].北京:中国水利水电出版社,2021.
[11] 刘晓涛.中国式现代化视角下超大城市水安全战略思考:以上海市为例[J].中国水利,2023(1):15-17,31.

附　录

附　录　一

1992—2022 年灾害年表[①]

年份	灾害类型	受灾地区	记事
1992	台风暴雨高潮	杨浦、徐汇、宝山、普陀、闸北、奉贤、金山、松江	8月29—31日，第16号台风伴随着天文高潮、暴雨共同袭击上海。黄浦江苏州河口潮位连续7次超过4.40 m的警戒线，并出现当时有记录70年以来的第二高潮位5.04 m。上游米市渡站31日子潮实测潮位3.92 m，比1989年的历史最高潮位3.86 m高出0.06 m。金山海塘站30日凌晨潮位5.97 m，为中华人民共和国成立以来第二高潮位。吴淞路闸桥连续三次关闸挡潮。全市21个区、县的24小时雨量超过50 mm，其中宝山区和川沙县分别为103 mm和102 mm；市区的安远路、重庆南路、西宝兴路等少数路段出现短时积水，杨浦、徐汇、宝山、普陀、闸北等区有1 300多户居民家中短时进水10～30 cm；行道树倒伏81株，造成断电故障30余起；倒塌民房3间，3人受轻伤。宝山区和奉贤、金山、松江等县的江堤、海塘损坏5.1 km，护岸损坏46处
	台风暴雨	全市	9月13日，第19号台风影响上海，全市普降大到暴雨，风力7～9级。全市除徐汇外均为暴雨，虹口、闵行的降雨量为65 mm，长宁降雨量为64 mm；郊区崇明降雨量为93 mm，川沙、金山降雨量为80 mm；少数路段出现短时积水，倒树9株，倒塌鸭棚400 m²，松江一烟囱倒塌致2人受伤；闸北一民房严重倾斜
1993	暴雨	全市	6月14日深夜至15日早晨，因受高空低压槽影响，上海遭汛期首次强降雨袭击，截至15日上午8时，全市20个区县中，除崇明县外，12小时雨量达到暴雨强度，其中市区雨量最大为闵行108 mm，其次是长宁区103 mm，静安、普陀区92 mm，闸北区76 mm，虹口区75 mm。郊县雨量最大为松江县76 mm，其次是南汇县70 mm，奉贤县62 mm。暴雨导致安远路、北京西路、重庆南路、控江路等150多条段道路以及街坊积水10～70 cm，近3万户居民中进水10～30 cm。普陀区潘家湾路70弄16、17号正在翻建的房屋倒塌致2人重伤、1人轻伤。15路、20路、23路电车头班车迟开，40路、54路公共汽车因道路积水绕道行驶

[①] 表中相关信息摘自历年各期《防汛情况专报》。

(续表)

年份	灾害类型	受灾地区	记事
1993	雷雨大风	闵行、奉贤	7月15日下午,奉贤县泰日乡一对农民夫妇路上遭雷击,造成1死1伤。7月16日下午,闵行区杜行乡、吴泾街道和浦东新区黄楼乡、周西乡等地先后遭到雷雨大风袭击,14间房屋倒塌,56间损坏,6间牲畜棚倒塌,9间损坏。周西乡一农户遭雷击受重伤。上粮七库市建七公司工地遭下击暴流袭击,一台高57 m、自重43 t的塔吊被强风吹倒,造成一名驾驶员死亡
	暴雨	市区	7月17日晚至18日晨,全市普降大到暴雨,局地大暴雨。市区雨量最大为闵行区103 mm,郊县雨量最大为青浦县134 mm。市区有63条段道路积水,长宁、普陀、卢湾、徐汇等区共有6 300户居民家中进水,闸北区宝昌路249弄54号房屋顶塌落,所幸未造成人员伤亡
	暴雨龙卷风	全市	受长江下游中低空强西南气流同江北高层干冷空气交汇影响,8月1日午夜至2日下午,全市普降暴雨。2日8—14时,降雨量最大为黄浦区105 mm,其余各区县雨量均在70 mm以上。市区有238条段道路积水10~50 cm,4万多户居民家中进水,郊区2 000 hm² 菜田受淹,1 000 hm² 棉花倒伏。2日凌晨4时,宝山区刘行乡、罗南乡和嘉定区戬浜镇的4个村先后遭到龙卷风和大雷雨袭击,451户农户和15个企业受灾,17人受伤(系外地民工),其中重伤7人,损坏民居255间,损坏农副业房35间,倒塌棚舍4 090 m²,倒毁窑厂1个,毁坏砖块40多万块,16 hm² 果园成灾,直接经济损失达170万元
	台风暴雨	市区	受15号台风倒槽和冷空气共同影响,9月13日11—14时,全市普降大到暴雨,市区雨量最大为静安区82 mm,其次是宝山区70 mm、闸北区69 mm、卢湾区59 mm,其余各区雨量均在30 mm以上;郊县雨量最大为崇明县57 mm,其次是松江县45 mm。因雨势突然,且降雨强度大,静安最大1小时降雨量为56 mm,不少地区积水相当严重,以静安区、卢湾区北部、徐汇区东北部、长宁区东部、闸北普善地区等最为严重。市区有近百条段道路积水10~20 cm,近万户居民家中进水10~30 cm;40路、54路公共汽车因安远路积水较深而绕行
1994	暴雨大风冰雹	杨浦、浦东、宝山	7月15日、16日,受黄淮雷雨区东移影响,上海出现了局部雷暴雨、大风、冰雹等强对流天气。15日13时许,杨浦区、浦东新区等地,强风骤起,大雨倾盆,从13时30分—15时的1.5小时内,降雨量为70~85 mm,13时50分—14时05分两区的部分地区还下了黄豆大小的冰雹。16日13时起,除奉贤、南汇两县外,全市出现雷阵雨天气,宝山区从13时19分—15时降雨88 mm,浦东新区降雨46 mm。两次强对流天气造成杨浦区、浦东新区、宝山区共13个街道1.98万人受灾,11个城镇积水,6 600户居民家中进水,1人轻伤,损坏房屋5间、250 m²,受灾菜地200 hm²,成灾200 hm²,绝收100 hm²,15家企业因进水导致部分停产,损坏通信线路6杆、1 000 m,吹倒、吹毁巨型广告牌400 m,造成直接经济损失227万元

(续表)

年份	灾害类型	受灾地区	记事
1994	台风高潮	长宁、奉贤、金山、南汇、崇明、宝山、浦东	8月22日,受17号台风影响,黄浦江苏州河口潮位于凌晨0时50分达到4.83 m,比4.02 m的天文潮位增水0.81 m,超过4.40 m警戒潮位0.43。在高潮位来临前,关闭吴淞路闸桥挡潮闸闸门,闸内水位在2.86 m左右。黄浦江上游米市渡站凌晨出现3.82 m的高潮位,超过3.30 m警戒线0.52 m。各区县均出现7~9级大风;长宁等区发生树木、电线杆被大风刮断现象,但未造成人员伤亡。奉贤、金山、南汇、崇明、宝山、浦东等县(区)的部分海塘护岸受到不同程度损坏,修复费用达307万元
1995	暴雨	卢湾、普陀、闸北、长宁、徐汇、静安、南市、虹口、杨浦	5月19日凌晨,因受江淮低压槽和长江中下游较强雨带的共同影响,入汛后首场暴雨袭击上海城乡,并伴有5~7级大风,截至20日8时,雨量最大的是嘉定区126 mm,最小的是金山县67 mm,其余各区、县的雨量均在100 mm左右。卢湾、普陀、闸北、长宁、徐汇、静安、南市、虹口、杨浦等区的129条段道路积水10~50 cm,1万多户居民家中进水10~30 cm,其中卢湾区有3 800多户居民家中进水
	暴雨	全市	6月24日傍晚,受江南梅雨带上强降雨云团影响,全市普降暴雨到大暴雨,截至25日上午8时,市区雨量最大的是普陀区130 mm,其次是静安区123 mm,长宁区122 mm,卢湾、黄浦、徐汇、虹口、南市、闸北、嘉定等区的雨量也都在100 mm之上。郊县雨量以青浦县赵屯乡的116 mm为最大。由于降雨范围广,强度大,积水道路有393条段,闸北、卢湾、杨浦、徐汇、南市、浦东、长宁、普陀、静安、虹口、黄浦等区的3.95万户居民家中进水10~30 cm,1人因雨后触电死亡。向市保险公司报损的企业有408家,损失金额1 339万元。市郊菜田严重受灾,受灾面积达3 160 hm²,其中绝收1 333.33 hm²
	暴雨	黄浦、闸北、浦东、杨浦、卢湾、长宁	6月30日16时—17时37分,因受太湖东移强雷雨云团影响,市中心区遭到狂风暴雨、强雷暴的袭击,最差能见度不足50 m,黄浦区雨量最大为70 mm(1小时雨量64 mm),其次是普陀区58 mm(1小时雨量55 mm),静安区55 mm,虹口区53 mm,闸北区51 mm。由于降雨过于集中,黄浦、闸北、浦东、杨浦、卢湾、长宁等区的近百条段道路积水10~50 cm,近万户居民家中进水10~30 cm,1人不幸触电死亡
	暴雨	市区	7月2日5时起,受江南雨带北抬影响,全市普降暴雨,杨浦、静安、黄浦、南市、徐汇、长宁6区出现大暴雨,至3日8时,日雨量最大的是杨浦区109 mm,其次为静安区105 mm、黄浦区104 mm、南市和徐汇区102 mm、长宁区101 mm。由于降雨强度大、范围广,加之汛期第4次天文大潮影响排水,导致市区200多条段道路积水10~40 cm,近2万户居民家中进水
	暴雨	全市	7月5日8时,受梅雨带影响,全市普降暴雨,至6日14时,市区雨量最大的是闵行区129 mm,其次为长宁区119 mm、普陀区117 mm、徐汇区114 mm、静安区112 mm、卢湾区110 mm、南市区104 mm、虹口区103 mm、闸北区100 mm;郊县最大雨量发生在金山县,达135 mm,其次是南汇县129 mm、松江县127 mm,其余各县雨量在48~117 mm之间。暴雨造成市区108条段道路积水,8 000户居民家中进水,市郊受淹农田333.33 hm²

(续表)

年份	灾害类型	受灾地区	记事
1995	暴雨 冰雹 龙卷风	南市、卢湾、杨浦、徐汇、虹口、松江	8月10日16时至17时30分,受强对流云团影响,上海遭受了少见的雷暴雨、龙卷风袭击。市区雨量最大为南市区62 mm(其中17时—17时30分雨量为54 mm),其次为卢湾区54 mm(0.5小时雨量为49 mm)、黄浦区54 mm、虹口区47 mm(0.5小时雨量为39 mm)、徐汇区47 mm、杨浦区40 mm(0.5小时雨量为32 mm);郊县雨量最大为松江县51 mm,其次为崇明县43 mm。暴雨过境之处,普遍出现7~9级大风,南市、卢湾、杨浦、徐汇、虹口等区共有62条段道路积水10~30 cm,3 500户居民家中进水5~20 cm;奉浦大桥南块工地遭龙卷风袭击,280 t钢质大型架梁龙门吊被刮倒,造成4人死亡、1人受伤,直接经济损失超200万元。松江县泖港镇10余km的肖泖公路上有30%的行道树被大风折断,一砖窑倒塌,松江船厂250 m²厂房屋顶被全部掀去,压伤2名民工,华阳乡出现12分钟的冰雹。淮海中路九海广场工地上一工棚被大风吹倒,压伤一过路妇女
	台风 暴雨	市区	8月24日傍晚起,受9507号强热带风暴外围影响,全市普降大到暴雨,17时至19时30分的2.5小时内,虹口区雨量为86 mm,黄浦区为77 mm,闸北区为55 mm。暴雨造成虹口、卢湾、普陀、静安、闸北等区105条段道路积水10~30 cm,约6 000户居民家中进水10~20 cm。当热带风暴中心逼近和穿越上海时,阵风普遍7~9级,芦潮港地区最大风力12级,长江口出现11级阵风。受风暴环流影响,25日傍晚起全市再次普降大到暴雨,市区雨量最大的虹口区为43 mm,浦东新区为40 mm,长宁、黄浦两区均为39 mm;郊县雨量南汇县为40 mm。短时集中降雨造成市区60多条段道路积水10~30 mm,300余户居民家中进水10~20 cm;杨浦区凉州路801弄7号约2 m²屋面坍塌
1996	飑线	崇明	6月17日16时10分—18时30分,崇明县新村、海桥、合兴、向化等乡遭飑线袭击,大风8~9级,伴有雷阵雨。全县有4 440 hm²农田成灾,其中水稻、玉米等粮食作物4 410 hm²,蔬菜、西瓜等经济作物30 hm²,减产粮食3 890 t,1 500套蔬菜大棚受损,直接经济损失达840万元
	暴雨 大风	全市 12个区县	6月24日,受江淮强降雨影响,16时上海普降暴雨到大暴雨,市郊金山、松江两县部分地区遭受雷雨大风侵袭。截至25日16时,市区雨量最大的是南市区108 mm,其次为静安区102 mm、杨浦区101 mm;郊县雨量截至25日8时,松江县泗泾为78 mm。有3 950户居民家中进水10~30 cm。制造局路149号私房屋面坍塌,幸未伤人。金山县松隐、新农两镇和松江县叶榭、张泽两镇在24日17时左右先后遭雷雨大风袭击,倒塌房屋10间、950 m²,损坏房屋70多间、1 500 m²,3人轻伤,4家乡镇企业部分停产,直接经济损失达61.5万元。此次暴雨过程,全市有12个区县、1.25万人受灾,积水街镇18个,直接经济损失达82.5万元
	暴雨	全市	7月5日凌晨上海普降大暴雨,至6日凌晨的24小时内,有10个区的雨量超过100 mm,雨量最大的是长宁区142 mm,其次为南市区135 mm;雨量最集中的5日7—8时,南市区降雨量为53 mm;市区近200条段道路积水10~60 cm,近3万户居民家中进水5~40 cm;

(续表)

年份	灾害类型	受灾地区	记事
1996	暴雨	全市	部分严重积水路段和内环线高架路、南北高架路共有300多辆车抛锚,发生上百起车辆碰擦事故;公交18路等7条公交线临时绕道、移站或缩线。大暴雨造成20个区县、160个街镇、16.95万人受灾,积水城镇95个,房屋损坏20间、240 m²,农作物成灾3.78万 hm²,绝收5 hm²,粮食减产80 t,直接经济损失达6 300万元
	暴雨 冰雹 龙卷风	松江、青浦、闵行、浦东	7月18日1时15分,浦东新区东方路一带雷雨夹带冰雹泻落地面;傍晚时分,松江、青浦两县和闵行区、浦东新区的部分地区出现雷暴雨、冰雹和龙卷风。全市有近20个乡镇、2 120人受灾,青浦县沈巷镇林家6队一农妇触电身亡;凤溪镇一女职工触电身亡。龙卷风造成160间、1 200 m² 房屋损坏,40间、1 580 m² 房屋倒塌,4人轻伤,30 hm² 水稻成灾,损失粮食30 t,死亡家猪30头,20 hm² 鱼塘受灾,损失淡水鱼70 t,吹断高压电线3条,电线杆101根,电线13 km,断电30小时,直接经济损失达390万元
	暴雨 大风	浦东	7月21日16时30分,浦东新区凌桥镇新益村一队遭强雷阵雨和狂风袭击,两人触电身亡
	台风 高潮	全市	8月1日、2日,受第8号台风外围和第7次天文大潮影响,上海出现阵风8~9级天气,江河水位高涨。8月1日凌晨黄浦江苏州河口潮位为5.19 m,位居当时历史第二;长江口吴淞站潮位为5.47 m,位居当时历史第三;黄浦江上游米市渡站潮位为4.03 m,创历史新纪录。全市有10个区县、1 700人受灾,5个城镇进水,12 km堤防受损,损坏护岸75处,损坏水文测站42个,粮食作物成灾170 hm²,损失粮食1 180 t,损失蟹、虾等130 hm²、100 t,另有2名外地船民因船翻落水而失踪,直接经济损失达2 780万元
	暴雨	金山	8月13日,11时15分至17时金山县朱行地区连续两次遭雷击和大暴雨袭击,6小时雨量达127.5 mm,造成200人受灾,1个镇积水,倒塌房屋10间、300 m²,成灾经济作物10 hm²,直接经济损失达20万元
1997	暴雨	全市	7月10日、11日,上海普降大暴雨,至11日8时,市区雨量最大的是普陀区142 mm,其次为闸北区139 mm、闵行区134 mm、静安区127 mm,其余各区雨量在104~125 mm。市郊雨量最大的是南汇县169 mm,其次为金山县135 mm,其他各县雨量在45~124 mm。由于降雨集中,加之汛期第5次天文大潮,内河水位高涨,排水不畅,全市有92条段道路积水10~40 cm,6 000多户居民家中进水5~30 cm。市郊松江、南汇、青浦、金山等县区有5 000 hm² 农田受淹
	台风 高潮 暴雨	市区	8月18日、19日,受9711号台风影响,上海出现台风、高潮、暴雨"三碰头"的严峻局面,全市普遍出现8~10级大风,金山、奉贤、南汇沿海和崇明岛出现11~12级阵风,并普降暴雨,局部大暴雨,最大日雨量为崇明站的134.8 mm。在第8次天文大潮共同作用下,杭州湾、长江口、黄浦江沿线潮位均超历史纪录。19日凌晨前后,沿杭州湾、长江口各水文站潮位超出历史纪录0.13~0.64 m,沿黄浦江各站潮位超出历史纪录0.24~0.50 m,杨浦、虹口两区内河出现4.20~

(续表)

年份	灾害类型	受灾地区	记事
1997	台风 高潮 暴雨	市区	4.55 m 的超纪录高水位；18 日 23 时 45 分黄浦江吴淞站潮位 5.99 m，超过警戒线 1.19 m，增水 1.45 m，相当于"330 年一遇"。19 日凌晨 0 时 20 分黄浦公园站潮位为 5.72 m，超过警戒线 1.17 m，增水 1.49 m，相当于 500 年一遇。2 时 50 分，米市渡站潮位为 4.27 m，超过警戒水位 0.77 m，增水 0.96 m，大于"100 年一遇"。沿杭州湾、长江口一线海塘溃决多处，受损严重，奉贤、金山、崇明等地海塘损坏 69 km，决口 11 处，损坏护岸 67 处。市区防汛墙低于"1 000 年一遇"防御标准的地段决口 3 处，漫溢倒灌近 20 处，主要集中在宝山、徐汇、闵行、浦东的新划市区范围；杨树浦港赵家桥附近内河防汛墙溃决 94 m，损坏护岸 6 处。黄浦江上游干流段堤防漫溢，个别地段甚至溃决。损坏水文设施 3 处，管理设施 2 处，水利设施直接经济损失达 2.23 亿元。全市受灾农田近 4.96 万 hm²，成灾 1.98 万 hm²；受灾人口 15.34 万人，死亡 7 人，倒塌房屋 540 间，受损房屋 2 700 间，倒树约 4.40 万株（其中崇明 2.71 万株），影响 135 个飞机航班，直接经济损失达 6.35 亿元
	暴雨	南市、卢湾、徐汇、闸北	8 月 25 日，受太湖东移强雷雨带影响，下午全市普降暴雨，至 26 日 8 时，市区雨量最大的是南市区 94 mm，其次为卢湾区 93 mm，徐汇、长宁、闸北、虹口、黄浦、杨浦等区的雨量均在 50 mm 以上；市郊雨量分布不均，南翔为 108 mm，其余在 40 mm 左右。暴雨造成南市、卢湾、徐汇、闸北等区 3 000 多户居民家中进水 10～20 cm，100 多条段道路积水 5～30 cm，市中心交通受阻
1998	暴雨	长宁、徐汇、闵行	7 月 23 日，上海市降暴雨，长宁、徐汇、闵行等地约 10 多条段道路积水 10～50 cm，360 多户居民家中进水 10～80 cm。其中，地铁虹梅路站一人行地道因泵站损坏积水达 70 cm
	暴雨	徐汇、闵行、长宁、普陀、杨浦	7 月 24 日，上海市普降暴雨，局部大暴雨，徐汇、闵行、长宁、普陀、杨浦等地累计有 111 条段道路积水，1 944 户居民家中进水。郊区南汇 500 户居民家中进水，奉贤南桥镇发生少量积水和进水现象
	大风	金山	7 月 31 日，大风吹落金山区一处低压线，导致 1 人不幸触电身亡，大风造成金山区 120 多户农户屋顶不同程度受损，一户平房倒塌
	暴雨	闸北、虹口、宝山、杨浦、浦东、嘉定	8 月 2 日，上海市局部暴雨，闸北、虹口、宝山、杨浦、浦东、嘉定等区累计出现道路积水 22 条段，520 户居民家中进水
1999	暴雨 洪水	杨浦、闸北、徐汇、浦东、卢湾、普陀、宝山、南汇	6 月 10 日，上海市普降暴雨，由于短时雨量集中，超出现有排水能力，故造成杨浦、闸北、徐汇、浦东、卢湾、普陀、宝山、南汇等地近 1.5 万户居民家中进水 10～20 cm，近百条段道路积水严重
	暴雨	宝山、杨浦、徐汇	6 月 27 日、28 日，上海市局部暴雨，在市郊接合部造成少数道路积水和百余户居民家中进水，如宝山杨浦交界处的三门路，宝山区的国权北路、场中路，徐汇区的老沪闵路，杨浦区的黄兴路桥等。市郊约有 11.1 万亩农田受淹严重

(续表)

年份	灾害类型	受灾地区	记事
1999	暴雨洪水	全市	6月30日,上海市普降暴雨,恰逢天文大潮,导致部分河段漫溢,造成全市1.5万多户居民家中进水5~50 cm,120条段道路积水10~30 cm,市郊受淹农田20多万亩
	暴雨大风	青浦、金山、松江、嘉定、宝山	7月2日,连续暴雨导致西部地区青浦、金山、松江三区(县)有30多万亩农田受淹,6 800多户农户家中进水,倒塌房屋382间,企业进水361家,直接经济损失达2.3亿元。嘉定区雨量为55 mm,风力超过10级,造成戬浜镇停电数小时。宝山区由于大风暴雨,多处屋顶被吹掉,5根电线杆被吹倒,1人死亡
	暴雨	长宁、普陀	8月10日,上海市局部地区出现雷暴雨,造成长宁区约700户居民家中进水20~40 cm;普陀区一电机厂进水30 cm,一公司进水50 cm,少量居民家中进水
	暴雨	长宁、普陀	8月11日,上海市局部地区出现雷暴雨,造成长宁区约600户居民家中进水,普陀区泸定路积水30 cm
	暴雨雷击	普陀、闸北、宝山	8月13日,上海市局部地区出现雷暴雨,造成普陀区约2 000户居民家中进水,闸北区约300户居民家中进水,宝山区一号泵站遭雷击导致电路损坏
	暴雨	杨浦、徐汇、普陀、浦东	8月15日,上海市局部暴雨,造成杨浦区300多户居民家中进水10 cm,徐汇、普陀、浦东等地约100户居民家中进水
	暴雨	杨浦、虹口	8月20日,上海市局部暴雨,造成杨浦区约350户居民家中进水,约5路段积水;虹口区100多户居民家中进水,约8条路段积水
	暴雨	徐汇、浦东、长宁	8月22日,上海市局部暴雨,造成徐汇区近10条道路积水,100多户民居进水;浦东新区约70户民居进水;长宁区部分路段积水和一些居民家中进水
	暴雨、雷击	奉贤、金山	8月24日,上海市局部暴雨,造成奉贤县3 000多亩菜田、2 500亩草坪和550亩苗木受淹,部分猪棚、饲料仓库进水60 cm。金山区一人不幸遭雷击身亡
	暴雨	杨浦、闸北、虹口、普陀、嘉定、宝山	8月27日,上海市普降大到暴雨,杨浦区300多户、闸北区和田地区200多户、虹口区15户居民家中进水5~30 cm,杨浦、闸北、虹口、普陀、嘉定、宝山等区道路积水5~30 cm
	暴雨龙卷风	奉贤、青浦、浦东、杨浦、闸北、普陀、南汇、松江	9月6日,上海市普降大到暴雨,奉贤县城普遍受淹,青浦县城部分积水,浦东、杨浦、闸北、普陀等区有少数道路积水,个别居民家中积水。奉贤县、南汇县、浦东新区先后遭龙卷风袭击。据统计,奉贤县共有59户村民受灾,4人受伤,5 000多只鸡鸭死亡。南汇县共有8个村100多户村民受灾,倒塌房屋11间,损坏房屋250间,3人受伤;川南奉公路300 m路段上的40多株行道树被刮倒,2 000多只鸡死亡,倒伏水稻300多亩。浦东新区共有21个村、1个园艺场、1个畜牧场受灾,倒塌房屋24间,受损房屋1 566间,27人受伤,其中重伤7人,死亡鸡鸭550只,猪6头;水稻倒伏6 800亩,刮断树木3 585株,20多处供电和通信线路中断,刮倒大型广告牌8块,直接经济损失达3 500万元。另外,松江区有2家园艺场约2.6万 m² 蔬菜大棚被龙卷风刮倒,所种蔬菜全部受损,仅设施直接损失达300万元,所幸未有人员伤亡

(续表)

年份	灾害类型	受灾地区	记事
1999	暴雨	静安	9月14日,市区普降雷雨,局部暴雨,造成静安区5条道路积水
2000	暴雨	普陀、闸北	5月26日,上海市普降暴雨。普陀区真南路、南何支线积水10～30 cm,使交通受到一定影响。普陀区木渎港地区、闸北区民德路地区积水30～40 cm
	暴雨	杨浦、虹口、普陀	6月3日,上海市普降大雨,局部暴雨。杨浦、虹口、普陀三区积水在10～25 cm,造成附近百余户居民家中进水10 cm左右,使交通受到一定影响
	雷阵雨	闸北、闵行	6月21日,突降雷阵雨,闸北区汶水路、沪太路以及闵行区七莘路5号桥等个别地区因雨量过于集中,造成道路短时积水
	台风	徐汇、长宁、卢湾	7月9日、10日,受台风"启德"影响,徐汇区华泾镇紫阳小区等个别地区出现短时积水,长宁区和卢湾区分别有2株和1株大树被风吹倒,但无人员受伤
	龙卷风冰雹	崇明	7月12日,崇明新海农场、海桥乡遭受龙卷风、冰雹袭击,持续时间约0.5小时。其中,新海农场灾情如下:破坏居民房屋500 m^2,受灾农田666.67 hm^2,影响高压线路1 600 m、低压线路400 m,倒伏行道树100多株。海桥乡灾情如下:农村居民住房受损20间,工业厂房受损14家,农作物(玉米)受损66.67 hm^2,影响部分低压线路,吹倒行道树十多株
	暴雨雷击	徐汇、浦东	7月24日、25日,南市区斜土路、制造局路,徐汇区三汇路,浦东新区六里、花木、北蔡、塘桥、周家渡等地出现短时积水,南市老城有近百户居民家中出现漏水,徐汇区3株大树树枝被大风刮断。雷击使2座泵站停电,市防汛办所在的华隆大厦电话通信、防汛数据传输中断
	暴雨	黄浦、卢湾	8月17日,上海市部分地区遭受雷暴雨侵袭,截至15时,雨量最大的松江米市渡地区雨量为99 mm。市中心黄浦、卢湾等地近30条段道路出现短时积水,沿街商店进水,160余户居民家中进水
	暴雨	黄浦、杨浦、虹口、南市	8月18日,上海市东部地区遭受雷暴雨侵袭,截至13时30分,雨量最大的黄浦区雨量为100 mm。市中心黄浦、杨浦、虹口、南市等地近100多条段道路和街坊积水,沿街商店进水,100余户居民家中进水
	暴雨	杨浦	8月19日,杨浦等部分地区遭到雷暴雨侵袭,造成10余条段道路积水,约400户居民家中进水5～15 cm
	暴雨	普陀、长宁	8月27日上午,普陀、长宁等区普降大雨。普陀区中山北路1760弄、2347弄以及长宁区定西路新华路、仙霞路、剑河路出现少量积水。下午,普陀、长宁等区局部地区再次受到强降雨的影响,造成部分地区路段积水和60多户居民家中进水
	台风暴雨高潮	全市	8月30日、31日,第12号台风"派比安"带来的大风和强降雨影响,上海遭受风、雨、潮共同袭击,市区风力普遍7～9级,尤其是东部崇明、宝山、浦东、南汇等地,风力达9～11级,浦东国际机场风力达11级,长江口风力达13级;上海市普降暴雨,市区日雨量最大为卢湾区86.0 mm;黄浦公园站连续2天出现5.00 m以上高潮位,

(续表)

年份	灾害类型	受灾地区	记事
2000	台风 暴雨 高潮	全市	31日凌晨,吴淞站潮位为5.87 m;黄浦公园站潮位为5.70 m;米市渡站潮位为4.15 m。全市遭受洪涝面积为1.79万hm^2,成灾1.22万hm^2;受灾人口4.11万人,死亡1人;200间房屋倒塌;市区100多条段道路积水,3 000多户居民家中进水。市中心黄浦江防汛墙有1处溃决,另有40多处发生不同程度的漫溢、渗水、漏水、冒水等险情,总长约3.3 km。市区新建黄浦江防汛墙中有6处溃决,合计长度为50 m。奉贤22.6 km黄浦江堤防发生不同程度险情,西渡镇有60 m土堤坍塌。全市经济损失约1.22亿元
	台风 高潮 暴雨	浦东、宝山	9月14日,受第14号台风"桑美"影响,全市普降暴雨,局部大暴雨,最大日雨量为浦东机场泵闸站122.0 mm,中心城区日雨量为60.0~90.0 mm。同时,受天文大潮影响,黄浦江出现高潮位,吴淞站高潮位5.40 m,黄浦公园站高潮位5.22 m,米市渡站9月15日出现高潮位4.01 m。上海遭受洪涝面积747 hm^2,全市经济损失达0.15亿元。市区暴雨积水路段40多条段,居民家中进水720多户,全市倒伏树木1 700多株。海塘局部冲刷损坏30多处,长度约10.0 km。黄浦江及支流防汛墙有50多处,长度约5.7 km发生不同程度的渗漏、倒灌、管涌等现象。黄浦江上游堤防出现长约150 m渗漏,奉贤白庙水闸闸顶过水,漫顶高度为0.22 m
2001	暴雨	静安、杨浦、徐汇、闸北	6月17日,上海市普降暴雨。静安、闸北、杨浦、徐汇等区32条段道路积水10~30 cm,多处居民家中进水。南北高架、延安高架和内环高架局部路段出现短时积水
	龙卷风	青浦、嘉定、崇明	6月18日、19日,青浦、嘉定和崇明分别遭受龙卷风或雷雨大风的侵袭,造成经济损失100多万元,并有1人受伤。其中,青浦区赵屯镇境内出现龙卷风,立新等11个村的125户农户、2家企业受灾,房屋受损,农作物受灾,244只作物大棚倒塌,有1人受伤,经济损失约56万元。嘉定区黄渡镇和安亭镇的横河等5个村先后受到雷雨大风侵袭,100多户村民受灾,房屋轻微受损,直接经济损失约10万元,无人员伤亡。崇明县三星镇海平等3个村也遭到雷雨大风袭击,倒塌房屋9间,倒伏玉米20 hm^2、蔬菜13.33 hm^2、树木20株,经济损失约50万元
	台风 高潮 暴雨 雷击	杨浦、奉贤、徐汇、南汇、崇明	6月23日、24日,受台风"飞燕"影响,市区普降大到暴雨,市郊局部地区出现大暴雨。其中,市区雨量最大的杨浦区达到89 mm,市郊雨量最大的奉贤为134 mm。杨浦、奉贤、徐汇、南汇等区的40条段道路积水5~30 cm,600多户居民家中进水5~10 cm。全市房地部门共接到居民报修电话600多个。崇明县全县有3.372万 hm^2 农作物受淹,其中粮食作物1.327万 hm^2,经济作物5 120 hm^2。1 930户城镇居民、91家企业、仓库进水,倒塌房屋52间,直接经济损失达9 954.48万元。松江区佘山镇陈家村一私营企业突遭强雷击,11人被火球烧伤,其中3人重伤。上海农工商集团总公司下属的崇明新海、跃进、前哨等农场受灾严重,受灾农作物6 133.33 hm^2,其中粮食作物4 753 hm^2,经济作物1 380 hm^2,直接经济损失达1 507万元

(续表)

年份	灾害类型	受灾地区	记事
2001	台风	崇明、嘉定、闸北	7月6日,受台风"尤特"影响,上海市中北部地区出现强雷阵雨天气,至17时,崇明跃进地区雨量为157 mm。崇明工业园区、县中心医院等20多处积水严重,崇明县城近7 km² 范围内除主要道路外,一片泽国。城区内所有居民小区和大部分机关、企事业单位受淹,1 000户居民家中进水;农村地区庙镇、三星、绿华等乡镇部分农田受淹、厂房进水。嘉定区县城9条段道路积水20～50 cm,数百户居民家中进水。闸北区彭浦新村地区共有12条段道路积水5～25 cm,20多户居民家中进水
	暴雨	徐汇、卢湾、黄浦、长宁、闸北、杨浦、静安	8月5—9日,上海接连受到热带云团和静止锋强降雨云团的影响,连续5天出现暴雨和特大暴雨天气。8月5日14时至8月9日14时,徐家汇站累计雨量达480.0 mm,是上海1873年以来8月连续5天的雨量之最,其中8月5—6日的日雨量多达275.0 mm,是上海市解放50年所未遇的。另外,浦东新区孙桥地区8月6日出现龙卷风。据统计,连续大暴雨造成市中心城区476条段道路出现积水,积水深度大于30 cm(含)的有58条段,积水深度大于50 cm(含)的有7条段,进水街坊324个,企业、居民家中进水4.78万户,屋损屋漏报修1.49万户;市郊区县101条段道路出现积水,进水受灾居民、企业1.70万户,受淹农田1.01万 hm²,部分小区积水深度达60～70 cm
2002	暴雨	嘉定、宝山	5月22日,上海市普降暴雨。市郊嘉定、宝山等区局部地区出现道路积水
	雷击	崇明	6月20日,4人突遭雷击死亡
	台风暴雨大风	全市	7月4日、5日,受台风"威马逊"影响,上海普降大到暴雨。全市共倒伏行道树454株,广告牌倒塌20处,断电110处,损坏蔬菜大棚面积达350万 m²。死亡6人,受伤46人。浦东国际机场共取消航班184架次,延误27架次,备降其他机场19架次,返航1架次
	大风	浦东	7月22日,大风导致1人死亡
	暴雨	浦东	8月16日,上海市普降中到大雨,崇明、嘉定、浦东等局部地区还出现暴雨。浦东新区金杨街道和洋泾街道个别路段出现短时积水
	暴雨雷击	徐汇、闵行	8月24日,上海市夜里出现强雷雨天气,徐汇、闵行等地雨量集中,10余条段道路出现短时积水,徐浦大桥泵站遭雷击停电
	暴雨	杨浦、浦东	8月27日晚,上海市遭受强雷雨袭击,杨浦、浦东、宝山等地达到暴雨程度;27日19—20时,杨浦区五角场镇地区雨量为101 mm。杨浦区广远新村、长白一村、军工路小洋洪、松花一村以及浦东新区高桥镇等10多个街坊发生积水,1 300多户居民家中进水5～10 cm
	暴雨	黄浦	8月28日,大雨突袭中心城区,截至13时雨止,黄浦区外滩地区雨量为57 mm。四川中路、南京东路、东长治路、长阳路、民德路等个别路段出现短时积水

(续表)

年份	灾害类型	受灾地区	记事
2002	高潮	杨浦	9月8日早晨,高潮位来袭,俄罗斯驻沪总领馆因防汛墙裂缝渗漏导致积水50~60 cm。杨树浦发电厂因施工单位采取措施不当,导致4 000 m² 厂房受淹20~100 cm
	高潮	徐汇、黄浦、长宁	12月21日上午,徐汇区淀浦河共有40 m防汛墙出现倾斜险情,其中坍塌15 m;下午高潮时,黄浦区和长宁区苏州河沿线个别地段出现渗漏
2003	龙卷风	崇明	7月5日,崇明港沿和向化两镇先后遭到龙卷风侵袭,港沿镇2根高压电线杆、4株大树被刮倒,200套蔬菜大棚被卷走,1人死亡。向化镇的数千株树木因龙卷风而倒伏,北沿公路两侧的200多株行道树被刮倒
	大风	长宁、青浦	7月11日,长宁、青浦两区先后遭到雷雨大风侵袭。长宁区大风刮落一处正在搭建的简易工棚的第三层屋架及部分墙面,还致使绿谷别墅的高尔夫球架倾斜。青浦区约有22户村民的房屋遭到不同程度的损坏,13.33 hm² 左右的玉米倒伏,1路10 kV高压线短路,引起大面积停电
	雷击大风冰雹暴雨	浦东	7月25日,上海市浦东、南汇遭雷雨大风冰雹袭击。冰雹造成北蔡镇景园园艺场、庵东园艺场的蔬果、种苗等损失约2万元。张江镇6村的一路高压线遭雷击停电;雷击击坏农户电视机3台;大风吹掉一制煤矿渣砖企业的简易棚200 m²,吹损了1户农户的屋角、3户农户的屋脊
	暴雨	黄浦、卢湾、虹口、徐汇	8月2日,局部地区发生强降雨,雨量最大的虹口区为68 mm。暴雨造成黄浦、卢湾、虹口、徐汇等区27条段道路积水,250多户居民家中进水。黄浦区268号一块广告牌坠落,卢湾区蒙自路倒树4株,黄陂南路高压线被打断
	暴雨	徐汇、长宁	8月7日,上海市部分地区先后出现雷阵雨天气,短时降雨集中。徐汇区古宜路中周家宅地区、长宁区云雾山路地区80多户居民家中进水10~20 cm
	暴雨	徐汇	8月10日上午,局部地区出现短时雷阵雨,傍晚起又先后出现雷阵雨天气,个别地区短时降雨集中。徐汇区中周家宅地区80户居民家中进水10~20 cm
2004	台风暴雨高潮	西部地区、嘉定、宝山、浦东	7月4日,受台风"蒲公英"影响,绿华、三星、跃进、庙镇等西部地区的1 666.7 hm² 农田和233.33 hm² 果树受淹,200 hm² 玉米倒伏,另有200多株行道树倒伏。嘉定、宝山、浦东等地也有百余株行道树被大风刮倒,并发生局部停电
	暴雨大风冰雹	浦东、嘉定、杨浦	7月8日,浦东局部地区暴雨,浦东、嘉定局部地区还遭到大风和冰雹影响,吹落厂房屋顶和广告牌,所幸没有人员受伤。局部地区还下了短时黄豆大小的冰雹。由于雨量过于集中,3条段道路短时积水20 cm,百余户居民家中进水10 cm。杉达大学外广告牌倒塌。此外,杨浦区6条段道路也在雨后出现15~25 cm的积水

205

(续表)

年份	灾害类型	受灾地区	记事
2004	暴雨大风冰雹	浦东	7月11日,浦东局部地区暴雨,外高桥、高行镇局部地区还遭到冰雹影响和大风袭击。高东镇6个村宅约40余户居民家中屋顶被大风吹损,其中4户居民家中的屋顶全部被掀起吹落,另外有5户居民家中的屋顶一半被掀起,其他受损较轻,受灾人口约150人。另外,竞赛村9间简易房屋的屋顶被掀起,局部墙体倒塌,压伤5人。高东镇约3 km刺槐树倒伏、折断200余株,造成交通阻塞
	大风	青浦、闵行、嘉定、普陀、长宁、浦东	7月12日傍晚,罕见强风夹雷暴云团袭击青浦、闵行、嘉定、普陀、长宁、浦东等地,市中心局部区域风力达9~10级,市郊局部区域风力达10~11级。大风先后吹倒工地围墙、掀翻工棚、刮塌简易厂房,吹翻10 t行车,造成7人死亡、25人受伤。大风还造成多处高压电缆故障、行道树折断、倒伏,造成局部停电事故,10多辆车被大风刮起的杂物砸坏。直接经济损失达1 248万元
	暴雨雷击	崇明、青浦	7月14日,崇明县大暴雨造成南门地区10多条段道路积水20~30 cm,8个小区发生20~30 cm积水,部分居民家中进水,农田部分受淹。工业园区6家企业的厂区、车间出现积水、进水;雷击造成1人受伤;15条供电线路故障。青浦华阳街道城南村遭受大风袭击,3间渔棚和渔棚内渔民一起被大风掀进水塘,1人轻伤。另村里有6户人家屋顶和阳台部分被吹落,有1人受轻伤
	暴雨雷击	崇明	7月15日,崇明局部大暴雨,崇明县城桥镇10多条段道路积水20~30 cm,部分居民家中进水5~10 cm,在崇明工业园区,有6家企业厂区、车间进水,部分产品、原料浸泡水中,因电路故障,园区的排涝泵站停止运行近2小时。暴雨期间,崇明县共有15条供电线路发生故障,1人在雷击中受伤
	雷击	全市	7月30日,金山区遭受雷击,合计物损达7.5万元;闵行开发区遭受雷击,35 kV失电2条线路,10 kV失电3条线路,无人员伤亡
	台风		8月13日,受台风"云娜"影响,13株行道树发生倒伏倾斜
	暴雨龙卷风	嘉定	8月16日下午,龙卷风袭击嘉定黄渡镇东街村三队,历时约20分钟,造成9人受轻伤,30多户民居和12家企业的屋顶遭到不同程度损坏,其中一工厂移动大门被风掀倒;龙卷风吹起的屋顶铁皮还造成3路高压电线跳闸,2根高压线被吹断落地,造成该镇大部分区域停电
	暴雨	普陀、长宁、闸北、杨浦	8月23日,市区普降暴雨,局部大暴雨,普陀、长宁、闸北、杨浦等区的30多条段道路积水,700多户居民家中进水,积水深度为15~30 cm
	暴雨	徐汇、闸北	9月1日,上海市普降暴雨,徐汇、闸北等地10多条段道路、20多户居民家中短时积水
2005	暴雨	宝山、闸北	6月28日,宝山、杨浦、虹口、闸北等区的局部地区出现暴雨。降雨比较集中,造成宝山国权北路、水产路等地道路短时积水10~20 cm,附近30多户居民家中进水。闸北区一厂区受附近施工影响,积水30 cm左右

(续表)

年份	灾害类型	受灾地区	记事
2005	雷击	浦东	7月6日,浦东新区一房屋遭雷击,约13 m高的西山墙屋脊被击穿,砖块跌落砸坏西厢房屋面瓦片2～3 m²,未造成人员伤亡。雷击击坏周边地区电视机8台、电脑2台、电话机2部
	大风雷击	浦东、金山	7月8日,浦东川沙镇突遭雷雨大风袭击,浦南园艺场、养鸡场有4个棚舍被大风吹倒,1人被刮倒的围墙压死。金山石化地区因雷击造成局部停电
	大风雷击冰雹	全市	7月28日,上海市普降雷阵雨,有20余户村民房屋屋顶受损,100余株树木被风折断,80多只大棚薄膜被吹坏,无人员伤亡。沪宁高速近50 m²广告牌被风刮倒,砸在2层民房上,造成6人轻伤,附近的3辆汽车不同程度受损。雷雨大风和冰雹袭击奉贤区,有15户村民房屋屋顶被刮坏,屋内物品受损,直接经济损失约7万元。奉贤区行驶中的一辆摩托车和自行车先后遭雷击,2人受伤
	台风暴雨高潮	市区	8月6日、7日,受台风"麦莎"影响,上海市普降大暴雨,局部地区出现特大暴雨。市区的普陀、徐汇、长宁、虹口等地的日雨量都超过了200.0 mm;周浦雨量最大,日雨量达292.0 mm。黄浦江沿线潮位全面超过警戒线,7日凌晨2时20分,黄浦江苏州河口潮位达4.94 m,超过警戒线0.39 m。3时35分,米市渡站潮位为4.38 m,超过4.27 m的历史最高潮位。全市受灾人口94.6万人,因工棚、房屋倒塌等原因造成3人死亡,因电线被风刮断导致4人触电死亡,树木倒伏52万株,10 kV以上高压线受损753条,房屋倒塌1.56万间,农田受灾5.58万hm²,市区道路积水200余条段,居民家中进水5万余户,浦东、虹桥两机场取消起降航班约1 000架次,受阻旅客约10万人,直接经济损失达13.58亿元
	台风暴雨	长宁、徐汇	9月12日,受台风"卡努"影响,长宁、徐汇等区30多条段马路严重积水,千余户居民家中进水。市区普遍出现7～8级大风,局部风力达9级,全市因大风倒伏500株树木
	暴雨大风	长宁、闵行	9月21日,局部暴雨,长宁区数十户居民家中进水10～15 cm。闵行区1人被雷雨大风刮起的杂物砸中当场死亡
2006	暴雨	青浦、浦东	6月24日,局部暴雨,青浦南门、浦东北蔡等地雨量分别为60 mm和51 mm,超过50 mm暴雨标准,造成数十户居民家中进水、20多条段道路积水
	暴雨	浦东、杨浦、虹口、闸北、崇明	7月8日、9日,局部大暴雨,浦东、崇明、长兴、杨浦、虹口等地的1小时雨量为70～148 mm。造成浦东、杨浦、虹口、闸北等地60多条段道路积水,1 500多户居民家中进水,崇明也出现较为严重的积水
	雷击	青浦	8月27日,青浦5户民居遭雷击,造成部分屋顶坍塌,无人员伤亡。此外,雷击还造成4个村及沙田湖场短时断电,造成65台电视机、3只电表损坏
2007	暴雨	金山、徐汇	6月24日,上海市普降暴雨,局部大暴雨,西部郊区累计雨量较大,其中金山枫泾为107 mm,达到大暴雨标准。市区雨量最大为徐汇区97 mm。造成数十条段道路短时积水,50多户居民家中进水5～10 cm

(续表)

年份	灾害类型	受灾地区	记事
2007	暴雨	浦东、青浦	6月28日,局部暴雨,雨量最大为闸北区和浦东新区,其中浦东五好沟地区雨量为71 mm;静安、长宁、青浦等地的雨量达到50 mm暴雨标准,造成10余条段道路短时积水。浦东一楼房因地势低洼,楼道积水20 cm
	雷击	浦东	7月20日,雷阵雨袭击上海市,1人因雷击身亡
	暴雨大风	浦东	8月2日,局部暴雨,雨量最大的是浦东北蔡地区66 mm。北蔡地区有10多户居民家中短时进水5～10 cm,川沙镇一公司100多 m² 的彩钢板屋面和15套蔬菜大棚塑料薄膜被大风吹落,部分棚架被吹倒,所幸没有人员伤亡
	暴雨雷击	嘉定、普陀、宝山	8月3日,局部暴雨,嘉定、普陀等地的7座泵站因雷击断电无法正常排水,10多条段道路积水10～30 cm,嘉定区一民房被风吹倒,宝山区有7户居民家中进水、1人轻伤
	暴雨雷击	杨浦、宝山、嘉定	8月5日,普降暴雨,局部大暴雨,造成数百户民居进水。杨浦区积水最深为30～40 cm,交通瘫痪。军工路等6条10 kV高压线跳闸,造成宝山地区停电。宝安公路2人受伤。嘉定区一地下车库进水,水深1 m,人员和车辆得到及时疏散
	暴雨	闸北、徐汇	8月11日,局部暴雨,造成闸北、徐汇等地10多条段道路短时积水10～25 cm,徐家汇、铁路上海站等地周边交通受到影响,闸北区6个街道的600余户居民家中进水5～10 cm
	暴雨	杨浦、浦东、宝山	8月12日,局部暴雨,杨浦区长白地区雨量最大,为92 mm。造成杨浦、浦东、宝山等地20多条段道路短时积水10～30 cm,杨浦区80户、浦东新区10多户居民家中进水5～10 cm
	台风	全市	9月17—19日,超强台风"韦帕"影响上海市,全市受灾人口达2.13万人,受灾农田1 900 hm²,倒塌房屋3间,市区128条段道路积水,8 035户居民家中进水,直接经济损失达2 018.56万元
	台风暴雨高潮	全市	10月7—9日,受台风"罗莎"影响,上海出现大风天气,市区最大风力7～8级,长江口区和沿江沿海地区风力为8～9级;普降大到暴雨,局部地区大暴雨,过程雨量最大为南汇芦潮港站333.5 mm,中心城区雨量最大为普陀站153.0 mm。全市受灾人口3.68万人,受灾农田2.05万 hm²,倒塌房屋38间,倒伏树木2.45万株,道路积水226条段,居民家中进水1 636户,经济损失达1.57亿元
2008	暴雨	黄浦、卢湾、长宁、浦东	6月7日,黄浦、卢湾、虹口、长宁、浦东等地的雨量均超过50 mm暴雨标准,其中黄浦小东门地区雨量为111 mm,1小时雨量超过80 mm,达到大暴雨程度。黄浦、卢湾、长宁、浦东等地部分道路积水、居民家中进水
	暴雨	宝山、普陀、闸北、浦东	6月27日,上海市普降大到暴雨,宝山杨行等部分地区出现雨量超过100 mm的大暴雨。宝山、普陀、闸北、浦东等地共有70多条段道路发生短时积水,共和新路2205弄等300多户居民家中进水

(续表)

年份	灾害类型	受灾地区	记事
2008	暴雨	普陀、长宁、闸北、宝山	8月10日,上海市北部地区出现短时强降雨天气。普陀、长宁、闸北、宝山等地20余条段道路出现短时积水
	暴雨	长宁、普陀、闸北、闵行	8月15日,闵行、浦东、虹口、杨浦、闸北、长宁、普陀、青浦等地的雨量均超过50 mm暴雨标准,其中浦东新区高东镇以87 mm位居全市之首,长宁、普陀、闸北、闵行等地20余条段道路短时积水10～25 cm
	大风	宝山	8月17日晚,飑线大风伴随雷雨突袭宝山地区,位于牡丹江路2000号附近的一临时工棚倒塌,导致1人死亡、16人受伤
	暴雨	全市	8月25日早晨6时许,暴雨突袭上海市中心城区,截至14时,徐汇田林地区和徐家汇地区雨量分别为162 mm和152 mm,其中早晨7—8时1小时徐家汇雨量为117.5 mm,超过"100年一遇"的暴雨标准。卢湾、长宁、普陀、黄浦、浦东、闵行等地雨量均超过100 mm大暴雨标准。全市170余条段道路积水10～60 cm,1.4万余户居民家中进水,徐家汇等地一度交通严重拥堵,中环吴中路、衡山路、北虹路等下立交因积水严重而临时封闭
	暴雨大风	浦东	9月20日,雷暴雨伴随7～9级大风突袭浦东、南汇等部分地区,造成川沙、周浦等地区20多条段道路积水、60余户居民家中进水,川沙、合庆等地因房屋倒塌造成1人死亡、14人受伤
	暴雨	浦东	9月24日,较强雷暴云团袭击浦东东南沿海地区,9时30分至13时,黄楼雨量为93 mm。川沙城区30余条段道路积水,水深20～40 cm;25个居民小区积水,水深10～30 cm,个别小区水深近60 cm;160户居民家中进水,水深5～20 cm
2009	暴雨冰雹	徐汇	6月5日,徐汇、长宁、嘉定、青浦、崇明等地先后出现冰雹、强雷电、雷雨大风和短时强降水。徐汇区龙华和漕河泾地区8 000多户居民家中停电
	暴雨雷击	嘉定	6月21日,上海市北部和西部地区先后出现雷电、大风和短时强降雨,其中嘉定城区1小时内降雨75 mm。嘉定城区叶城路等10多条段道路和A5高速5处下立交涵洞积水;三皇桥社区等7个小区积水10～30 cm,爱丽舍小区15户居民家中车库进水40 cm;工业区横沥社区3户居民家中进水;外冈圩区周泾、练红排涝泵站遭雷击导致断电,新成路街道沧海绿苑小区、菊园青冈村遭雷击导致停电
	暴雨	浦东、长宁	7月2日,雷暴雨袭上海市,浦东部分地区的雨量超过100 mm大暴雨标准,造成浦东川沙、长宁等地近20条段道路积水5～40 cm,200多户居民家中进水5～10 cm
	暴雨	宝山、普陀	7月6日,上海市自北向南先后出现短时强降雨。宝山、普陀等地近10条段道路出现短时积水10～30 cm,宝山庙行一动迁基地10多户居民家中进水5～10 cm,普陀区祁连山路下立交因为积水中断交通15分钟

(续表)

年份	灾害类型	受灾地区	记事
2009	暴雨	嘉定、青浦、松江及市区部分地区	7月30日,上海市市郊嘉定、青浦、松江和市区部分地区先后出现短时强降雨,50多条段道路积水10~30 cm,闸北、卢湾等地150多户居民家中进水5~10 cm,轨道交通3号线和4号线宜山路的站厅进水,祁连山路下立交和绥德路地道因积水而封闭
	暴雨	奉贤、闵行	8月2日,上海市普降暴雨,局部地区大暴雨,24小时累计雨量最大的是奉贤金汇港北闸259 mm。奉贤区和闵行区共有30多条段道路积水10~30 cm,4 000多户居民家中进水10~20 cm
	暴雨	浦东	8月4日,浦东新区出现特大暴雨,累计雨量最大的是浦东周浦222 mm。浦东新区共有40多条段道路积水,50多个小区积水,近千户居民家中进水,1人因触电死亡
	台风	松江、闵行、徐汇、杨浦、虹口、青浦	8月10日,受台风"莫拉克"影响,上海市普降大到暴雨。松江、闵行、徐汇、杨浦等地20多条段道路积水,虹口、青浦有20多户居民家中进水,黄浦区西凌家宅111弄一处脚手架倒塌导致7辆车辆轻微受损,所幸没有人员伤亡
	暴雨	虹口、杨浦、闸北	8月18日,浦东、杨浦、虹口、闸北等地先后出现短时强降雨,虹口区欧阳地区雨量为95 mm,其中16~17时1小时雨量为77 mm。杨浦区20多条段道路短时积水,当地交通受到一定影响,虹口、杨浦、闸北等地约180户居民家中进水
	暴雨	黄浦	8月20日,浦东、卢湾、黄浦等地先后出现短时强降雨。肇周路200弄和复兴中路87弄共46户居民家中短时进水
	暴雨	浦东	8月22日,受较强雷暴降水云团影响,浦东新区杨思水闸雨量为70.0 mm,造成浦东三林地区7户居民家中进水及部分道路积水
2010	暴雨	宝山、普陀	6月29日,上海市普降大雨、局部暴雨。宝山区和普陀区的10多条段道路短时积水10~20 cm,祁连山路下立交积水120 cm
	暴雨	杨浦、普陀	7月3日,上海市自北向南先后出现短时强降雨,杨浦、浦东等地的雨量超过50 mm暴雨标准。杨浦等地10多条段道路瞬时积水10~20 cm,60余户居民家中进水5~10 cm,普陀区正在改建中的祁连山路下立交因积水超过30 cm而封闭交通
	暴雨	普陀、闵行、宝山	7月4日,上海市区和部分郊区先后出现短时强降雨,青浦、宝山、奉贤、嘉定、闵行、杨浦、浦东等地的雨量超过50 mm暴雨标准。凌晨,普陀、闵行两区近10条段道路积水和局部居民家中进水、漏水,普陀区正在改建中的祁连山路下立交因积水超过30 cm而再次封闭交通。傍晚,宝山、闵行等地近10条段道路短时积水10~30 cm
	暴雨	浦东、松江、闵行	7月5日早晨,上海市出现短时强降雨,浦东、松江、闵行等地的雨量均超过50 mm,约10条段道路积水,局部民房和农田进水受淹
	暴雨	杨浦	8月4日,黄浦区北部及苏州河以北各区普降大雨、局部暴雨,杨浦区1小时最大降雨强度为61 mm。杨浦区14条段道路和20多个居民小区的道路短时积水10~20 cm

(续表)

年份	灾害类型	受灾地区	记事
2010	暴雨	静安、闵行	8月17日,上海市中心城区突降雷暴雨,雨量最大为静安区88 mm。静安区万春街等近10条段道路出现5~20 cm的积水,闵行区华漕镇地区受建设工程施工影响,多处积水
	暴雨	宝山、杨浦、虹口	8月18日,较强雷暴云团影响上海市部分地区,以北部地区最集中。宝山、杨浦、虹口等地个别路段出现短时积水
	暴雨	闵行、杨浦	8月25日,较强雷暴云团午后影响上海市部分地区,闵行、杨浦、黄浦、浦东及世博园区的雨量较大,造成闵行、杨浦近10条段道路出现短时积水
	暴雨	宝山、浦东	8月26日,较强雷暴云团午后再度影响上海市部分地区,宝山、杨浦、嘉定、崇明等地的雨量较大,造成宝山、浦东等地约20条段道路积水,浦东三林地有3个小区的46户居民家中进水,世博园区内暴雨时出现瞬时积水,车辆通行短时受到影响
	台风暴雨	徐汇、普陀、浦东、长宁、闵行	9月1日,在第7号台风"圆规"预警信号解除后,在第6号台风"狮子山"倒槽和冷空气共同影响下,下午先后遭受两波雷暴雨袭击,截至21时15分,全市共有18个站累计雨量超过100 mm,其中徐家汇地区雨量达144.6 mm。徐汇、普陀、浦东、长宁、闵行等地有60多条段道路积水10~35 cm,并波及30多个小区,约200户民居、商户进水10~20 cm
2011	暴雨	全市	6月17日、18日,上海市部分地区遭到两波强降雨侵袭。从17日8时至18日7时,雨量最大为浦东新场镇118 mm。普陀区祁连山路下立交、青浦徐泾地铁站外道路等个别地区出现小范围积水。18日白天中北部地区再降大到暴雨,18日7~16时,雨量最大为崇明县63 mm。据统计,17日8时—18日16时,全市150多个雨量站的雨量超过100.0 mm。连续降雨造成全市30多条段道路和180多户居民家中短时积水10~20 cm,221.2 hm² 农田受淹,房地部门接到反映屋漏的电话1 287个
	暴雨	宝山	7月14日,上海市中心城区出现降雨,雨量最大的是新宝杨泵站测点89.1 mm。宝山区虎林路长江西路口等个别道路出现短时积水
	暴雨	宝山、徐汇	7月31日,上海市突降雷阵雨,宝山部分地区的雨量超过100 mm大暴雨标准。宝山、徐汇等地个别道路出现短时积水
	暴雨	浦东、杨浦	8月3日,上海市突降雷阵雨,雨量最大的是浦东北路151 mm。浦东、杨浦等地有10余条道路短时积水,浦东高桥地区有5~6户居民家中进水、3~4户商铺进水
	暴雨	杨浦、虹口、长宁、闵行	8月4日,上海市中心城区出现降雨,雨量最大的是杨浦区大桥街道84.4 mm,其中12时20分—13时20分1小时雨量为81.5 mm。杨浦、虹口、长宁、闵行等地10多条段道路出现短时积水
	台风	徐汇、长宁、崇明、浦东、奉贤	8月7日,受台风"梅花"影响,徐汇、长宁、崇明等地58株行道树倒伏,浦东、奉贤等地有10多处广告牌倾倒损坏,长宁区复新路一处已撤离人员的工棚顶部被大风吹落,浦东、青浦、奉贤等地有5处彩钢

(续表)

年份	灾害类型	受灾地区	记事
2011	台风	徐汇、长宁、崇明、浦东、奉贤	板棚顶被风掀落,均未造成人员伤亡。大风导致全市54条电力线路发生供电故障。浦东张杨路一高层楼房墙面瓷砖在风雨中坠落,造成停在下方的4台车辆受损
	暴雨	浦东、闵行	8月11日,上海市北部和西部突降雷阵雨,短暂停歇后,暴雨袭击浦东、闵行地区,雨量最大的是闵行景东110 mm。浦东、闵行等地有20余条段道路出现短时积水,浦东周浦、航头地区有11个小区、24户居民家中以及富航路26号仓库进水,闵行浦江镇10户居民家中、吴泾焦化厂职工宿舍广场、浦江沈杜公路4731号仓库进水
	暴雨	普陀、虹口、杨浦、黄浦、长宁	8月12日,上海市中心城区7时30分起出现降雨,截至9时30分,雨量最大的是普陀真如镇98.7 mm,其中最大1小时雨量为98.3 mm。暴雨造成普陀、虹口、杨浦、黄浦、长宁等地约50条段道路短时积水,10多个居民小区积水10～30 cm。另外,祁连山路下立交封闭交通
	暴雨	浦东、崇明	8月13日,强雷暴云团再次袭击上海市,截至18时,雨量最大的是浦东王港163.4 mm,其中15时10分—16时10分1小时雨量为140.2 mm。浦东、崇明等地30多条段道路和15个居民小区积水
2012	暴雨	南部郊区	6月18日,上海市普降暴雨到大暴雨,南部郊区部分居民小区出现积水
	暴雨	奉贤、金山	6月23日,金山、奉贤和南汇新城出现暴雨,市中心区普降中雨,其他区域为中到大雨。奉贤区有5条路段上午出现短时积水,金山铁路支线在金山区境内的10多个下立交出现积水
	暴雨	浦东、闵行、徐汇	7月7日,上海市普降大到暴雨。浦东、闵行、徐汇等地个别路段出现1小时内的短时积水
	台风暴雨大风洪水	全市	8月8日,受台风"海葵"影响,上海地区普遍出现8～10级大风,长江口区10～12级大风。普降暴雨到大暴雨,局部特大暴雨,普陀真北地区累计雨量为260.9 mm,位居全市之首。全市受灾人口40.8万人,紧急转移安置人口37.4万人,因意外死亡5人;农作物受灾面积为1.15万 hm^2,倒伏及折断树木近42万株,倒塌房屋59间、各类棚舍600余间,堤防损坏5处共380 m,道路积水400多条段,2万余户居民家中进水,直接经济损失达6.64亿元
	暴雨	闸北、普陀、宝山	8月15日,上海市中心城区中北部地区突降暴雨,从14时至17时,降雨量以闸北永和北138.5 mm为最大,最大1小时雨量为108.3 mm。闸北、普陀、宝山等局部地区道路出现短时积水
	暴雨	闸北、虹口、宝山、闵行	8月20日,上海市中心城区及中北部地区突降暴雨。闸北、虹口、宝山等局部地区发生多条段道路积水,闵行机场铁路下立交积水17 cm
	暴雨	闸北、普陀、宝山	8月25日,上海市部分地区突降暴雨。闸北、普陀、宝山等局部地区有近10条段道路发生短时积水,普陀宜川街道、宝山大场镇、闸北共和新路街道等少数居民小区积水

(续表)

年份	灾害类型	受灾地区	记事
2012	台风	浦东、崇明、长宁	8月27日,受双台风"天秤""布拉万"影响,浦东、虹桥两大机场因台风取消航班134架次,往来崇明三岛的轮渡和芦潮港客轮全面停航,东海大桥全线封闭
	暴雨	普陀、徐汇、嘉定、闵行	9月7日,上海市中心城区及西部地区突降暴雨。普陀、徐汇等地个别路段出现瞬时积水情况,嘉定金园一路、闵行机场铁路下立交积水超过30 cm
2013	暴雨	嘉定、普陀、杨浦、闵行、长宁、徐汇	8月1日,上海市中心城区和北部地区普降大到暴雨。嘉定、普陀、杨浦、闵行、长宁、徐汇6个区的20多条段道路短时积水,祁连山下立交因积水40 cm而封闭
	暴雨	浦东、黄浦、杨浦、长宁	9月13日,上海市中心城区突降暴雨,强度为1992年以来最大的一次。全市21个站的雨量均超过100 mm,最大为浦东后滩154.1 mm,其次是世纪公园141.2 mm。10个测站的1小时雨强超过"100年一遇"暴雨标准,最大1小时雨量为世纪公园127.3 mm。暴雨造成全市150余条段道路出现积水,积水深度为10~60 cm,5 000余户居民家中进水5~20 cm,中心城区道路交通拥堵加剧,浦东局部地区交通一度瘫痪,轨道交通2号线和6号线先后发生长时间故障,虹桥机场70多架次航班延误。经抢排,多区道路积水于19时30分排除,浦东新区大面积积水于22时基本排除
	台风暴雨高潮洪水	全市	10月7日、8日,受第23号台风"菲特"影响,上海市普降大暴雨到特大暴雨,松江工业区站过程雨量最大为372.8 mm。恰逢天文大潮,黄浦江干流、长江口及杭州湾出现超警戒水位或超历史高潮位。吴淞站实测高潮位5.15 m;黄浦公园站实测高潮位5.17 m;米市渡站实测高潮位4.61 m,创下新纪录。松江、青浦、金山等11个站点的内河水位也同时创当时历史新高。太湖水位最高3.79 m,杭嘉湖地区及阳澄淀泖地区河道来水量大,黄浦江上游及支流、青松控制片出现了较为严重的洪水。上海中心城区道路积水97条段,市郊道路积水1 080条段;下立交积水109处,居民小区积水900余处,居民家中和商铺进水10万余户,地下车库进水129处;堤防损坏337处,损坏长度共22.5 km,堤防决口9处,长度共计1.1 km,损坏水闸泵站30座;农田受灾2.73万hm²,倒塌房屋27间;全市受灾人口12.4万人,溺水死亡2人,紧急转移安置近7 549人,直接经济损失约9.53亿元
2014	暴雨	嘉定、松江	6月26日,上海市普降大到暴雨,嘉定、松江等地的部分道路发生积水,嘉定区一下立交积水40 cm
	暴雨雷击	闸北、宝山、浦东、嘉定	7月12日,上海市普降大到暴雨,闸北、宝山、浦东等地的部分道路出现短时积水,嘉定区一立交因泵站遭雷击失电,积水深度为85 cm
	暴雨	徐汇、长宁、普陀、闸北、浦东、宝山、闵行、嘉定、奉贤	7月15日,上海市普降大到暴雨,徐汇、长宁、普陀、闸北、浦东、宝山、闵行、嘉定等地部分道路出现短时积水,浦东、嘉定、宝山、奉贤等地共10余户居民家中或商铺进水,崇明13.33 hm² 农田受淹,嘉定区部分下立交出现积水

(续表)

年份	灾害类型	受灾地区	记事
2014	暴雨雷击	松江、嘉定、青浦	7月27日,上海市遭暴雨侵袭,局部大暴雨,松江、嘉定的部分下立交出现积水,其中积水深度最大为107 cm,松江工业保税区和青浦区徐泾镇的部分道路出现少量积水,松江工业保税区由于雷击断电造成10多台泵闸无法运行排水
	雷击	金山	8月8日,上海市西部地区局部大暴雨,金山区一下立交因雷击导致断电,积水深度为36 cm
	雷击暴雨	普陀、嘉定、松江	8月24日,上海市局部地区出现暴雨,由于短时雨量集中和泵站遭雷击失电,普陀、嘉定和松江等地的3个下立交出现积水,其中沪嘉高速一下立交积水深度为104 cm
2015	暴雨	嘉定、普陀	6月17日,上海市普降暴雨,局部特大暴雨,造成80余条段道路积水10~30 cm,千余户居民家中进水5~10 cm。嘉定、普陀等地45处下立交积水,其中沪宁铁路下立交积水严重,影响车辆正常通行
	暴雨台风	嘉定、松江、青浦	7月11日、12日,受台风"灿鸿"影响,上海市普降大到暴雨,过程雨量最大为黄浦区复兴公园121.0 mm。全市农田受淹1.13万 hm²,50余条段道路发生积水,嘉定、松江、青浦等地有4处下立交出现10~41 cm积水,其中嘉定一地道由于河水倒灌积水深度为41 cm。树木倒伏万余株,广告牌、店招店牌受损300余处。直接经济损失达2.6亿元
	暴雨台风	嘉定、闵行、青浦	8月23日、24日,受台风"天鹅"影响,上海市东部普降暴雨,局部地区出现大暴雨到特大暴雨,最大雨量为浦东老港地区282 mm。造成嘉定、闵行、青浦等地200多条段道路、100多个居民小区发生积水,共封堵下立交60多处,其中沪宁铁路等6处下立交积水超过120 cm
2016	台风暴雨	全市	9月15日、16日,受台风"莫兰蒂"影响,上海市普降大暴雨,局部特大暴雨。15日12时—16日12时,浦东万亩良田站累计雨量达394.0 mm,为1992年以来最大24小时雨量。受强降雨和天文大潮影响,全市河道水位高涨,浦东、青浦、松江等地20多个水文站的水位超过警戒线5~10 cm。全市有近20处道路下立交、30余条段道路、10多个居民小区出现积水,400余户民居、商铺出现进水,7 533.33 hm² 农田受灾
	台风暴雨	浦东、松江、青浦	10月23日,受第22号台风"海马"和北方冷空气共同影响,上海市普降暴雨,局部大暴雨,降雨主要集中在浦东、奉贤、黄浦、徐汇、闵行等地。最大过程雨量为284 mm,最大小时雨量为77 mm,均出现在浦东芦潮港闸,造成浦东、松江、青浦等地10余座下立交出现短时积水,部分小区和道路出现短时积水,浦东中南部农村化地区部分低洼处出现一定程度积水
2017	暴雨	浦东、崇明	9月24日、25日,上海市普降暴雨到大暴雨,降雨集中,时间较长,全市两天平均雨量达118.4 mm,中心城区平均雨量达151.4 mm。全市有200多条段道路、近50座下立交、100多个小区出现积水,445户居民住宅、239户商铺进水,1 264.93 hm² 农田受淹

(续表)

年份	灾害类型	受灾地区	记事
2017	暴雨	嘉定、青浦	10月11日,上海市普降暴雨,局部大暴雨,此次降雨集中,雨量过大,造成嘉定、青浦等地个别下立交短时积水10~20 cm
2018	台风	全市	7月22日,受台风"安比"影响,上海市北部和东部地区出现大到暴雨,局部大暴雨,浦东、虹桥两大机场共计取消航班918架次,台风导致19条段道路积水,1.8万株树木倒伏,50条电力线路中断,影响用户18 170户,农作物受灾面积1 393 hm²,直接经济损失约3 193万元
	暴雨雷击	闵行	7月26日,上海局部暴雨,由于短时雨量集中及雷电影响,闵行区一处下立交排水泵站线路遭雷击断电致排水泵站无法运行排水
	暴雨台风高潮	全市	8月12日、13日,受台风"摩羯"影响,上海市普降大到暴雨,局部大暴雨,全市平均面雨量为59.3 mm,最大单站雨量为中兴永南站119.5 mm。杭州湾潮位超警戒线幅度最大,金山嘴站最高潮位为5.94 m;芦潮港站为5.25 m。长江口堡镇站最高潮位为5.15 m。全市紧急撤离转移并妥善安置人口1.72万人,进港避风船只2 813艘,道路短时积水38条段,树木倒伏157株,电力线路受损6条。8月12日21时45分左右,黄浦区南京东路一商店的店招在无风无雨状态下意外坠落,砸到过路群众,造成3人死亡、6人受伤
	暴雨台风	全市	8月17日,受台风"温比亚"影响,黄浦江上游及支流杭嘉湖地区出现部分超警戒水位,其中米市渡站最高潮位3.96 m,超警戒0.16 m。全市范围内有下立交积水12处,道路短时积水有98条段,居民家中进水3户。全市范围内树木倒伏16 346株,农作物受淹260 hm²,电力线路损坏共计70条
	暴雨台风	虹口、浦东、金山、崇明、崇明	9月17日,受台风"山竹"影响,上海普降大到暴雨,崇明区庙镇生态园雨量为345.3 mm,降雨过程中,虹口、浦东和金山区下立交出现雨中瞬时积水,崇明区14条次10 kV电路断电
	台风大风	崇明	10月6日,受台风"康妮"与大风影响,全市树木倒伏21株,崇明两处电力线路跳闸,影响居民3 062户
2019	暴雨	金山	6月21日,普降大雨,局部暴雨。强降雨期间,金山区一处下立交出现较大积水
	台风暴雨洪水	全市	8月9日、10日,受台风"利奇马"影响,上海市普降暴雨到大暴雨,平均降雨量为167.0 mm,过程雨量最大为奉贤区中港闸(内)272.0 mm,雨强大,最大1小时雨量出现在闵行区七宝,达102 mm。太湖河网地区水位涨幅明显,黄浦江上游、苏州河和嘉定、青浦、松江、金山等西部地区的内河水位全面超警,苏州河赵屯、黄渡站水位创新高。全市下立交积水43处,道路积水389处,居民小区进水409个,农田受淹0.24万 hm²,树木倒伏3.2万株,电力线路中断194条,店招店牌坠落70个,直接经济损失约1.26亿元
	台风暴雨	全市	10月2日,受台风"米娜"影响,上海市普降暴雨到大暴雨,12条段道路和7座下立交出现短时积水,树木倒伏586株,电力跳闸20条次,农业受灾约183.27 hm²,经济损失约327万元

(续表)

年份	灾害类型	受灾地区	记事
2020	暴雨	嘉定、宝山、青浦等7个区	6月15日,上海市大部分地区降暴雨,全市共18个站点监测到积水,主要分布在嘉定区、宝山区、青浦区等7个区,其中积水最深为嘉定区一地道67 cm
	暴雨	嘉定、普陀、闵行等8个区	7月6日、7日,上海市普降暴雨,全市水文测站中测得42个站点超警戒水位,其中赵屯站最高水位4.03 m。29处下立交路段出现积水,主要分布在嘉定、普陀、闵行区等8个区。道路积水81条段,小区积水45处,地下空间积水4处,130户房屋受损,树木倒伏25株,农田受淹929.7 hm²,蔬菜大棚受损106套,1人受伤
	暴雨	松江、奉贤	7月16日,上海市南部普降大到暴雨,全市水文测站中测得14个站点超警戒水位,其中莲盛站最高水位超警戒水位0.14 m。松江区一下立交出现积水,奉贤区金钱公路近团汇公路往西200 m处辅路出现积水,水深约40 cm
	台风暴雨洪水	全市	8月5日,受台风"黑格比"影响,上海市陆地及沿江沿海最大阵风10级。普降暴雨到大暴雨,金山、奉贤、松江等地出现特大暴雨,过程雨量最大为金山区廊下站(气象)334.1 mm。黄浦江上游、苏州河和水利控制片代表站的水位大多超警水位,其中金山区张堰站水位创当时历史新高,最高水位3.78 m。22个下立交站点监测到积水,主要分布在金山、松江、青浦等6个区,积水最深的下立交有5处,积水达1 m以上,全市树木倒伏527株、断枝1 414株。店招掉落1块,3人受轻伤。全市58个小区出现积水。全市农田菜地受灾面积约5 733.33 hm²。此外,台风过境给机场、轮渡等交通带来较大影响,两大机场600多架次航班延误或取消,铁路上海站29个列车车次临时停运,5条轮渡线停航,2条公交线路停运
	暴雨	金山、徐汇、松江等6个区	8月29日,上海市局部暴雨,9个站点监测到积水,主要分布在金山、徐汇、松江等6个区,其中积水最深为36 cm
2021	暴雨	全市	6月10日,上海市局部暴雨,全市共有7处道路发生短时积水,有5个下立交发生积水,其中积水最深为42 cm
	暴雨	浦东、崇明、徐汇	7月8日,上海市遭受短时强降雨袭击,局部暴雨,最大降雨量为横沙新民站的131.5 mm,达到大暴雨程度,全市13处下立交、12条段道路出现短时积水,树木倒伏10余株,浦东、崇明有16户民居进水,徐汇区一商场发生吊顶脱落事件,所幸无人员伤亡
	暴雨	浦东、崇明	7月10日,上海市局部大暴雨,浦东新区一处下立交发生积水,崇明区长兴镇317户居民家中进水,7条段道路发生积水,树木倒伏1株,电杆损坏1处
	台风暴雨高潮洪水	全市	7月23—28日,受台风"烟花"影响,上海市普降暴雨到大暴雨,局部特大暴雨,全市平均累计雨量为286.1 mm,单站雨量最大为金山区金山站(气象站)506.7 mm。长江口高桥站实测7级以上东北风持续了39小时。黄浦公园站连续5天出现超警戒潮位,最高潮位为5.49 m;米市渡站连续4天共5个潮次超出保证潮位,其中26日、

(续表)

年份	灾害类型	受灾地区	记事
2021	台风暴雨高潮洪水	全市	27日两次出现超历史纪录的高潮位,最高潮位为4.79 m,创当时历史新高。太湖最高水位达3.99 m,上游来水明显。受台风"烟花"影响,小区树木倒伏7 826株,行道树倒伏3.2万株,苗圃树木倒伏13.1万株,玻璃幕墙等坠物67处,广告牌、店招店牌坠落损坏825块,累计供电中断402处,影响用户近11.9万户,居民家中进水3 547户,道路积水646条段,小区积水154个,地下空间进水21处,下立交积水62个。农田受淹约1 066.7 hm²,菜田受淹625.3 hm²,其他经济作物受淹2 400 hm²。共造成全市40万人受灾,其中前期避险转移安置人员共计36万余人,无人员因灾死亡;农作物受灾面积为1.57万 hm²,水产养殖受灾面积为333.17 hm²;直接经济损失达7.77亿元,其中农林牧渔业损失7.19亿元,约占92.5%
	暴雨	全市	8月11日,上海市遭受短时强降雨侵袭,局部暴雨,共出现道路积水30条段,小区积水12个、下立交积水1处
	暴雨	全市	8月15日,上海市普降暴雨,局部大暴雨,全市共发生道路积水30条段,下立交积水8处,小区积水1个
	台风暴雨	全市	9月12—16日,受台风"灿都"影响,上海市普降暴雨到大暴雨,全市平均累计雨量为102.1 mm。发生小区树木倒伏392株,行道树倒伏4 873株,玻璃幕墙等零星坠物5处,广告牌、店招店牌坠落损坏65块,累计供电中断49处,影响用户1.3万户。道路积水28条段、小区积水7个,下立交积水6处
2022	暴雨	全市	6月5日,上海市遭受强降雨侵袭,部分地区暴雨到大暴雨,全市共有13处下立交发生积水
	暴雨	闵行、嘉定、宝山	6月29日,上海市遭受强降雨侵袭,全市共有6处道路和下立交积水,主要分布在闵行、嘉定、宝山等区
	暴雨	浦东	7月19日,上海市遭受强降雨侵袭,部分地区暴雨,G1501小华江路下穿孔出现13 cm积水
	暴雨	青浦、闵行	8月1日,上海市遭受强降雨侵袭,部分地区暴雨到大暴雨,有2个站点监测到积水,分别在青浦区、闵行区。其中,沪杭铁路杨更浪下立交积水120 cm
	暴雨	浦东	8月6日,上海市遭受强对流天气影响,部分地区暴雨。有1个站点监测到积水,在浦东新区
	暴雨	浦东	8月13日,上海市遭遇短时强降水,部分地区暴雨。浦东新区杨高中路罗山路立交出现积水,积水最深为42 cm
	暴雨	嘉定、浦东、徐汇	8月20日,上海市遭遇短时强降水,部分地区暴雨。全市共有3个站点监测到积水,主要分布在嘉定、浦东、徐汇等区,其中积水较深的是沪宁铁路(老)翔黄路地道,积水深度为33 cm
	暴雨	黄浦、静安、浦东、嘉定、普陀	8月23日,上海市局部暴雨,全市共13条段道路、4处下立交发生瞬时积水,主要分布在黄浦、静安、浦东、嘉定、普陀等区。黄浦区31户民居和8户沿街商铺进水

(续表)

年份	灾害类型	受灾地区	记事
2022	台风暴雨	全市	9月3—5日,受台风"轩岚诺"外围影响,上海市出现分散性阵雨,局部暴雨,陆上最大阵风普遍超过6级,宝山罗泾镇出现11级大风,全市发生树木倒伏78株,累计供电中断2处,影响用户418户
2022	暴雨	浦东	9月12日,上海市遭遇强降水,部分地区暴雨到大暴雨。全市共有2个站点监测到积水,主要分布在浦东新区,其中积水较深的为G1501东环东川路下立交,积水深度为23 cm
2022	台风暴雨高潮	全市	9月12—15日,受台风"梅花"影响,上海市16个区均遭受不同程度的风雨影响。9月12日12时—15日8时,全市平均累计降雨量为139.2 mm,其中14日雨量最大,全市平均日雨量为99.1 mm,最大1小时雨量出现在金山廊下站,达47.5 mm。长江口、黄浦江及上游支流(包括苏州河)全线超警戒水位且幅度较大,淀浦河东闸(闸外)站的最高水位为5.38 m,超历史纪录;黄浦江吴淞站最高潮位5.53 m,黄浦公园站最高潮位5.44 m,米市渡站最高潮位4.63 m。全市道路积水160处、下立交积水10处、小区积水14个、居民家中进水11户;树木倒伏或折断5 300余株,广告牌损坏或坠落50块,店招店牌损坏或坠落23块,玻璃幕墙坠落2块;供电中断65处,34 504户居民受影响;全市农作物受灾面积达4 160.7 hm², 大棚受损28 645套,落果192 t,池塘受损42.87 hm²,养殖大棚受损7.13 hm²。全市直接经济损失近0.69亿元,无人员因灾伤亡

附 录 二

附表1 1992—2022年吴淞站、黄浦公园站、米市渡站年最高潮位　　　　　　　　　单位:m

日期			吴淞站	黄浦公园站	米市渡站
年	月	日			
1992	8	31	5.26	5.04	3.92
1993	7	21	4.84	4.79	3.96(8月20日)
1994	8	22	5.09	4.83	3.79
1995	6	14	4.67	4.50(8月27日)	3.74(7月3日)
1996	8	1	5.47	5.19	4.03
1997	8	18	5.99	5.72(8月19日)	4.27(8月19日)
1998	7	26	4.89	4.74	3.92
1999	7	14	4.83	4.68	4.12(7月2日)
2000	8	31	5.87	5.70	4.15
2001	8	21	5.09	4.95	3.93(6月24日)
2002	9	8	5.53	5.33	4.17

(续表)

日期			吴淞站	黄浦公园站	米市渡站
年	月	日			
2003	9	12	4.83	4.63	3.77
2004	8	29	5.15	4.77(8月30日)	3.92(8月30日)
2005	8	7	5.04	4.94	4.38
2006	7	15	4.79	4.54	3.70(9月10日)
2007	10	8	4.70	4.60(10月9日)	4.21(10月9日)
2008	9	2	4.62	4.43	3.74(6月23日)
2009	7	25	4.66	4.50	4.10(8月10日)
2010	8	11	4.84	4.60	3.85(7月15日)
2011	8	31	4.79	4.57	4.11(6月19日)
2012	8	3	4.92	4.71	4.05(8月8日)
2013	10	8	5.15	5.17	4.61
2014	10	12	4.96	4.72	4.07(7月16日)
2015	9	29	4.99	4.85	4.19(9月30日)
2016	9	18	4.99	4.88	4.27
2017	6	25	4.67(7月26日)	4.43	3.90(10月17日)
2018	8	13	5.14	4.96	4.12
2019	10	2	4.95	4.91	4.21
2020	9	3	4.82	4.69	4.21(9月18日)
2021	7	26	5.55	5.49	4.79
2022	9	15	5.53	5.44	4.63

注：表中数据采用水文遥测数据，以吴淞零点为基准面。

附表2　上海市常年(1991—2020年)重点时段降雨量　　　　　　　　　　　　　单位：mm

范围	时段		
	全年(1—12月)	汛期(6—9月)	梅雨量
市区(徐家汇)	1 336.6	745.5	262.5
全市平均	1 244.0	659.8	240.1

附表3　上海市区常年(1991—2020年)月降雨量　　　　　　　　　　　　　　　单位：mm

范围	月份											
	1	2	3	4	5	6	7	8	9	10	11	12
市区(徐家汇)	72.2	65.0	97.3	84.2	91.0	224.9	163.2	225.9	131.5	69.6	61.4	50.4
全市平均	70.7	65.5	94.3	82.6	92.6	210.2	144.4	190.7	114.4	68.5	59.8	50.3

注：按照世界气象组织规范，常年平均取30年长序列。目前统计年份为1991—2020年。

附表 4　上海地区降雨量历史极值统计

时段	雨量/mm	发生时间	发生地点
最大 1 小时雨量	172.5	2018 年 9 月 16 日(20:00—21:00)	崇明区草棚镇
最大 60 分钟雨量	185.5	2018 年 9 月 16 日(20:10—21:10)	崇明区草棚镇
中心城区最大 60 分钟雨量	144.7	2023 年 7 月 21 日(16:20—17:20)	普陀区武宁站
最大 6 小时雨量	460.0	1977 年 8 月 21 日晚—22 日晨	宝山塘桥
最大 12 小时雨量	567.7	1977 年 8 月 21 日晚—22 日晨	宝山塘桥
最大 24 小时雨量	581.3	1977 年 8 月 21 日晚—22 日晨	宝山塘桥
最大日雨量	558.3	1977 年 8 月 21 日晚—22 日晨	宝山塘桥

附表 5　上海市防汛代表站一览表

区域		站点	河流	区	警戒水位/m	历史最高潮(水)位/m	历史最高潮(水)位发生日期
长江口		崇明南门	长江	崇明	4.95	6.09(海事局)	1997 年 8 月 19 日
		堡镇	长江	崇明	4.70	6.03	1997 年 8 月 19 日
		高桥	长江	浦东	4.90	5.99	1997 年 8 月 18 日
		三甲港闸(闸外)	长江	浦东	4.90	6.01	2000 年 8 月 30 日
杭州湾		金山嘴	杭州湾	金山	5.40	6.57	1997 年 8 月 19 日
		芦潮港	杭州湾	浦东	4.80	5.68	1997 年 8 月 19 日
黄浦江干流		吴淞	黄浦江	宝山	4.80	5.99	1997 年 8 月 19 日
		黄浦公园	黄浦江	黄浦	4.55	5.72	1997 年 8 月 19 日
		沙港	黄浦江	奉贤	4.30	4.92	2021 年 7 月 26 日
		米市渡	黄浦江	松江	3.80	4.79	2021 年 7 月 26 日
黄浦江上游支流		洙泾	掘石港	金山	3.65	4.61	2021 年 7 月 26 日
		泖甸	拦路港	青浦	3.50	4.18	2021 年 7 月 27 日
		金泽	太浦河	青浦	3.55	4.24	2021 年 7 月 27 日
		东团	大蒸塘	青浦	3.50	4.42	2021 年 7 月 27 日
		枫围	黄良浦港	金山	3.50	4.28	2021 年 7 月 27 日
		商榻	急水港	青浦	3.40	3.99	2021 年 7 月 28 日
		茹塘	茹塘	松江	3.70	4.56	2021 年 7 月 26 日
水利控制片	嘉宝北片	嘉定南门	嘉定城河	嘉定	3.20	4.08	1977 年 8 月 22 日
		罗店	练祁河	宝山	3.10	3.74	2013 年 10 月 8 日

(续表)

区域		站点	河流	区	警戒水位/m	历史最高潮(水)位/m	历史最高潮(水)位发生日期
水利控制片	蕰南片	江湾	沙泾港	虹口	3.50	4.04	2013年10月8日
		抚顺路桥	杨树浦港	杨浦	3.30	3.94	2015年6月17日
		志丹泵站	俞泾浦	静安	3.50	3.68	2015年6月17日
	青松片	青浦南门	柘泽塘	青浦	3.20	3.78	2013年10月8日
		陈坊桥	沈泾塘	松江	3.20	3.81	2021年7月28日
	淀北片	虹桥新桥	新泾港	闵行	3.20	3.91	2015年8月24日
		新泾闸(内)	新泾港	长宁	3.15	3.96	2015年8月24日
		三江路桥	龙华港	徐汇	3.20	3.75	2016年8月4日
	淀南片	北桥	俞塘	闵行	3.20	3.86	2013年10月8日
	浦南东片	张堰	张泾河	金山	3.30	3.92	2021年7月26日
	浦东片	杜行	三鲁河	闵行	3.30	3.71	2024年11月1日
		南桥	贝港河	奉贤	3.30	3.74	2021年7月26日
		祝桥	浦东运河	浦东	3.20	3.65	2024年11月1日
		赵桥	赵家沟	浦东	3.20	3.37	2013年10月8日
		书院	石皮泐港	浦东	3.30	3.67	2015年8月23日
		奉城	环城河	奉贤	3.30	3.70	2021年7月26日
	太北片	莲盛	莲盛竖河	青浦	3.20	3.70	2013年10月9日
	太南片	朱枫闸	东塘港	青浦	3.20	3.77	2013年10月9日
	崇明岛片	崇明新城	老滧港	崇明	3.20	3.54	2013年10月8日
	长兴岛片	长兴跃进港	跃进港	崇明	2.40	2.60	2024年11月1日
	横沙岛片	横沙新民	创建河	崇明	2.40	2.79	2013年10月8日
	片界河道	曹家渡	苏州河	普陀	3.70	4.49	1989年8月4日
		北新泾	苏州河	长宁	3.70	4.40	2024年11月1日
		黄渡	苏州河	嘉定	3.60	4.30	2021年7月28日
		赵屯	苏州河	青浦	3.50	4.14	2021年7月28日